大转型 2.0

大模型时代的知识秩序与国家治理

高奇琦　著

Great Transformation 2.0

Knowledge Order and National Governance in the Era of Large Models

上海人民出版社

目录

第二部分

大模型时代的国家治理、全球治理与政治经济学

导 言

大模型技术作为智能文明新形态的入口

要深度参与全球科技治理，贡献中国智慧，塑造科技向善的文化理念，让科技更好增进人类福祉，让中国科技为推动构建人类命运共同体作出更大贡献！

——习近平《习近平谈治国理政》(第四卷)[1]

人们在自己生活的社会生产中发生一定的、必然的、不以他们的意志为转移的关系，即同他们的物质生产力的一定发展阶段相适合的生产关系。

——马克思《〈政治经济学批判〉序言》[2]

周虽旧邦，其命维新。

——《诗经·大雅·文王》

中国式现代化的整体进程是在第三次工业革命的背景下展开的。在第三次工业革命期间，中国完成了从远距离追赶到近距离追赶的转变。在智能革命的新阶段，中国式现代化已经表现出鲜明的特色。在共同富裕和高质量发展的新框架之下，中国式现代化有可能探索出人类智能文明的新型样态。

第三次工业革命与中国式现代化

第一次工业革命（即蒸汽革命）发生于18世纪60年代到19世纪中叶，其主导国是英国，而此时中国正处在清王朝的乾隆到道光年间。到第一次工业革命结束时，英国已经取得世界范围内的领先地位，并通过鸦片战争打开了传统中国的国门。第二次工业革命

（即电力革命）发生在19世纪中叶到20世纪中叶，其主导国家是德国和美国，而此时中国主要处在清王朝后期以及民国时期。尽管中国从清王朝后期就开启了洋务运动和维新变法等一系列推动现代化的努力，然而政治体制的限制、列强入侵导致的政治动荡等一系列原因，使得中国整体意义上的现代化进程并未完全开启。

中国现代化的整体进程主要是在中华人民共和国成立之后开启的，而此时世界已经进入第三次工业革命时期。第三次工业革命（即信息革命）的主导国是美国。第三次工业革命又分为三段，分别是计算机革命、互联网革命和移动互联网革命。计算机革命主要发生在“二战”结束到冷战结束这一时期。在西方启动计算机革命的早期，中华人民共和国刚刚成立，并在苏联支持下开始大规模地推动现代化。此时，中国在推动现代化时所采用的主要是自上而下的苏联模式，即以计划经济为特征，强调国家对整体社会的动员。[3]这一模式对于中国的经济重建和迅速恢复有重要帮助。中国也在较短的时间内完整地建立了现代工业部门。然而，这种模式却在发展中显现出一定的弊端。尽管中国一直在力图对这些弊端进行改进和调整，然而在实际发展的过程中也出现了“大跃进”和“文化大革命”等曲折，使得中国探索现代化的过程遭受重大挫折。在改革开放之后，中国重新启动了对现代化的整体性探索。在这一时期，中国对市场经济模式进行了探索，形成了一套符合中国国情的社会主义市场经济体制。[4]

互联网革命阶段主要发生在20世纪90年代到21世纪前十年。在进入互联网阶段时，中国与世界一流生产力的差距逐渐由前几个时期的几十年，缩短为几年时间。在西方发达国家推出网页浏览器、门户网站和社交通信软件等产品之后，中国市场也快速跟进推出相应的产品。因此，整个互联网阶段的特点是快速追赶。在21

世纪第二个十年，世界进入了移动互联网阶段。在这一阶段，由于中国在移动通信领域的快速进步（例如中国在4G网络的建设方面已经接近并赶上世界先进水平），中国的互联网企业在业务创新等方面走在世界最前列。譬如，腾讯推出的微信和阿里推出的支付宝在移动应用的综合效应方面处于世界最前沿。[5]

整体来看，在世界第三次工业革命阶段，中国才整体性地启动了现代化的进程，并逐步完成了对世界一流国家从远距离追赶向近距离追赶的转变。在移动互联网阶段，中国的部分互联网应用甚至走在世界最前列，在局部领域产生了领先特征。取得这样的成就体现了中国式现代化的重要价值和意义。中国在现代化经验的探索过程中，将自上而下的国家中心模式和自下而上的社会中心模式相结合，在保障国家动员能力的同时又激发出很强的社会活力，是较为典型的平衡型国家。

智能革命与现代化模式的竞争

目前，世界正处在第四次工业革命（即智能革命）的门槛上。到目前为止，人工智能的发展也经历了三波浪潮，分别是20世纪50年代到70年代的符号主义浪潮、20世纪80年代到20世纪末的关联主义浪潮，以及2006年至今的新关联主义浪潮。[6] 目前，我们仍然处在第三波新关联主义浪潮之中。这一波的发展仍然以第二波浪潮中出现的以关联主义为特征的深度神经网络为重要进展。与第二波不同的是，在第三波浪潮中，算力、数据和算法的整体效应，人工智能在短期内产生了爆发性的影响，并产生了两个重要的事件。一个是2016年的“AlphaGo战胜李世石”，[7] 另一个则是2022

年底至今极为火爆的ChatGPT事件。这两个事件的意义略有不同。“AlphaGo战胜李世石”代表了专用人工智能的高度，而ChatGPT则代表了通用人工智能的可能突破。[8]尽管目前通用人工智能的发展还面临一系列研究和工程上的难题，但是ChatGPT的出现让人们很直观地感受到未来通用人工智能在短期内突破的可能性。这两大创新性事件使我们深刻地感受到，我们似乎已经迈进了智能革命的大门。

一方面，美国在人工智能相关技术上仍然表现出明显的领先地位。例如，在ChatGPT这样的通用大模型技术上，国内的相关企业还存在很大的发展空间。换言之，到目前为止，中国在人工智能的技术领域还未出现引领性的突破。另一方面，中国在移动互联网革命阶段表现出某些优势。例如，在市场应用效应、规模效应、科技人才总量以及整体制度规划等方面，中国都表现出在人工智能发展领域的强大基础。因此，在美国看来，目前中国与美国形成强竞争效应。这就构成了2018年以来美国频繁使用科技政治化手段打压中国科技创新的背景性原因。[9]换言之，美国正是看到了中国与美国在智能革命领导权方面形成竞争的可能，才采取政治、经济、外交等多重手段来打压中国的科技创新。

近年来，美国针对中国的科技政治化手段主要包括以下几个方面：第一，通过实体清单等方式明确对中国的科技企业采取市场歧视性的做法。第二，直接关闭或限制与中国的科技合作与科技交流。第三，构筑科技价值观联盟，并通过联盟限制联盟内成员与中国的合作。整体来看，美国希望构筑某种科技俱乐部体制，通过“小院高墙”的策略将先进的生产力闭锁在其可以控制的范围内，[10]防止中国等其他发展中国家获得这种先进生产力。美国的这一做法明显是逆历史潮流而动，这也反映了美国在抢占智能革命领导权上的焦虑。

智能革命领导权竞争的关键是现代化模式的竞争。尽管美国已经是发达国家，然而美国同样需要重新进行现代化。法国思想家布鲁诺·拉图尔（Bruno Latour）代表西方提出了一个振聋发聩的观点：“我们从未现代过。”[11] 从拉图尔的观点出发，我们可以得出进一步的结论：现代化并不完全是一个结果，而更多表现为一个过程。尽管在半个世纪之前，一些西方发达国家就已宣布进入了丹尼尔·贝尔（Daniel Bell）所讨论的“后工业社会”[12]，然而西方一些国家目前似乎正在重启现代化。一个重要的例证是，美国最近两届政府都极为强调基础设施建设以及再工业化。近期，美国利用其同盟体系将中国台湾的台积电的部分先进芯片制造产能转移到美国本土，[13] 可以看成是其再工业化努力的标志性事件。这意味着，无论哪个国家要获得智能革命的领导权，都需要不断完善和发展现代化的成果。现代化在很大程度上是一个长期韧性过程，需要不断进行内部调整和完善。

用中国式现代化探索智能文明新形态

智能革命意味着一场新的生产力革命，一方面为人类社会带来巨大潜能，另一方面也会造成创造性破坏的重构效应。而近期的 ChatGPT 已经展现出这样的特征。ChatGPT 是通用大模型和生成式智能的结合。生成式智能意味着其可以生成一些全新的内容，如图片、音乐、视频、诗歌或小说，这在根本上将挑战人类的创新潜能。换言之，许多人类职业如艺术设计者、语言工作者、法律助理和数据分析者等都可能会受到 ChatGPT 的强大冲击。

在这种创造性破坏效应之下，整体性的制度优势就会变得极为重要。例如，在智能革命的背景下，可以充分运用新型举国体制探索一种新型分工体系。在这一过程中，要充分发挥头部企业在智能革命基础架构方面的作用。例如，头部企业可以在公共算力池的设计和准备、通用数据平台的建立以及前沿算法的开源和普及化等方面做很多探索。同时，广大中小企业甚至是积极的公民个体则可以利用这些公共的资源和平台，进行更多的创造性活动。而国家则需要在整个过程中形成在产权权益和创新权益保护方面的配套制度。另外，智能革命可能会产生较为严重的失业问题和极化效应。那些在这一过程中掌握先进技术的人，会获得某种优势地位，而那些没有掌握这些先进技术的人，则可能会沦为“弃民”或“难民”。这种极化效应会导致社会的内在冲突和不稳定，这就需要整个政治体制发挥一种向心作用。因此，近年来在中国式现代化过程中极为强调的共同富裕就变得至关重要。

因而，在未来的整体性智能文明的发展过程中，需要一种创新与责任的结合。一方面，通过产生原始性的创新，使中国在生产力方面走到世界前列。另一方面，我们同样需要一种整体性的制度设计，来保证至少绝大多数的社会成员仍然可以享受到智能革命的红利。换言之，智能革命在“创造一个新世界”的同时也会“打碎一个旧世界”，其产生的极端化力量和碎片化力量可能会把整个社会撕裂，这就需要我国的政治制度在进一步完善的过程中发挥强大的整合效应。总之，在智能文明的创造过程中，中国式现代化的模式与特征也需要进一步完善。基于此，中国式现代化有望成为构筑智能文明新形态的一种典型范式。

以 ChatGPT 为代表的大模型及其生产力意义

自从 2022 年年底 OpenAI 发布 ChatGPT 以来，其已经在世界范围内引发了使用的浪潮。ChatGPT 反映了一种通用人工智能突破的可能性。何为 ChatGPT？就其字面含义来讲，GPT 是英文“Generative Pre-trained Transformer”的缩写，其含义为生成预训练转换器。这是 OpenAI 开发的一个基于 Transformer 模型的改进版通用模型。ChatGPT 可以被看成是 GPT 系列的 3.5 版本。由于在 GPT 前面加了“Chat”的前缀，这使得 ChatGPT 更像是一个聊天机器人。然而，它之所以在世界范围内引发热议，实际上是因为其代表了一种通用人工智能突破的可能性。生成预训练转换器是大模型的一种。这种大模型是在传统的深度神经网络算法基础之上，基于训练参数量的增加而形成的新模型。其之所以被称为大模型，是因为其训练的参数数量已经达到千亿级别。

大模型反映的基本逻辑是“大力出奇迹”，[14] 即由于参数量增加，之前并不起眼的算法，在大模型的基础之上，会出现某种令人惊奇的智能涌现，这便是大模型的生产力含义。换言之，在大模型的基础上，通用人工智能似乎会有巨大的突破。当前，我们正处在人工智能第三波的浪潮之中。在 2016 年“AlphaGo 战胜李世石”的事件影响下，近年来人工智能已经实现了一次巨大的发展，而这样的发展仍然是以专用人工智能为中心的，其本质仍是弱人工智能。[15] 而 ChatGPT 已经反映出其不仅擅长聊天，而且其在生成文本以及编写代码等方面也具有巨大潜能。这就意味着，这样的 GPT 模型是一种通用大模型。换言之，ChatGPT 使得人们相信，之前我们认为遥不可及的通用人工智能，可能在未来的某个时间点会出现突破。而这样的突破就意味着第四次工业革命即智能革命的大门已经打开。

表 0.1　OpenAI 核心团队成员及其任务分工

成员	职位和角色	任务分工
山姆·阿特曼（Sam Altman）	ChatGPT 之父、企业家、投资者，曾任 YC 的前总裁	领导团队推出 AI 模型 GPT-3、DALL·E，以及 ChatGPT。致力于用人工智能“打破资本主义”。其理想的社会模式是马克思主义和自由主义的结合。通过对“全民基本收入”的重视，其希望实现一种在保持社会生产活力基础上的相对分配公平。
克雷格·布鲁克曼（Greg Rockman）	董事长兼总裁、内部大管家、冲锋队长、基础设施的打造者	在 OpenAI 早期领导 OpenAI Gym、OpenAI Five 以及 Dota 2 机器人等项目。OpenAI 内部的模型训练的底层架构基本都由他来完成，包括了 GPT-4 的底层架构。其工程领导和执行能力令人惊叹。
米拉·穆拉蒂（Mira Murati）	ChatGPT 女王、CTO、产品负责人、负责强化学习、产品和团队协作工作	出色地领导了 ChatGPT 和 DALL·E 等关键产品的研发和设计。曾经在特斯拉负责过 ModelX 产品。其很好的产品感觉帮助关键产品出圈，并成为爆款。
伊利亚·苏茨卡弗（Ilya Sutskever）	首席科学家、技术精神领袖、深度学习启蒙者	帮助 OpenAI 及时跟上 Transformer 路线，主导了 GPT-1，GPT-2，GPT-3 以及 DALL·E 系列模型的技术研发。其技术直觉非常具有超前性，是整个技术项目的精神领袖和关键推动者。

资料来源：Alex Konrad and Kenrick Cai, “Exclusive Interview: OpenAI’s Sam Altman Talks ChatGPT and How Artificial General Intelligence Can ‘Break Capitalism’,” February 3, 2023, https://www.forbes.com/sites/alexkonrad/2023/02/03/exclusive-openai-sam-altman-chatgpt-agi-google-search/?sh=4627f3926a63; Cora Lewis, “A Marxist Social Policy Is Gaining Ground In Silicon Valley,” January 29, 2016, https://www.buzzfeednews.com/article/coralewis/why-a-marxist-social-policy-is-gaining-ground-in-silicon-val; AICavaleiro, “Greg Brockman: From Stripe CTO to AI Vanguard at OpenAI,” November 29, 2023, https://medium.com/@aicavaleiro/greg-brockman-from-stripe-cto-to-ai-vanguard-at-openai-b7b1efac0036; John Simons, “The Creator of ChatGPT Thinks AI Should Be Regulated,” February 5, 2023, https://time.com/6252404/mira-murati-chatgpt-openai-interview/; Craig Smith, “ChatGPT-4 Creator Ilya Sutskever on AI Hallucinations and AI Democracy,” March 15, 2023, https://www.forbes.com/sites/craigsmith/2023/03/15/gpt-4-creator-ilya-sutskever-on-ai-hallucinations-and-ai-democracy/?sh=755325961218, 访问时间：2023 年 12 月 4 日。

在热议 ChatGPT 的过程中，一个关键问题是，为什么这样的创新没有出现在谷歌，而是出现在一个许多人之前并不熟悉的 OpenAI 公司中？其实，OpenAI 的成功是多重因素的结果。首先，其不足 100 人的核心团队为了这样一种突破性创新而努力，其具有一种科技创新的长期主义。另外，从产品的角度来讲，这样的创新确实更有可能在非在位企业中出现。因为在位企业往往会对这样的颠覆式创新产品畏首畏尾，同时公众对在位企业的产品也会比较严苛。ChatGPT 与人们对话时，往往会强调自己的观点是不准确的，并表示自己还是一个聊天机器人，因而这种反复提醒人们的谦卑态度，使得用户对其出现的各种奇怪错误有更大的包容性。然而，在位企业创新性地推出类似产品时，则可能会引发其股价的巨大波动。在这次创新中，出现一个重要现象是创新型企业与平台型企业

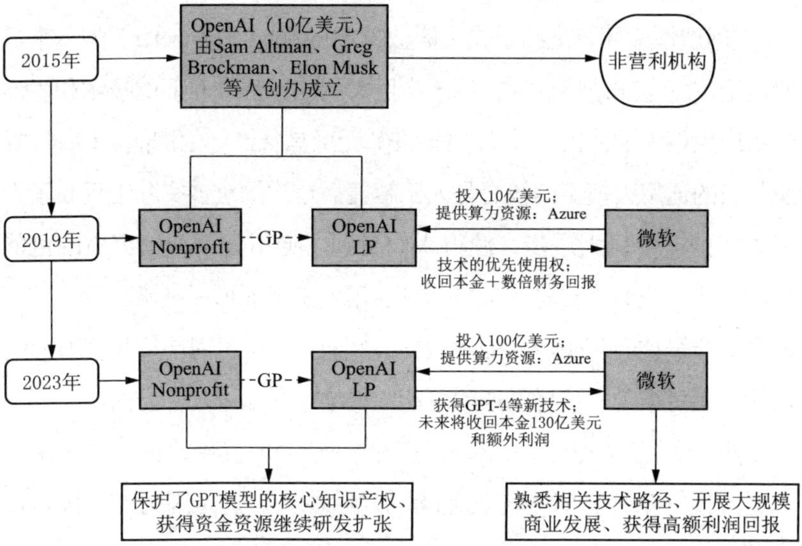

图0.1　OpenAI与微软合作的协议要点

资料来源：OpenAI, “Our Structure,” June 28, 2023, https://openai.com/our-structure, 访问时间：2023 年 9 月 4 日。

的合作，即 OpenAI 与微软的合作。对于微软而言，与 OpenAI 的合作给予其在搜索领域与谷歌相竞争的实力。对于 OpenAI 而言，微软给它提供的资金以及在算力上的支持，使得其有可能完成这一真正伟大的创新。另一个关键问题是，这样的创新为什么没有出现在中国？这一问题的出现本身就反映了中国科技创新意识的自觉，其已经反映出中国社会在原始创新方面的一种强烈愿望。不过，这同时也要求中国企业需要更多在长期主义的基础上去思考这些基础性的原始创新。此外，国家在相关制度方面也需要给予这种原始创新更大的发展空间。

ChatGPT 的“创造性破坏”效应及其风险

“创造性破坏”是约瑟夫 · 熊彼特（Joseph Schumpeter）的一个重要理论贡献。熊彼特认为，每一次巨大的创新都会对旧的技术和生产体系产生巨大的冲击。[16] 而 ChatGPT 无疑具备这样的潜能。ChatGPT 所代表的通用大模型的核心是人工智能。这次的进展实际上反映了人工智能的一个巨大进步，使得人们看到了通用人工智能突破的可能性。因此，我们需要思考未来一旦通用人工智能形成突破之后，其可能会对整个社会产生巨大的创造性破坏效应，即其可能产生多方面的风险。笔者认为，这样的风险可能主要集中在如下几个方面。

第一，技术风险。技术被用来推动社会的发展，也往往被用来规避风险，然而技术本身就是新的风险源头。这是因为许多技术自身可能会存在一些缺陷或者不完备性，而 ChatGPT 同样存在着这样的不完备性。GPT 是在 Transformer 模型的基础之上发展而来的，而 Transformer 的发展又与深度神经网络中的卷积神经网络（CNN）、循环神经网络（RNN）、生成式对抗模型（GAN）等进展紧密联系在一起。然而，这些进展的基础都是深度神经网络，而深度神经网络则不可避免地存在不可解释性。[17] 换言之，尽管在这样的海量参数基础上训练出的模型可以帮助人们解决问题，但是人们并不知晓其运行的基本逻辑。因此，这样的通用大模型会存在鲁棒性不足的问题。另外，GPT 与人对话而产生的令人惊奇的效果，实际上是建立在人类长期形成的大量数据的基础之上，而已有的数据则不可避免会形成某种偏误。[18] 质言之，这些模型是通过已有的数据训练出来的，而已有的数据夹杂着人类社会之前长期存在的诸多成见，那么基于这些成见训练出的模型无疑会造成一种“成见的叠加”。

第二，社会风险。在网络上热议的内容中，有许多与失业问题相关。就目前的效果来看，通用大模型的广泛应用确实会对诸如文案写作、基本交流、会计统计、法律辅助等领域的初级工作形成替代效应。当然，在新的技术条件下，会出现新的就业机会。不过，其中的问题是，我们如何确定新产生的就业机会会大于被淘汰的就业机会？总之，在这一过程中，我们同样需要对整个职业体系以及相关的职业教育进行重新设计，否则可能会带来由失业所导致的一系列社会不稳定问题。同时，社会风险还体现在通用大模型对教育体系的冲击上，而目前网络上的热议已经对此问题有所讨论。一些学校已经宣布禁止学生使用 ChatGPT[19]，然而另一方又认为，这样的先进生产工具恰恰需要学生第一时间去学习。同时，其中还产生了诸多争论，如学生利用 ChatGPT 生成的内容来提交作业会带来何种影响？长此以往，人们是否会在失去 ChatGPT 之后，连基本的作业都无法完成？因此，ChatGPT 的出现对未来的教育方式和教育评价等提出了巨大挑战。

第三，经济风险。通用大模型可能会加剧寡头垄断。通用大模型训练极为消耗算力，这就使得小型企业无法参与这一过程，而那些大的平台性公司则有可能垄断这种大模型产生的巨大生产力效应。另外，其还可能会对整个世界分工体系产生重大影响。从美国目前的行动来看，其似乎更希望锁闭这样的先进生产力，即通过“小院高墙”的战略，使得这样的先进生产力更多留在其俱乐部盟友体系之中，从而避免向发展中国家扩散。这可能会使得传统的世界分工体系面临重构，同时在这种重构的过程中，国际经济冲突很可能会加剧。

第四，政治风险。美国在通用大模型的开发上表现出明显优势，而大模型很可能会被用在政治竞争的各个领域。例如，某些国家可能会通过智能水军对他国舆情进行干扰，甚至可能会进行颠覆他国的舆情扰动行为。美西方国家在之前的所谓“民主化浪潮”

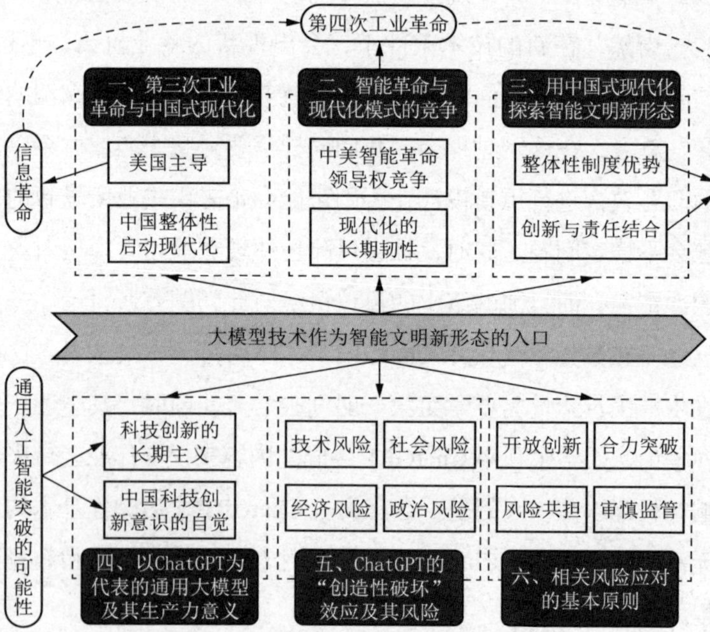

图0.2　大模型技术作为智能文明新形态的入口

中，已经运用推特等技术手段，对他国的政权进行颠覆性活动。因此，可以预见的是，通用大模型很有可能会被用到舆情干扰等政治活动中，而美西方国家的这类可能举动将会对世界政治产生巨大的颠覆性影响。

相关风险应对的基本原则

要应对通用大模型带来的整体性风险，笔者认为可能需要坚持如下几个原则：

第一，开放创新。我们不能因为害怕风险而终止创新，因为其中涉及智能革命领导权的问题。目前，我们已经站在第四次工业革命的门口，而中国和美国都可能会成为第四次工业革命的领导国。要获得这样的领导权，就需要采取一种开放创新的态度，不断走到世界创新的最前沿，并通过一些原始创新来获得创新的先发地位和优势。

第二，合力突破。这需要我国进一步发挥新型举国体制的优势。例如，要实现这样的通用大模型的推进，算力是一个重要条件。因此，可以在政府协调的基础上形成较大规模的公共算力池。另外，在数据方面也可以形成合力。譬如，目前中文的数据被分散在不同企业的 App 之中，因此，可以通过某种公共协调机制使得大型企业的数据得以实现某种程度的共享，进而在共享的基础之上进一步提高数据的质量，这样就可以为大模型的开发提供基础。

第三，风险共担。在通用大模型发展的背景之下，可能会产生多方面的风险，而这种风险应对则需要政府发挥更大的制度保障功能。例如，通过失业保障和再就业培训等方式，使得在替代效应下失去工作的人们重新获得工作岗位，或者是在社会保障的基础之上在一段时间内可以避免由失业所产生的各方面问题。在风险共担的背景之下，就有可能让那些由创造性破坏产生的巨大风险在一个风险可控的环境内出现。同时，伴随着风险的逐步解决，以及由创造性效应产生的新生产力所带来的财富增加，我们的整体风险应对能力会慢慢增强。

第四，审慎监管。为了规避风险而对大模型提供方进行监管是必要的，但同时在监管的过程中，政府需要意识到强监管可能会对创新造成各种负面效应。要保障我们在智能革命中处于较为领先的位置，就需要我们审慎地使用监管手段。比如，在新技术产生的前期，可以采用某种弱监管或者沙盒监管的方式，鼓励技术率先出现并观察其可能带来的社会效益，然后再通过敏捷治理的方式，将其可能产生的负面效应限定在一定的环境和空间中。通过这样的技术试点方式，可以让技术获得成长的空间和机会，也能保障创新性技术的有序推进。同时，只有通过这种审慎监管环境的构建，才有可能使得原始创新更多地出现在中国。

注释

1《习近平谈治国理政》(第四卷)，外文出版社 2022 年版，第 201—202 页。

2 参见《马克思恩格斯选集》(第二卷)，人民出版社 2012 年版，第 2 页。

3 萧冬连:《本土资源与苏联模板——关于中国计划经济起源的讨论》，载《中共党史研究》2017 年第 6 期，第 39—53 页。

4 陈云贤:《中国特色社会主义市场经济：有为政府 + 有效市场》，载《经济研究》2019 年第 1 期，第 4—19 页。

5 Wendy Weng, “Alipay Beats Top Global Platforms in Coverage, Service and Ecosystem Bandwidth,” *TABInsights*, March 22, 2023, https://tabinsights.com/article/alipay-tops-the-best-platforms-ranking-in-2023，访问时间：2023 年 9 月 2 日。

6 Bo Zhang, Jun Zhu and Hang Su, “Toward the Third Generation Artificial Intelligence,” *Science China Information Sciences*, Vol. 66, 2023, pp. 121101:1–

121101:19.

7 Steven Borowiec, "AlphaGo Seals 4-1 Victory over Go Grandmaster Lee Sedol," *The Guardian*, March 15, 2016, https://www.theguardian.com/technology/2016/mar/15/googles-alphago-seals-4-1-victory-over-grandmaster-lee-sedol，访问时间：2023 年 9 月 2 日。

8 对于采访者"ChatGPT 能否发展为真正的通用人工智能"的提问，王小川的回答是："我认为它已经是一个初级的通用人工智能，没有悬念，目前已经是了。"参见《对话王小川：AGI 延续和繁荣人类文明》，https://new.qq.com/rain/a/20230424A07D7A00，访问时间：2023 年 9 月 2 日。

9 高奇琦：《新科技革命背景下世界动荡变革期的核心特征与应对战略》，载《马克思主义与现实》2023 年第 2 期，第 131—139 页。

10 黄日涵、高恩泽：《"小院高墙"：拜登政府的科技竞争战略》，载《外交评论（外交学院学报）》2022 年第 2 期，第 133—154 页。

11 Bruno Latour, *We Have Never Been Modern*, Cambridge: Harvard University Press, 1993, pp. 46–48.

12 Daniel Bell, *The Coming of Post-Industrial Society: A Venture in Social Forecasting*, New York: Basic Books, 1973, pp. x–xi.

13 Debby Wuand Ian King, "Taiwanese Chipmaker Plans to Build $12 Billion Factory in Arizona," TIME, May 15, 2020, https://time.com/5837274/tsm-chip-plant-arizona/，访问时间：2023 年 9 月 2 日。

14 在人工智能大模型训练过程中常说的"大力出奇迹"里，"力"主要指算力，是孵育及训练大模型的基础能力。而大算力也意味着大参数，比如由谷歌和柏林工业大学打造的 PaLM-E 大模型拥有 5 620 亿参数，是 GPT-3 的三倍多。巨大的参数使其成为一个能处理多模态信息的大模型，同时兼具非常强的逻辑思维。参见 Danny Driess, Fei Xia, Mehdi Sajjadi et al., "Palm-e: An Embodied Multimodal Language model," *arXiv preprint arXiv: 2303.03378*, March 6, 2023, https://arxiv.org/abs/2303.03378，访问时间：2023 年 9 月 2 日。

15 Johnathan Charles Flowers, "Strong and Weak AI: Deweyan Considerations," *AAAI spring symposium: Towards conscious AI systems*, Vol. 2287, No. 7, 2019.

16 Joseph A. Schumpeter, *Capitalism Socialism and Democracy*, London and New York: Routledge, 1994, p. 83.

17 Mingfu Xue and Chengxiang Yuan and Heyi Wu and Yushu Zhang and Weiqiang Liu, "Machine Learning Security: Threats, Countermeasures, and Evaluations," *IEEE Access*, No. 8, 2020, pp. 74720–74742.

18 Mayukh Joshi, "GPT-3 Problems and Prejudices," *Medium*, June 27, 2021, https://mayukh-joshi281.medium.com/gpt-3-problems-and-prejudices-d94f0527e505,

访问时间：2023 年 9 月 2 日。

19 Lucas Mearian, “Schools Look to Ban ChatGPT, Students Use It Anyway,” *Computerworld*, April 25, 2023, https://www.computerworld.com/article/3694195/schools-look-to-ban-chatgpt-students-use-it-anyway.html，访问时间：2023 年 9 月 2 日。

第一部分

大模型时代的知识生产与知识秩序

第一章

知识革命还是知识堕化？ChatGPT与知识生成秩序

旧唯物主义的立脚点是市民社会，新唯物主义的立脚点则是人类社会或社会的人类。

——马克思《关于费尔巴哈的提纲》[1]

在一定的情况下，幸福的礼物本身就变成了不幸的因素。

——马克斯·霍克海默、西奥多·阿多诺《启蒙辩证法》[2]

同样令人担忧的是，知识的代理不仅从根本上改变了这种知识的传播模式，而且似乎构成一种知识消亡的威胁。

——贝尔纳·斯蒂格勒《技术与时间 1》[3]

ChatGPT 之所以得到如此大的关注，是因为其让人们似乎看到了未来通用人工智能突破的可能性。当然，也有一些人士认为，ChatGPT 本身就是通用人工智能，例如前搜狗创始人王小川便持有这样的观点。本章将重点关注 ChatGPT 与未来知识生成秩序之间的关系。ChatGPT 作为一种新型的知识创新工具，其可能会对传统的知识生成秩序形成打破效应。因此，本章所聚焦回答的问题是，ChatGPT 这种新现象的出现，究竟意味着一场新的知识革命，还是最终会导致人类的知识堕化？

ChatGPT 对传统知识生成秩序的打破

人类社会在几千年的历史中逐渐形成了某种知识生成秩序。波普尔所讲的世界三实际上就是对这种知识秩序的概括。在波普尔看来，世界一是物理世界，世界二是人们的主观世界，世界三则是一种客观知识世界，即将人类主观世界中创造的文化、语言、科学技术等知识用某种载体记录并保存起来的世界。[4] 换言之，世界三实际上是人们共同理解的知识的客观化。相比而言，传统的知识生成是相对缓慢的，而学者在这样的知识秩序中发挥重要作用。学者所做的工作就是，在各自的研究领域，通过对前人文献的阅读并结合最新的现实发展情况进行进一步的知识总结和创造。

应该说，这样的知识秩序是相对稳定且不断缓慢推进的。一个创新力极强的学者要挑战之前主导的传统观念则需要准备大量的经验事实，并提出更具说服力的结论。在人类长达几千年的历史演进中，一个完整的知识生产秩序由教育系统和评价系统构成。教育系统的关键是要培养一流的学术工作者，并加入知识生成的过程之中。学术工作者要有非常强的学术兴趣，要受到良好的学术训练，并有志于终生为此付出自己全部的心血和精力。评价系统则由期刊社、出版社以及奖项评定系统等制定评价标准。换言之，在传统的知识生成秩序之中，学者处于中心位置，特别是那些获得较高声誉的学者会成为知识秩序的中心。人们往往给那些较高声誉的学者以较大的权重。他们的观点会成为知识秩序中的“定盘星”和“稳定器”。这样的代表性学者也是在严格的教育系统和复杂的评价系统中，经过无数次的筛选后才出现的。总之，传统的知识生产形成了一套完整的规则，并对人类社会的其他秩序形成支撑效应。例如，政治秩序的稳定和延续在很大程度上就依赖于这种知识秩序。人们之所以对民族国家或政治系统有很强的认同，很大程度上来自以知识秩序为中心的政治传播。

然而，ChatGPT 的出现对传统知识生产秩序却会形成打破效应。ChatGPT 给人的初始印象是一个聊天工具，但它实际上是一个伪装成聊天工具的通用知识生成器。ChatGPT 的核心架构是 2017 年谷歌提出的转换器（Transformer）模型。[5] 转换器模型在之后的发展主要形成了三条有代表性的路径：一是谷歌推动的以 BERT 为代表的仅编码器（encoder-only）路径[6]；二是 OpenAI 推动的以 GPT 为代表的仅解码器（decoder-only）路径[7]；三是以 BART 为代表的编码器—解码器（encoder-decoder）路径。BERT 模型在完成类似于完形填空这样的任务时表现得更加优异，而 GPT 则在上文预测下文的任务中表现更好。而我们今天体验到的 ChatGPT，更主要的是这种类似于“文字接龙”的语言预测模型。

ChatGPT 中的“Chat”是聊天的含义，而 GPT 则是“Generative

表 1.1　Transformer 之后三条路径的比较

	Transformer		
名称	仅编码器（encoder-only）	仅解码器（decoder-only）	编码器—解码器（encoder-decoder）
简介	擅长文本理解，允许信息在文本的两个方向上流动	擅长文本生成，信息只能从文本的左侧向右侧流动，以自回归方式有效生成新词汇	对编码器、解码器两种模型进行结合，用于完成需要理解输入并生成输出的任务
发展	BERT（2018）； ERNIE（2019）； RoBERTa（2019）； ALBERT（2019）； ELECTRA（2020）； DeBERTa（2020）	GPT-1（2018）； GPT-2（2019）； GPT-3（2020）； CodeX（2021）； InstructGPT（2022）； ChatGPT（2022）	BART（2019）； T5（2019）； mT5（2020）； UL2（2022）； FlanUL2（2023）

Pre-trained Transformer”的缩写，其字面的翻译是“生成式预训练转换器”。如前所述，转换器是最基本的算法模型。生成代表着其核心是一种生成智能。换言之，其内容是完全生成的，而不是从已有训练的语料库中摘取出来的。预训练意味着其要通过已有的语料封装一个具有海量参数的大模型。换言之，这样的大模型要经过预训练的阶段，而在预训练阶段时，只要达到一定的参数规模，那么这样的大模型便可能会涌现出较高水平的生成智能。

ChatGPT 在知识生产方面最为强大之处在于其“一键生成”的功能。换言之，只要对话者给出合适的提示语，ChatGPT 便能在短时间内生成大量的内容。例如，人们可以要求 ChatGPT 扮演某个角色，并根据这个角色提供一段文字，那么 ChatGPT 就可以在几秒钟的时间内吐出一大段文字。尽管 ChatGPT 是逐字生成的，但是在强大算力的支撑下，这种逐字生成的速度还是远远超出了人们的想象。一个正常人完成一篇 2 000 字的文稿，大多数人也要至少花上一天或几天时间。然而，对于 GPT 而言，这些文字通过几轮对话，可能在一分钟之内就可以生成好。从这一角度来讲，ChatGPT 是一种维利里奥所讲的光速技术。[8] 当然，更准确地讲，它是一种光速知识生成技术。如果 ChatGPT 仅仅是生成的速度很快，但它的质量还比较差，那似乎还不会引起人们的过多担忧。然而，ChatGPT 的知识生成质量同样是令人惊叹的。尽管 ChatGPT 还存在一定程度的幻觉，[9] 即其可能会一本正经地说瞎话，然而当其迭代到 GPT-4 时，这样的知识幻觉现象大大减少。[10]GPT-4 的知识准确性大为提高，似乎有了类似于人类的某种常识。

这实际上就对传统的知识生成形成了较大的挑战和冲击。传统的知识生成是相对缓慢的。无论是撰写论文还是发表论文，都需要经过较长的周期。然而，ChatGPT 却是一种光速知识生成技术。其

表 1.2　GPT 发展简史

产品	发布时间	参数量 / 预训练数据	突　破
GPT-1	2018 年 6 月	参数量 1.17 亿，预训练数据量约 5GB	基于 Transformer 架构，使用预训练方法实现高效语言理解的训练
GPT-2	2019 年 2 月	参数量 15 亿，预训练数据 40GB	采用了迁移学习技术，在多种任务重高效应用预训练信息，进一步提高语言理解能力
GPT-3	2020 年 5 月	参数量 1 750 亿，预训练数据量 45TB	使用了大规模的预训练数据和更多参数，注重泛化能力
DALL・E	2021 年 1 月	参数量 120 亿	走向另一个模态，可以直接从简单的提示文字中创建合成图像，具备将文本和图像融合处理的能力
GPT-3.5	2022 年 11 月	参数量未公布，据估计与 GPT-3 接近，预训练数据量百 TB 级	ChatGPT 的底层模型，能更准确地理解复杂的语言结构和上下文，产生更加流畅、一致和逼真的文本，最大突破是指令遵循（instruction following）
GPT-4	2023 年 3 月	参数量未公布，估计有万亿	能处理文本和图像输入；在多个专业和学术基准测试中表现更接近人类水平；并且在安全性和可控性方面有所改进
GPT Plugins	2023 年 3 月	/	在 ChatGPT 中实现对插件的初始支持

资料来源：Alec Radford et al., "Improving Language Understanding by Generative Pre-Training," https://cdn.openai.com/research-covers/language-unsupervised/language_understanding_paper.pdf; Alec Radford et al., "Language Models are Unsupervised Multitask Learners," https://cdn.openai.com/better-language-models/language_models_are_unsupervised_multitask_learners.pdf; Tom B. Brown et al., "Language Models are Few-Shot Learners," arxiv: 2005.14165, 2020; OpenAI, "DALL·E: Creating images from text," Jan 2021, https://openai.com/research/dall-e; OpenAI, "GPT-4 Technical Report," https://cdn.openai.com/papers/gpt-4.pdf; Long Ouyang et al., "Training language models to follow instructions with human feedback," arXiv:2203.02155, 2022; OpenAI, "GPT-4," https://openai.com/research/gpt-4, March 2023，访问时间：2023 年 9 月 5 日。

中会产生一系列的问题。例如，作者在撰写论文时是否可以使用 ChatGPT？是否应该明显区分一篇论文是由作者完全独立完成，还是使用 ChatGPT 完成的？ChatGPT 加入写作过程，是否会对传统的发表秩序产生扰乱？传统的知识评价是否也需要进行调整？这一系列问题极难回答，但是却也亟待回答。目前关于是否可以在论文撰写中使用 ChatGPT，已经出现了两极化的明显争论，其可以分为拥抱技术派和限制技术派。

拥抱技术派认为，ChatGPT 是一种先进生产力，而先进生产力就必须要被使用，否则我们便会落后于这个时代，因此积极的态度应该是，拥抱先进技术，与技术共生。正如当搜索引擎出现时，我们要充分运用搜索引擎给人们带来的知识检索便利，并通过这种知识检索来增加人们知识的广度和深度。ChatGPT 就是一种在新技术条件下产生的类搜索革命，因此最佳态度就是要充分运用 ChatGPT 技术。限制技术派认为，ChatGPT 的使用会导致在知识创造中产生不公平竞争，并可能最终会导致人类知识生产水平的下降。例如，乔姆斯基激烈地表达了这类观点。乔姆斯基认为，ChatGPT 是一种公开抄袭。[11] 这类观点认为，如果人们大量且长期使用 ChatGPT 这类技术，那么最终人类可能会走向一种对技术的过度依赖，并使得自身的知识生产能力大为下降。

智能生成知识：一种新的知识革命

我们需要充分认识到 ChatGPT 给人类社会带来的巨大知识革命的机会和潜能。人类历史上长期面临的重要问题之一是教育资源的匮乏。人类的受教育时间仅仅占到其人生总时间中很短的一段，其中又有多方面原因。在农业社会甚至工业社会的绝大多数时期，教育都极其昂贵。在绝大多数时期，教育并不是为了满足人们的好奇心，而更多是为了维持生计。或者说，教育服务于劳动力的再生产。即便是在公立教育大行其道并且教育成本大大降低的今天，我们同样能感受到教育开支在家庭总开支中仍然占有较高比例，因为持续不断地获得新鲜的知识非常困难。绝大多数个体在人生的诸多阶段并不知道应该学习什么。在农业社会和工业社会早期，人们在受教育过程中面临的主要困难是知识匮乏。要获得一些好的书籍都极为困难。在今天，获取一些书籍的电子版或网页版已经非常容易了。然而，对于大多数学习者而言，其可以直接与拥有较高知识水平的学者进行沟通和对话仍然是不能完全实现的。从这个意义上讲，教育资源仍然是稀缺的。

然而，ChatGPT 的到来似乎让人们看到了高等教育平民化的希望。换言之，每个人都有可能拥有一位足够耐心的、百科全书式的好老师。这位老师就是 ChatGPT。在 ChatGPT 的辅助之下，我们可以更好地学习诗歌、创作乐曲和练习编程。如前所述，在工业时代的条件下，教育的目的是创造更多的在专业领域中的劳动力，[12] 因此教育的特征是分科教育。而在 ChatGPT 的辅助之下，我们似乎可以更好地激发自己的兴趣，在对话的语境中更加深入地获得探索知识的乐趣，并且还可以得到 ChatGPT 手把手的指导。就编程而言，这是一个非常漫长的、艰难的学习过程。传统的计算机编程教育往往会强调基础理论，然而编程的魅力和乐趣在于编写者通过某个程序可以解决一些实际问题。换言之，在基础阶段大量基础知识的教学可能会抑制受教育者的兴趣，而在一些实际应用的场景中，通过解决问题来激发学习者的兴趣往往会起到事半功倍的作用。换言之，在 ChatGPT 的辅助之下，我们可以获得更多的、边玩边学的机会，这便是教育学中强调的“寓教于乐”的道理和缘由。

当然，这样的知识革命还意味着其确实会带来一场新的知识秩序调整。目前在知识产权界已经产生了相关争论。例如，人工智能生成的作品是否可以被界定为具有某种知识产权？[13] 这样的知识产权是归人工智能的开发者，还是归人工智能的使用者，抑或是归人工智能本身所有？[14] 这类问题在今天并没有一个定论。目前知识产权界较为通行的做法是，将人工智能生成物统一界定为没有知识产权。[15] 然而，这并没有解决问题。例如，那些花了较多时间和精力并运用各种提示词来激发人工智能生成的使用者往往会宣称其在这一过程中确实付出了较多劳动，并且人工智能生成物也是在其核心构想基础上产生的，其往往会主张某种知识产权。

另外，知识产权设立的目的是对某些极具创新性的设计或形式进行保护，从而激发人们的创作欲望。如果完全将人工智能生成物界定为没有知识产权，那么优点是这样的作品会被广泛使用，缺点是最终会损害那些花了巨大精力来对人工智能进行诱导和提示的人们的积极性。另外，也有一些观点认为，提示词本身是否就应该具备某种知识产权。[16] 总之，智能生成知识的出现对传统知识秩序形成了某种打破效应。然而，新的知识秩序并未完全建立。我们对人工智能生成知识的范式、创新性以及价值等都仍然在探索之中，共识也远未达成。

知识堕化：智能生成知识的新风险

ChatGPT 会带来一场新的知识革命，但同时这一革命中也蕴含了知识堕化的新风险。ChatGPT 是一种快速进行知识生产的通用知识工具。尽管GPT-4在一定程度上可以减少知识幻觉的问题，然而其并没有完全解决这一问题。换言之，大模型技术仍然存在“一本正经说瞎话”的可能性。同时，由于其强大的快速生成知识的能力，就使得我们进入了一个“知识通胀”的时代。如前所述，人类生成知识的速度是较慢的。无论是学者的培养还是论文的发表，都要经过较为漫长的周期。任何新知识的出现都要经过诸多同行的确认。新的、有价值的知识也是在反复核对和校准的基础之上产生的。然而，ChatGPT却会通过远超人类知识生成速度的方式进行知识生产，另外目前自媒体上发布信息并不需要像期刊上发表论文那样复杂的知识确认程序。自媒体的特点是“完成即发表”。可以想见，在ChatGPT相关技术的辅助之下，那些自媒体便会海量且快速地生成各类公众号文章或视频，因此人类会进入一个巨大的“知识泡沫”时代。

这导致的风险有两类。一类是在“知识泡沫”之中寻找有价值的知识变得极为困难。我们也很难辨认哪些是人类创造的真正知识，哪些是机器在“一本正经说瞎话”背景下创作的泡沫知识。伴随着这些有用知识和无用知识的搅拌、混杂与流通，多数人类个体可能会放弃这样的知识辨别。另一类则是一些人类个体可能会在ChatGPT的辅助之下最终放弃自己的知识创造能力。换言之，ChatGPT可以帮助自己写诗歌和程序，那为什么还要自己亲自动手写？进言之，一旦人类丧失了自己动手的能力，那么人类是否还真正掌握着创新的核心驱动力？按照德勒兹的说法，大量的差异是在重复的过程中产生的。换言之，一丁点的创新是在经过无数次的千锤百炼中获得的。如果我们不动手去做，怎么能发现那么一丁点的创新机会？一些人将人类未来的创新潜能寄希望于提示词，认为提示工程是人类未来的核心能力。笔者在一定程度上认同这一观点，认为提问确实是人类非常重要的能力。提问使人类对事物的变化保持好奇心。然而，问题是，近期 AutoGPT 的发展似乎也在侵蚀人类的提问领域。[17] 换言之，机器将来在一定程度上也可以具备提问能力。如果将所有的工作都交给机器，那么人还需要做什么？人类自身的核心能力还会剩下什么？

如何重新构建新的知识生成秩序？

前文讨论了处于两极的争论，分别是拥抱技术派和限制技术派。在笔者看来，对于 ChatGPT 在知识领域的运用，我们恰恰要处在拥抱和限制之间。一方面，作为一种新型生产力，我们需要了解并掌握这一技术。否则的话，我们会落后于时代，最终被先进的生产力所淘汰。因此，使用技术是不可阻挡的大趋势。另一方面，我们也要充分看到技术可能会给我们带来的新风险。特别是，在使用这一技术的过程中，人类可能会形成一些坏习惯，如将所有的工作都交给 ChatGPT，而自己的能力在退化。对待这一问题的正面态度应该是，接受技术和使用技术，并且充分认识到技术的局限性，还要在这一过程中不断提升自己的能力，用自身在与技术对抗和学习的过程中掌握的新能力最终打败技术。

笔者曾撰文指出机器人新三原则。[18] 其核心的基本逻辑就是，机器人永远是辅助。机器人作为一个全新的他者出现，其要在很大程度上进一步激发人类自身的知识生产。换言之，在机器巨大的知识生产能力面前，人类要找到自身的优势，并不断提高自己的知识生产能力。同时，在这一过程中，我们同样需要充分思考 ChatGPT 的技术特征，并积极构建一种全新的知识生成秩序。笔者认为，在这一过程中，如下几点较为重要：

第一，对 ChatGPT 的使用采用分级制度。例如，成年人在工作需要时，为提高生产力，可以使用并建议使用 ChatGPT。然而，在培养自身能力的受教育阶段，ChatGPT 的使用应分级，并在某些领域要限制使用。例如，在未成年人的基础教育阶段，要避免孩童形成对 ChatGPT 的过度依赖。对于未成年人而言，其习惯还未完全形成。理想的状态是，要让孩子们使用并了解这些新技术，但要充分地告知他们在其受教育阶段，这些技术不能用以完成学校布置的作业，因为教育的目的是训练其自身学习能力，而这种一键生成的完成作业方式，对其学习能力是有害的。

第二，对 ChatGPT 技术生成的知识要加以区分。换言之，要对 ChatGPT 生成的知识给予明确的标识，使之与人类创造的知识明显区分。特别是当这些知识被用到一些可能会影响人类作重要决策的领域（如政治决策、司法决策或医疗决策等领域）时，我们要充分审核这类信息的准确性，避免其对人类社会产生巨大的负面影响。同时，对于那些运用相关人工智能技术生成虚假信息并恶意传播，进而产生某些较坏社会影响的个体及行为，要加以警诫。在对 ChatGPT 生成知识进行标识的过程中，区块链技术可能是一个较优的方案。区块链技术的基础是数字账本。数字账本技术可以把这些智能生成知识有效地记录下来，并且可以追踪其流转和传播的整个过程[19]，这样就可以避免某些虚假或泡沫知识对人类知识秩序造成较大冲击。

第三，传统知识秩序中的发表节奏也需要适应相应的变化。传统期刊的审稿周期较长，实际上不利于某些知识的传播。换言之，一些严肃的学者也会愿意对一些新兴问题发表自己的看法。如果这些看法是通过传统期刊发表的话，这一周期往往较长，其知识影响力也会大大减弱。因此，传统知识秩序同样需要尽可能地缩短周期。例如，近年来国外兴起的 Open Access 和国内出现的网络首发都是一些较好的尝试。[20]

第四，投稿人、审稿人和期刊都需要履行一些声明义务。ChatGPT 技术并不是不能用，但是如果投稿人在文章的某一部分确实使用了 ChatGPT 生成的文字，那么投稿人应当在文章中加以声明。在未来，审稿人或期刊编辑也可能会使用 ChatGPT 相关的技术，那么这类使用也需要加以声明。换言之，ChatGPT 可以出现在期刊论文发表的某一环节中，但相关方一定要充分地声明对其使用的具体情况，这样可以给予其他相关方明确的信息，有助于其他相关方更加明确地判断其知识的可靠性和精准性。

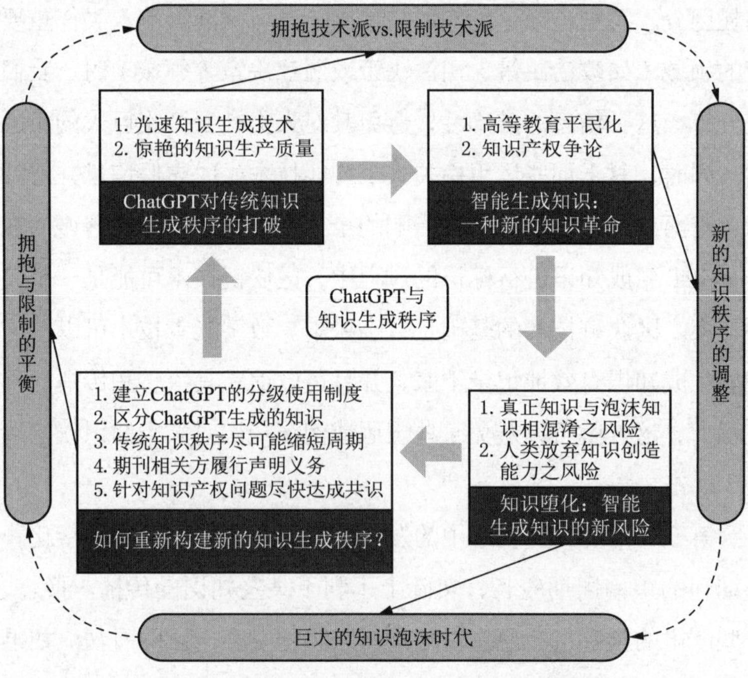

图1.1　大模型技术作为智能文明新形态的入口

第五，人类社会需要在知识产权的相关问题上尽快达成共识。知识产权是整个知识秩序的中心。如果人类社会围绕知识产权仍然处在不断的争论之中，那么传统知识秩序就会与新知识秩序之间产生巨大摩擦，这并不利于人类社会的知识生产。如何在传统知识秩序与新知识秩序之间达成某种妥协或一致性，就会变得至关重要。

本章小结

整体而言，ChatGPT 是一个全新的事物，其对传统的知识生成秩序带来了巨大冲击。当然，其也会给我们带来一场全新的知识革命。对于普通人而言，这样的知识革命意味着多数人可以运用这一技术获得更好的教育机会。在 ChatGPT 强大的赋权效果之下，教育资源可能会变得不那么稀缺，同时学习者可以将他的自由时间转化为更多的受教育实践。从这一意义上讲，终身教育是 ChatGPT 出现之后人类教育实践的一次重大变化。那些未充分开发的大脑可能会获得更多的深度开发机会，人类个体的知识创造潜能也可能会在与机器他者的凝视和互动之下被大量地激发出来。然而，其中也蕴含了新的知识堕化风险。如果人们将获得的新自由时间不用来学习而用来做其他无意义的活动，那么 ChatGPT 带给人类的是对工具的过度依赖以及自身堕化的风险。同时，对于整个知识秩序而言，ChatGPT 的巨大冲击效应还未完全显现。一系列在冲击之后产生的问题还未完全暴露出来。在接下来的阶段，我们可能需要密切观察这些有可能出现的新风险。在新知识秩序与传统知识秩序之间达成某种弥合性的共识，可以使得人类的知识秩序更好地服务于每个个体的美好生活。

注释

1《马克思恩格斯选集》(第一卷)，人民出版社 2012 年版，第 136 页。

2 Max Horkheimer and Theodor W. Adorno, *Dialectic of Enlightenment: Philosophical Fragments*, translated by Edmund Jephcott, Stanford: Stanford University Press, 2002, p. xviii.

3 Bernard Stiegler, Technics and Time, 1: The Fault of Epimetheus, translated by Richard Beardsworth and George Collins, Stanford: Stanford University Press, 1998, p. 86.

4 Karl R. Popper, *Objective Knowledge: An Evolutionary Approach*, Oxford: Clarendon Press, 1994, p. 158.

5 Amit Prakash, "What is Transformer Architecture and How Does It Power ChatGPT?" *ThoughtSpot*, February 24, 2023, https://www.thoughtspot.com/data-trends/ai/what-is-transformer-architecture-chatgpt，访问时间: 2023 年 9 月 3 日。

6 Jacob Devlin, Ming-Wei Chang, Kenton Lee and Kristina Toutanova, "BERT: Pre-training of Deep Bidirectional Transformers for Language Understanding," *arXiv preprint arXiv:1810.04805*, May 24, 2019, https://arxiv.org/abs/1810.04805，访问时间: 2023 年 9 月 2 日。

7 Kira Hunter, "GPT-3 Versus BERT: A High-Level Comparison," *Symbl.ai*, November 1, 2022, https://symbl.ai/blog/gpt-3-versus-bert-a-high-level-comparison/，访问时间: 2023 年 9 月 3 日。

8 Paul Virilio, *The Aesthetics of Disappearance*, translated by Philip Beitchman, Los Angeles: Semiotext(e), 1991, p. 46.

9 Bernard Marr, "ChatGPT: What Are Hallucinations And Why Are They A Problem For AI Systems," *Bernard Marr & Co.*, March 22, 2023, https://bernardmarr.com/chatgpt-what-are-hallucinations-and-why-are-they-a-problem-for-ai-systems/，访问时间: 2023 年 9 月 3 日。

10 在 OpenAI 发布的关于 GPT-4 的研究报告中提到，GPT-4 比之前的版本显著减少了幻觉的出现。OpenAI: "GPT-4 Technical Report," https://arxiv.org/abs/2303.08774，访问时间: 2023 年 9 月 2 日。

11 Colin Marshall, "Noam Chomsky on ChatGPT: It's 'Basically High-Tech Plagiarism' and 'a Way of Avoiding Learning'," *Open Culture*, February 10, 2023, https://www.openculture.com/2023/02/noam-chomsky-on-chatgpt.html，访问时间: 2023 年 9 月 3 日。

12 Shaun M. Dougherty and Allison R. Lombardi, "From Vocational Education to Career Readiness: The Ongoing Work of Linking Education and the Labor Market,"

Review of Research in Education, Vol. 40, No. 1, 2016, pp. 326–355.

13 Rahul Rao, "Generative AI's Intellectual Property Problem Heats Up," *IEEE Spectrum*, June 13, 2023, https://spectrum.ieee.org/generative-ai-ip-problem，访问时间：2023 年 9 月 3 日。

14 Gil Appel, Juliana Neelbauer, and David A. Schweidel, "Generative AI Has an Intellectual Property Problem," *Harvard Business Review*, https://hbr.org/2023/04/generative-ai-has-an-intellectual-property-problem，访问时间：2023 年 9 月 3 日。

15 王迁：《再论人工智能生成的内容在著作权法中的定性》，载《政法论坛》2023 年第 4 期，第 16—33 页。

16 Gualtiero Dragotti, "Generative AI and Prompt Protection under Intellectual Property Law," *Dia piper*, February 15, 2023, https://www.dlapiper.com/en-IT/insights/publications/law-in-tech/generative-ai-and-prompt-protection-under-intellectual-property-law，访问时间：2023 年 9 月 3 日。

17 "AutoGPT," https://autogpt.net/，访问时间：2023 年 9 月 1 日。

18 高奇琦：《全球善智与全球合智：人工智能全球治理的未来》，载《世界经济与政治》2019 年第 7 期，第 24—48 页。

19 William Magnuson, *Blockchain Democracy: Technology, Law and the Rule of the Crowd*, Cambridge: Cambridge University Press, 2020, p. 207.

20 Alma Swan and Sheridan Brown, "Authors and Open Access Publishing," *Learned Publishing*, Vol. 17, No. 3, 2004, pp. 219–224.

第二章

大模型时代的深度媒介化与政治秩序

批判的武器当然不能代替武器的批判，物质力量只能用物质力量来摧毁；但是理论一经掌握群众，也会变成物质力量。理论只要说服人［ad hominem］，就能掌握群众；而理论只要彻底，就能说服人［ad hominem］。所谓彻底，就是抓住事物的根本。而人的根本就是人本身。

——马克思《黑格尔法哲学批判》[1]

启蒙的纲领就是对世界的祛魅。它希望祛除神话，并用知识替代幻想。

——马克斯·霍克海默、西奥多·阿多诺《启蒙辩证法》[2]

治国不以礼，犹无耜而耕也。

——《礼记·礼运》

2022年11月底发布ChatGPT以来，已经引发了全球性的社会关注。ChatGPT是大模型技术的一种，其本质是通用大模型。通用大模型的发展使人类社会看到了通用人工智能突破的可能性。通用人工智能将对人类的知识秩序和政治秩序都将形成较为深远的影响。本章所思考的问题是：大模型技术对人类社会的知识生产究竟会产生何种影响？这种知识生产与目前的深度媒介化发展会产生何种关联？这种新型的知识生产及其加速的深度媒介化最终会对人类政治秩序形成何种效应？本章将围绕这些问题展开。

知识即媒介：大模型加剧的深度媒介化

马歇尔·麦克卢汉（Marshall McLuhan）帮助我们打开了媒介社会的大门。[3]而目前，人类社会日益在媒介社会的方向上急速推进。按照斯蒂格·哈瓦德（Stig Hjarvard）等学者的观点，我们已经进入一种深度媒介化的社会，现代社会已被媒介所完全“浸透”，其成为“我们呼吸的文化性空气”。[4]同时，安德烈亚斯·赫普（Andreas Hepp）以“深度媒介化”（deep mediatization）一词概括媒介化在数字时代的新特征，他认为数字化已经使我们处于一个新的媒介化阶段，在这个过程中，我们社会世界的所有元素都与数字媒体及其基础设施建立起复杂的联系，媒介对社会发展产生着至关重要的影响。[5]喻国明等学者则指出，“深度媒介化”表明数字媒介作为一种更高维度的媒介，正以新的传播关系重构旧有的社会关系并激活个体力量。换言之，从“媒介化”到“深度媒介化”的范式变革，意味着由数字媒介引发的传播革命正极为深远地改变着社会的基本形态。[6]综合这些学者的观点可以发现，“深度媒介化”指向一种媒介技术越向社会渗透就越引起巨大变化的状态，即在深度媒介化的过程中，社会世界的各类元素（涵盖带有整体与结构性质的制度、文化、结构及带有个体性质的个人、实践活动等）都与数字媒介及其基础设施发生相互“型构”（figuration）。简言之，“深度媒介化”具有双重特征：一方面，媒介的技术关联度越来越高；另一方面，媒介技术与社会世界诸元素的关联与互动越来越深入，弥散于社会世界的各个罅隙之中，其重构着以往的各种社会关系。

不过在笔者看来，大模型出现之前的媒介化，还不能完全被称为深度媒介化，其更多是一种表面媒介化。这种媒介化的力量是向外的。例如，普通人可以通过社交媒体来发布自己的家庭生活、工作点滴和日常游历。这样的内容更多是一种过程性记录，而这种媒介化所展示的中心是表面的生活。譬如，人们在社交媒体中所“晒”的往往是自己认为有意思的东西。阿德里亚娜·马纳戈（Adriana Manago）等学者在调查青年人在 MySpace 这一社交平台上与同龄人的互动时发现，其自我表达与自我呈现往往是理想化、美化和夸大的。[7] 埃里卡·贝利（Erica Bailey）等人在研究中也指出，社交媒体看起来就像是一个人造世界（artificial world），人们在其中的生活几乎完全由具有异国情调的假期、广泛坚固的友谊和上镜的健康膳食组成，而整个行业也都围绕着人们在社交媒体上渴望展示理想自我形象的愿望而建立。[8] 换言之，社交媒体中更多体现的是一种“美的竞赛”，而很少有人会把自己的不悦与痛苦在社交媒体中进行展示。用韩炳哲（Byung-Chul Han）的话来说，这是“肯定社会”下的一种折射。肯定社会表现为“不容许否定的情感存在”，“因此，一个人失去了处理苦难（Leiden）和疼痛（Schmerz）的能力，无法赋予它们形式”。[9] 由此，大模型之前的媒介化社会，往往会出现一种内在的悖谬，即人们在社交媒体中越多地进行展示，其越容易把自己的内心世界隐藏起来。因而，这种媒介化越来越多地以表面媒介化的方式展开。

然而，以 GPT 为代表的大模型技术，则会产生一种内在的赋权效应，从而可能会推动一种内在媒介化。这种媒介化的力量是向着人的内心世界来推动的，其核心是知识本身，即在知识上人们会附着更多的价值观、愿景以深度思考。例如，在大模型的辅助之下，人们可以结合自己今天的心境用诗歌来表达其思想状况。这种表达便更多是一种以知识为中心的内心世界的真正表达。

为何在大模型出现之前内在媒介化会比较困难？这是因为要反映人的内心世界，就需要大量的复杂知识。特别是对于那些受教育程度不高的人而言，这是一种巨大的困难。如何以优雅的、极富内涵的方式来表达自己，并以数字化的方式呈现在自己的社交媒体平台中？对于这一点，往往是少数受过较好教育或修养深厚的群体才能实现。换言之，传统的知识生产具有较高门槛。缺乏严格训练且不具有充分知识表达能力的个体，无法加入这一知识生产的过程之中。然而，大模型却会产生巨大的知识赋权效应。比如，以ChatGPT为代表的大模型可以在较为通用的领域进行广泛应用，其可以执行广泛的语言任务，包括写代码、创作散文及翻译文本等。[10]换言之，大模型本身是一个知识生成工具。任何个体只要掌握一定的提示工程技巧，就可以引导大模型根据自己的需求产生大量知识。而喻国明等学者同样敏锐地观察到了以GPT为代表的大模型技术对个体的赋权作用，其指出，“生成式人工智能将更加深刻地对个体赋能赋权”，这主要表现在生成式人工智能突破了资源使用整合层面的能力局限，提高了个体的传播能力，同时促进了普通个体与精英之间“能力沟”的弥合。[11]同时，深度媒介化的意义在于，这样的知识生产本身就意味着传播活动的开始。“一键生成”的知识生产模式和“一键发布”的知识传播模式会结合在一起，这都会大大缩短从知识生产到他人接受知识的过程。在这样的背景之下，大模型会带来一场全新的知识生产革命。

每个个体只要掌握和具备一定的提示工程技巧和能力，就可以利用大模型获取海量知识，同时其可以进入知识生产的中心。这种新型的知识生产明显是去中心化的。每个个体似乎在形式上都能够扮演在传统知识秩序中学者或专家的角色。只要其有一定的流量和粉丝，就能够影响其他个体。学者和专家在整个知识生成秩序中的作用会不断地稀释，其中会出现一种“量化的平庸”现象。在传统的知识生成秩序中，学者和专家的知识被赋予了更多的权重，因此其知识会自动地浮现出来，从而引导社会发展的方向。然而，在一种海量且快速生成的新知识秩序之中，学者和专家的知识如果不被赋予更多权重，那么他们生成的知识只能作为将被加权平均的基数而存在。从这一点上讲，这种内在媒介化同样蕴含了新的风险。在这样一个人人都进行知识生产和表达的时代，我们需要反问的一个问题是，这样的表达中哪些是个体自身的内在想法？换言之，在一种人机杂糅的知识生产时代，人类知识和人类的真正思考是否已经被机器知识稀释掉了？

知识泡沫与深度混淆：后真相时代的真正来临

人类社会的传统知识生产是一种较为精致的知识生产。这样的创作过程往往需要花较长的时间。例如，要创作一首歌曲，那么首先就需要创作者到各地或者各场景中采风，在创作的过程中获得某些灵感，并在这些灵感的激发下完成作品。总之，一项伟大作品的诞生要花费较长时间。同时，其也是在与大量人类个体的互动中诞生的。这样的作品要获得社会的认可和承认，同样需要经历一个漫长过程，甚至其可能会被不断地再创作。用保罗·利科（Paul Ricoeur）的观点来讲，这种对原作品不断创作的过程，就是解释的过程，由于“解释是思想的工作，这工作在于对隐藏在表面意义中的意义加以辨读，在于展开包含在字面意指中的意指层次”。[12] 因此，这种解释过程可能比作者的原创过程更加重要。人文艺术一直被认为是人类知识创造的最高水平。好的人文艺术作品可以激发人的某种情感。比如，格奥尔格·黑格尔（Georg Hegel）认为“美就是理念的感性显现”，并主张艺术之本质是一种精神性的存在。[13]然而，目前这些领域都遭到人工智能生成物的侵蚀，如 Midjourney 和 Stable Diffusion 可能会逐步使得人类绘画失去意义。目前，插画师行业已经受到这些 AIGC 工具的威胁。从 2023 年上半年开始，一些动漫公司的插画师被裁员，而那些被保留下来的插画师还被要求必须会使用 Midjourney 等工具。与 AIGC 工具相比，人类插画师的创作速度实在太慢。人类插画师要完成一幅作品，至少需要 2—3 天的时间，而对于 Midjourney 这样的工具而言，其在 10 秒钟就可能完成 4 幅作品的创作。对于人类的知识生产而言，这种一键生成和快速创作是一种巨大冲击。并且，人工智能生成工具的进化速度也让人越来越惊讶。V1 到 V5 不到一年的进化时间中，Midjourney 各方面能力巨大提升。例如，之前人工智能对人类手部进行临摹是较为困难的，然而在最新的版本中，这一问题得到了有效解决。在最新的 V5.1 的版本中，Midjourney 的像素大大提升，其已经完全达到了能在经济活动中替代插画师工作的水平。而在现实中，出于经济效率的考虑，动漫公司会毫不犹豫地裁掉人类的插画师，而选择 Midjourney 这类工具。此外，近期另一个重要的案例是“AI 孙燕姿”在社交媒体中的火爆。翻唱经典歌曲是人类音乐创作的一部分。如前所述，翻唱的过程实际上是让经典变得更加经典的过程。然而，最新的一类现象便是 AI 翻唱。人类个体通过 AI 工具从孙燕姿的音乐中提取其音色特征，并且可以快速且海量地生成用“AI 孙燕姿”翻唱的华语歌坛的诸多作品。在今天，人们打开各类社交平台都可以刷到“AI 孙燕姿”的作品。

整体而言，人类的知识生产是一种慢速生产，同时在慢速生产过程中，人类会精心地进行知识的挑选，使得那些高质量的知识浮在人类社会的顶端，并将其作为人类社会前行的重要指引。因此，每个时代都会有最具艺术创造力的作品。以中国文学为例，我们可以看到楚辞、汉赋、唐诗、宋词、元曲、明清小说等经典作品的流传。一个时代所流行的作品，终会以某种经典艺术的形式保留下来。而这样的艺术形式是人类社会在漫长时间中逐步发展并积淀下来的。在机器看来，人类的知识生产的速度无疑是一种龟速。实际上，人类知识生产慢速的重要原因是要挤压泡沫。然而，以大模型为中心的知识生产却会打破这种慢速节奏。与之类似，丹尼尔·贝尔（Daniel Bell）曾提到快速的视觉文化对慢速的印刷文化的冲击，其认为“当代文化正在变成一种视觉文化，而不是一种印刷文化”，而“印刷媒介在理解一场辩论或思考一个形象时允许自己调整速度”，但视觉媒介“则把它们的速度强加给观众”。[14] 换言之，由于知识在较短的时间内大量地生成，实际上就会使得我们失去泡沫挤出的时间，最终的结果便是一种深度混淆。这里的深度混淆主要表现为两种：

第一，正确与错误的混淆。ChatGPT 有非常严重的幻觉问题，即其会一本正经地说瞎话。虽然 GPT-4 在一定程度上大大减少了幻觉的出现，但这一问题仍然存在。从某种意义上讲，幻觉是不可能完全消除的。大模型是一种根据上文预测下文的大语言概率模型。换言之，其本质上是通过上文的词语来生成下文，而下文选择哪一个词是在概率运算基础上得到的。换言之，机器生成的基础是概率，而概率就意味着各种可能性都会存在。幻觉的本质是小概率事件，而小概率意味着其仍然有可能产生。实际上，人类的知识同样会存在错误和偏差，然而人类在知识生产中会存在一种自我认同和纠偏机制。换言之，知识秩序的出现本身就是一种认同的表现，其会通过一体化的力量来构建这种认同。然而，这些认同并不意味着错误的完全消除，因为正确和错误是相对的。某种知识在一种语境中是正确的，但在另一种知识语境中却可能是错误的。然而，在大语言模型那里，人类价值观的不同语境问题会被同一化，其都会被转化为概率问题，这实际上就会把人类的知识偏差或者错误内嵌到机器的知识生产之中。

另外，数据是机器的食物。大模型之所以表现出如此高的智能，是因为参数数量的增加使其智能以某种涌现的方式出现。换言之，机器智能是“大力出奇迹”的结果，需要用大量的人类知识“投喂”而得到。然而，这就会面临人类数据被用尽的问题。OpenAI 的首席科学家伊利亚·苏茨科弗（Ilya Sutskever）在访谈中就曾谈到这个问题，其认为未来人类的数据可能会被用尽。[15] 因而，其中产生的一个新问题是，当人类数据用尽之后，我们将会用何种知识来训练机器？人类的选择便可能是机器产生的知识。实际上，今天机器产生的知识已经大量地进入人类的知识体系，以至于我们有时已经很难辨认哪些是来自人类的知识、哪些是来自机器的知识。从这个角度来讲，机器生成的偏差或错误会以语料的方式再次进入大模型的训练之中，这会产生一种错误的自我循环，最终会使得人们很难辨认正确和错误。

第二，高质量和低质量的混淆。尽管质量高低评判的尺度非常复杂，而且在一些情况下，质量高低也往往是一种主观评价，但人类社会在数千年的演进中还是形成了诸多关于质量的评价。如前所述，每个时代都有那个时代的经典作品，比如唐诗宋词。经典作品实际上是在人类后期知识秩序产生的过程中，通过大量的人工活动挑选出来的。然而，今天的困难在于，在海量的知识生产面前，人类的挑选变得非常无力，因为数据量庞大，人类无法进行有效的挑选。在人类社会的绝大多数阶段，记录是例外，遗忘是常态。绝大多数知识并没有被有效地记录下来，而那些被记录下来的知识本身就已经被筛选过。同时，在记录的过程中，由于记录载体是相对稀缺的，所以这一记录过程本身也是一个信息精简的过程。例如，人类社会早期的文字记录中往往蕴含着较大的信息量，而且记录的形式都比较精简。但是，伴随着记录手段的不断发展，人类记录的知识变得越来越冗长，有意义的和无意义的信息都会被记录下来，这对后来者的学习和信息挑选都带来了一定的困扰。在今天这样一个短视频和直播随处可见的背景之下，人类进行的高质量选择活动会变得更加困难。何况，在未来的短视频和直播中，还会增加更多机器的身影，而人类没有充足的时间去观看这些内容。

换言之，在深度混淆的背景之下，人类进入了一个知识的冗余时代。冗余的最大问题就在于其对真相的蒙蔽。伊莱·帕里泽（Eli Pariser）曾提到，“一个充斥着已知的世界也是一个无法学习新事物的世界”[16]，换言之，人们被知识的“虚假繁荣”幻象而笼罩，以至于人类探寻真相与新知的脚步被极大阻碍。因此，在知识泡沫和深度混淆的双重影响之下，真正的后真相时代可能来临。[17]在传统的知识秩序中，人们对于真相的信念往往需要通过大量的学校教育以及主流媒体的宣传来不断加以确认。然而，在今天，对于那些新媒体的原住民而言，他们可能从内心上就排斥这样一种所谓的真相。再加上大量人工智能生成物的泡沫洗礼，这些原住民从内心的情感上似乎已经不再愿意辨别真相。“有图有真相”已经成为过去式。譬如，近期深耕于数字技术研究领域的心理学家苏菲·南丁格尔（Sophie Nightingale）等人进行了一项研究，其对志愿者是否能够区分由人工智能系统创建的类似护照的头像和真实图像进行了测试，实验结果表明人们很难可靠地辨别由人工智能合成的面孔与真实面孔之间的区别。同时南丁格尔等人指出，音频、图像和视频的合成（即“深度造假”），已经使好莱坞级特效技术大众化。[18] 换言之，如果人们认为图片就代表真相的话，只要人们有一个想法，Midjourney 等应用在瞬间就能生成“真相”。目前，由文字生成视频的技术也在快速发展当中，例如 Gen-2 便可以通过人们的提示生成视频。当然，这样的技术目前还不完全成熟，但是按照机器迭代的速度，可能在未来一两年内，文字生成视频的技术就会大行其道。

总之，知识泡沫和深度混淆的最为严重后果就是信任的缺失。由于图像的巨量使用，真相常常被人为地操控与扭曲，并呈现出对事实及真相的解构。在“深度伪造”（Deepfake）的技术下，人们变得无法对看到的东西产生信任，进而诱发严重的社会信任危机。[19] 对于人类的知识生产而言，这就会出现一种真实的“自我举证困难”。换言之，假设一个人发布了一段关于自己的真实的视频，那么如果他要向大家证明这段他自己拍摄的视频是真实的，但实际上最后会出现一种举证困难。即便其行为是真实的，那其如何证明自己是真实的？这就会出现一种真实的自己在“举证自己是真实的”过程中的举证困难。由这一点发展出的最终结果就是，既然大家都不相信人们的行为是真实的，那人们为何还要做出真实的行为？最终，人类有可能进入一个难以辨别真实的时代，倘若具有这种风险，信任就会变得极为困难。

知识秩序的打破及其对政治秩序的威胁

知识秩序和政治秩序处在某种异形同构的关系之中。知识秩序是基础，其涉及大众的日常生活，而政治秩序是上层建筑，其涉及政治统治和国家治理。良好的政治秩序往往需要建立在稳定的知识秩序基础之上。例如，儒家便极为强调这种知识秩序与政治秩序的辩证关系。《论语》是儒家构建政治秩序的关键著作，然而其第一篇是《学而》篇，这在一定程度上表明，儒家力图通过知识秩序来构建政治秩序。学习是知识秩序的基础。对于学习的内容，儒家一方面强调那些经典的文本（如四书五经），另一方面则更为强调对四书五经中的“仁义礼智”等内容的实践。四书五经是儒家知识秩序的象征。政治秩序的主权者往往会委托代表性学者（如朱熹等）主持某些典籍的编纂工作，以便通过这些编纂来强化知识秩序，从而在知识秩序中传播孔子所强调的“君君臣臣父父子子”这种各方角色履行其职能的观念。最终，知识秩序会服务于政治秩序。从另一角度来讲，传统知识秩序的慢生产节奏与政治秩序紧密结合。政治会采用一种遴选机制，将一些符合政治统治的知识上升为国家意识形态。如四书五经的编纂，或者是历史上一些大型百科书籍的编纂，都在很大程度上产生了一种“知识大一统”的效应。同时，这种“知识大一统”服务于政治秩序。从这个角度来讲，以大模型技术为代表的通用大模型会对传统的政治秩序形成巨大冲击。这主要体现在以下两点：

第一，约束困境。大模型本身是作为一种知识秩序的外生力量出现的。用马克思的概念来说，其是一种异己的力量。通用大模型是以一种生产力工具的面貌出现的。在大模型技术的发展过程中，微软公司是一个极为关键的角色。OpenAI 在开发大模型技术过程中遇到了重要的算力瓶颈。没有强大算力，即便 OpenAI 的首席科学家苏茨科弗对大模型有非常强的信念，这样的智能涌现还是无法出现。对于微软而言，大模型给其带来的直接收益就是其可能会改变搜索市场的生态。在此前的国际搜索市场中，谷歌在很大程度上是一种强势的垄断性存在，而微软必应在其中所占的市场份额很小。然而，大模型的出现却可能会改变这一格局。从目前的例证来看，微软必应的个人用户在短期内已经有较大的增长。换言之，微软推动大模型技术的目的很简单，就是要改变搜索市场的格局。换言之，大模型技术从本质上讲是一种生产力工具。同时，微软还希望通过将大模型技术全面接入 Office 系统，大大提升 Office 系统中各个组件的性能。目前，微软首席执行官萨蒂亚·纳德拉（Satya Nadella）已证实，Office 正在与 GPT-4 进行新的集成。[20] 而这些组件在人们的办公或生活过程中都是一些非常重要的生产力工具。例如，在新的 Office Copilot 系统中，人们可以轻易地实现一键生成 PPT。只要人们说出对 PPT 的某些相关要求，在几十秒的时间内，一份 PPT 的制作便可完成。正如默里·沙纳汉（Murray Shanah）在《技术奇点》一书中所强调的一样，人工智能庞大的数据量和出色的处理速度越来越让人感到惊讶。[21] 总之，大模型是作为一种提高生产力的经济力量而出现的，其与知识秩序本身就是不相容的。

然而，悖谬的是，大模型又表现为一种强大的知识生成工具。换言之，其以经济力量出现，却将自身纳入知识生成的秩序之中，这就会出现一种约束困境。作为政治秩序的代表，国家要维持基本的治理秩序，就需要对大模型的力量进行监管和约束。[22] 如果不约束的话，其最终发展很可能危及政治秩序本身。然而，如果约束过强的话，不仅大模型的生产力效率将会受到影响，而且政府本身在完全弃用技术力量之后，也难以达成较好的社会治理效果。[23] 那么在强监管之下的大模型会受到多方面的掣肘，且极有可能在国际竞争中落败，而这种落败无疑又会影响到经济秩序。按照马克思的经典观点，经济基础决定上层建筑。因此，在代表经济秩序的生产力竞争中落败，在很多国家看来这都是不能被接受的。因而，在其中就会存在一个“必须要监管，但又不能过度监管”的约束难题。

第二，不确定性困境。大模型的另一重要特征是生成智能。GPT中的“G”是Generative的缩写，其中文含义便是“生成的”。生成智能就意味着其生成的内容本身就是不确定的。如前所述，通用大模型的本质是大语言的概率模型，这便意味着各种可能性都会出现。换言之，大模型本身就是一种不确定性的工具。然而，这与政治秩序就产生了一种内在冲突。因为政治秩序本身需要高度的确定性，不确定性就意味着某种程度的失序的可能。[24] 大模型作为人类社会生产力基础的大趋势是不可改变的。在未来，为了推动生产力的不断发展，无论是生产部门还是社会组织，抑或政府相关部门都不可避免地要接入大模型，而大模型本身内在的不确定性又可能会增加政治秩序的失序风险。进言之，大模型必须被使用，但在很大程度上这种使用又蕴含了巨大的使用风险。

另外，与生成智能相关的知识产权问题也会涉及政治秩序。目前，知识产权界对于生成智能往往会采取直接拒斥的做法，即认定生成智能不具备相关的知识产权。[25] 例如，冯晓青等人认为，人工智能的生成物不能真正体现创作者的独特性，因而无法被认定为著作权法意义上的作品。[26] 这个做法的优点是，其在很大程度上捍卫了传统知识秩序，可以避免人工智能生成物对传统知识秩序的冲击。然而，其也会产生相应的问题，即对于目前日益发展的人工智能生成物世界，人类并没有建立相应的规则。由于目前对人工智能生成物仅仅是采取一种拒斥的做法，因此人类社会很难对这样的人工智能生成物进行某种保护。对于一些人工智能生成物的经典作品而言（例如获得了国际大奖的《太空歌剧院》画作），其也需要人类付出大量的提示工作。因而，其中会产生如下问题：

第一，提示词本身是否具有某种知识产权？因为提示词会决定生成物的质量，同时提示词也在很大程度上是人类知识的一种新创造形式，那么提示词是否需要被赋予某种知识产权？第二，机器的创造性是否需要得到保护？知识产权本身保护的是一种创造性。例如，一些新型的外观或者药物的分子组合都表明了这种创造性。机器在这一过程中同样可能会产生类似于人类的创造性。如果人类只是简单地对其拒斥，这实际上是人类傲慢的一种表现。这种拒斥的态度产生的最大问题是，其并没有为这一新世界创造某种秩序。第三，知识产权的建立不仅涉及经济体系，而且涉及责任体系。由于目前人工智能生成物并不具备相应的知识产权，所以这就会出现大量的盗用情形。质言之，对于那些花了大量时间通过提示来创作经典作品的人而言，这是不公平的。另外，经济体系还会诞生责任体系。当人们从某个作品中通过知识产权获得某种经济利益的同时，也被要求进入某种责任体系之中。换言之，当某个作品产生相应的负面影响时，那么这一作品的所有者将要承担相应责任。

因此，对人工智能生成物的排斥性做法，最大的问题就在于这种拒斥不仅导致经济收益无法保障，同样会导向一种无责任的情况。实际上，在知识产权的实践当中，一些在相应的判决中产生的处罚往往是以经济收益为中心的。[27] 那些较重的处罚往往会提到一个关键词，即“涉案金额较大”。换言之，经济利益的确认在很大程度上导致了一种责任体系的诞生。如果我们不给予人工智能生成物以知识产权的认定，那就排斥了其经济利益，同时也排斥了相关的责任界定，其导致的结果便是会出现一种极化的处置方式。在未来，如果人工智能生成物的知识产权不能被给予界定的话，一方面可能会出现大量规模较小的侵权活动。当然，这样的侵权更多是从人类知识产权的角度来理解的。由于其在法律上没有界定，所以就没有办法进行惩戒。另一方面，当产生的社会影响巨大时，这样的行为必然会受到惩罚，其会被定义为一种恶性事件。这就出现了一种极化的处理方式，即极小的惩戒不存在，而只会进行较大的恶性事件的重罚，这最终并不利于法治的发展。法治的关键在于，将那些违法的事件消灭在萌芽之中，通过一种规范性的观念培养来避免大量违法事件的出现。可以预见的是，未来会有大量的人工智能生成物进入政治领域。如果这样的知识产权体系不建立的话，那么这些智能生成物的相应责任体系就无法建立，从而也就无法形成一种对其进行合理规范的法治框架。

大模型的知识大一统

以大模型技术为代表的大模型，可能会形成某种知识大一统格局。以 OpenAI 开发的大模型技术为例，其训练的核心语料以英文为主，其他语言只占到非常小的比例。[28] 从这个意义上讲，OpenAI 的大模型技术是“西方知识的孩子”。从知识基因的角度来讲，其便持有典型的西方价值观特征。另外，在大模型的微调过程中，OpenAI 要启动与人类对齐的工作，那么，这里的对齐是与谁对齐？很明显，这样一个与人类培养人才类似的对齐过程，其内含的对齐价值观明显是西方价值观。

换言之，通用大模型是一种当代的“巴别塔构架”，其在很大程度上会打破语言的壁垒。尽管 GPT 训练的语料主要是英文知识，然而涌现的意义在于，其一旦达到某种智能突破之后，其就会在不同语言的任务中表现出极为优异的效果。例如，在众多网友的测试中，即便是对中文语义的理解，GPT 系列的表现仍然大大优于以中文语料训练为主的“文心一言”。因此，大模型的发展可能会有利于形成某种基于基督教文化的知识统一，其可能会构建一种新型的知识帝国，这对于其他文化而言可能会造成压迫和打击。在这一过程中，各类小语种会面临极为不利的困境，并被动地承受来自英文知识的话语权力挤压。[29] 语言的价值在于学习和使用，然而在大模型大行其道的背景之下，英语学习可能会迎来新一轮的热潮。由于整个大模型技术是以英文为基础的，因此，要熟练掌握大模型技术，提示工程便极为重要，而这样的提示同样是基于英文的。在众多网友的测试中，对于大模型技术而言，英文提示的效果要明显强于中文。从这一角度来讲，只有充分地掌握英文，才能够掌握大模型的威力。那么在这样一种背景之下，就会出现一种强势英语的语言大一统。

从效率的角度来讲，如果未来大模型技术一直处于非常领先的地位，其他国家并未能产生与之相抗衡的大模型技术，那么这就意味着各国的使用者要获得这样的先进生产力，将不得不借助 GPT 这样的大模型。而要真正深入掌握其核心的技术使用，则最终还要回到英语的学习之中。对于其他国家（特别是小语种国家）而言，如果其没有基于自身语言而开发大模型，便会变得极为弱势。同时，随着 GPT 等大模型技术的发展，机器翻译的水平会越来越高。而对小语种而言，同样会形成巨大的遏制效果。进言之，西方国家可能在语言大一统的基础之上进一步推动知识大一统。最后，可能会出现的一种情形便是，大模型技术与西方的少数知识精英形成联合。这种联合为整个世界范围内的知识生产提供基础构架，然后再通过知识民粹主义的方式发动大众，从而在大众的提示和诱导之下产生海量的知识生产，最终结果是动摇传统知识秩序中的知识中产。在这一过程中，GPT 将发挥一种路易·阿尔都塞（Louis Althusser）笔下的“询唤”（interpeller）功能，其实质仍然是意识形态国家机器。换言之，GPT 能够通过对个人的询唤使其服从于“他者”，并引导具体的个人为西方少数精英这个主体的意识形态提供服务。[30]

这里要特别讨论的是，知识中产在大模型产生的新知识运动中的可能走向和地位。人类历史上的诸多思想家都极为重视中产阶级的作用。例如，亚里士多德就讨论过中产阶级对于政治稳定的特殊功能。换言之，作为社会发展的稳定器，中产阶级可以在很大程度上避免政治极化的出现。同时，中产阶级也是知识生产的主力军。在第三产业中，占据较大比例的服务业主体便是知识中产。这些中产阶级包括编程人员、办公室工作人员、会计师、律师、教师、医生和心理咨询师等。知识中产在人类传统的知识生成秩序中发挥重要的基座功能。绝大多数知识中产承担着知识传播和知识实践的功能，少数的知识中产则会发挥知识创造和知识生成的功能。这里要特别提及的是，知识传播对于知识秩序而言同样极为重要。而知识中产在这一过程中通过一种相对稳定的慢传播，对政治秩序产生稳定效应。然而，大模型的发展可能会在一定程度上削弱知识中产的意义，甚至会掏空知识中产的存在价值。

大模型会变成一种普遍性的生产力工具。那些并未受过较好高等教育的人，也可以通过大模型来进行海量的知识生产。这将导致的后果之一就是知识的世俗化甚至庸俗化。而教育作为知识传播的核心环节，也将不可避免地趋于平庸。帕克·帕尔默（Parker Palmer）认为，知识分子在知识传播过程中有其独特的价值意义，但知识的大众化生产对教育的崇高化产生冲击的另一个副作用就是“我们最多只能达至平庸”。[31] 同时，这样的知识生产可能内含西方的价值观，而西方的知识精英会与资本精英和技术精英联合起来，通过知识民粹主义的方式，不断创造新的知识热点。而作为“稳定器”的知识中产，在这一过程中会不断地被边缘化，从而最终导致知识生产秩序的极化问题。并且，这种极化最终可能会蔓延到政治领域，并加剧政治领域的极化问题。换言之，在大模型的主导之下，会出现一些新的情况。例如，知识大众（即社会大众）会逐渐成为知识创造的主体。但由于这样的知识创造是在与机器的互动中完成的，因此其不可避免地存在对机器的过度依赖以及人类知识的自主性缺失等一系列问题。这样的知识大众化可能会使得马克思意义上的自由人联合体的情形进一步来临，即在生产力高度发达的情况之下，越来越多的人可以自主地参与知识生产，这似乎越来越接近马克思所描述的场景。然而，其中也蕴含了新的风险，便是在知识民粹主义的背景之下，这样的大众知识创造可能会越来越多地被大模型技术以及掌握大模型技术的资本精英所控制，而其中缺乏平衡性的力量对知识民粹主义进行有效限制。另外，从世界范围来看，可能还会出现西方大模型对非西方世界的主导。譬如，调用 OpenAI 的 API 需要支付一定费用，具体收费标准则主要根据 token 数量而定。而近期技术专家丹尼斯 · 林可夫（Denys Linkov）通过测试和统计发现，向 GPT-3 询问同一个问题时，使用某些小语种要比使用英语咨询的费用贵 15.77 倍。除了小语种因 token 量的增加而带来高成本问题外，其还蕴含着更长的等待时间、更少表达的提示及更有限的响应等内在约束。[32] 进言之，在大模型使一切信息“token 化”的趋势下，token 将扮演一种新型通货的角色。由于美西方国家在 API 调用上相对于使用其他小语种的国家具有明显优势，因此在未来极有可能出现一种由大模型导向的新美元秩序，进而出现一种数字空间中的新型地缘政治格局。换言之，那些处于新

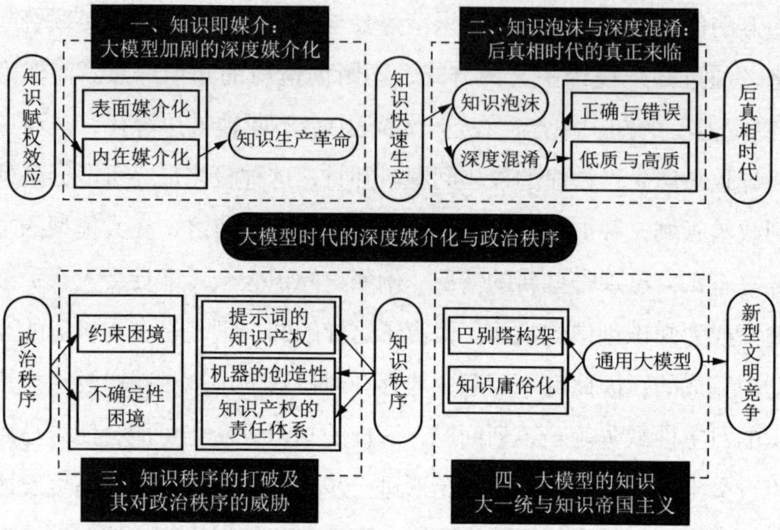

图2.1 大模型时代的深度媒介化与政治秩序

世界经济体系边缘的国家，由于没有自己的通用大模型，其可能会在新的经济和知识竞争中处于越来越边缘的位置。未来，关于大模型的竞争，很可能会演变成新型的文明竞争。大模型本身蕴含了一种内在的价值观，而西方恰恰希望通过主导通用大模型的发展来实现一种大一统的智能文明。

本章小结

目前我们处在一种深度媒介化的过程中，同时这种深度媒介化不可避免地带来了知识泡沫和深度混淆问题。在加速主义的背景下，正确与错误、高质量与低质量都变得越来越难以辨别。之前人们所坚信的“有图有真相”也会变成过去。其中蕴含的最大风险就是，人们会认为没有什么是真正值得信任的。这样一种深度不信任的蔓延，最终会使得知识秩序的危险转变成政治秩序的危险。西方国家很可能会利用其在大模型技术上的优势地位，推动一种基于语言大一统的知识大一统，这在本质上是一种新型的知识帝国主义。要破除这种知识帝国主义，对于较大的主权国家而言，开发自己的大模型变得尤为重要，而对于那些没有能力由自己去开发大模型的国家而言，则需要审慎地进行大模型的使用。因为这种使用背后反映的是一种价值观一体化的力量。如果使用不当，这可能会有本国的弱势文化陷入覆灭的风险。

另外，由西方资本所推动的加速主义情形同样是我们要反对的。因而，在一定程度上，人类社会要形成某种减速或者反加速。同时在这一过程当中，形成大模型时代的新知识秩序至关重要。我们当前面临一种旧世界被打破的情形。然而，我们更加需要通过协商民主合力构建新的人机秩序。如果这样的新秩序无法在大模型被广泛应用之前就建立好，那么大模型将可能会对人类社会产生巨大的创造性破坏影响。换言之，在知识泡沫和深度混淆的背景之下，我们要形成一定的知识沉淀和鉴别机制，以对抗机器的巨量泡沫创造。同时，在这一过程中，民族国家和公民个体的内在能力就会变得至关重要。知识在本质上还是人的知识，而要实现自由人的知识生产，关键要提高人的内在知识能力。对机器的使用，不能导向一种基于机器的人类异化。同样，这种内在能力也需要扩展到民族国家层面。在这一过程中，民族国家需要有效地调动资源，形成新的知识屏障和秩序，同时还需要在激烈的市场和知识竞争中，充分地参与这类新型的人机共生的知识生产。各国都需要为这样的新知识秩序的创立贡献力量，并且应该在这一过程中通过全球协商民主的方式来构筑一种新型的智能文明。

注释

1《马克思恩格斯文集》(第一卷)，人民出版社2009年版，第11页。

2 Max Horkheimer and Theodor W. Adorno, *Dialectic of Enlightenment: Philosophical Fragments*, translated by Edmund Jephcott, Stanford: Stanford University Press, 2002, p. 1.

3 麦克卢汉对“媒介”这个词进行了彻底的革新性定义，并掀起了媒介社会研究的热潮。在《理解媒介：论人的延伸》一书中，麦克卢汉提出了“媒介是人的延伸”“媒介即讯息”等著名命题，为我们理解媒介技术与社会塑造、过程（介质）与内容（讯息）等关系提供了广阔思路。参见［加拿大］马歇尔·麦克卢汉：《理解媒介：论人的延伸（增订评注本）》，何道宽译，译林出版社2011年版，第1—34页。

4 Stig Hjarvard, “The Mediatization of Society: A Theory of the Media as Agents of Social and Cultural Change,” *Nordicom Review*, Vol. 29, No. 2, 2008, pp. 102–131.

5 Andreas Hepp, *Deep mediatization*, London: Routledge, 2020, p. 5.

6 喻国明、耿晓梦：《“深度媒介化”：媒介业的生态格局、价值重心与核心资源》，载《新闻与传播研究》2021年第12期，第76—91页。

7 Adriana Manago, Michael Graham, Patricia Greenfield, et al., “Self-presentation and Gender on MySpace,” *Journal of Applied Developmental Psychology*, Vol. 29, No. 6, 2008, pp. 446–458.

8 Erica Bailey, Sandra Matz, Wu Youyou, et al., “Authentic Self-expression on Social Media Is Associated with Greater Subjective Well-being,” *Nature Communications*, Vol. 11, No. 1, 2020, p. 4889.

9［德］韩炳哲：《透明社会》，吴琼译，中信出版社2019年版，第4—5页。

10 Jürgen Rudolph, Samson Tan and Shannon Tan, “ChatGPT: Bullshit Spewer or the End of Traditional Assessments in Higher Education?,” *Journal of Applied Learning and Teaching*, Vol. 6, No. 1, 2023, pp. 1–2.

11 喻国明、苏健威：《生成式人工智能浪潮下的传播革命与媒介生态——从ChatGPT到全面智能化时代的未来》，载《新疆师范大学学报（哲学社会科学版）》2023年第5期，第81—90页。

12［法］保罗·利科：《弗洛伊德与哲学：论解释》，汪堂家、李之喆、姚满林译，浙江大学出版社2017年版，译者序，第iii页。

13［德］黑格尔：《美学（第一卷）》，朱光潜译，商务印书馆1979年版，第142页。

14［美］丹尼尔·贝尔：《资本主义文化矛盾》，赵一凡等译，生活·读书·新知三联书店1989年版，第156—157页。

15 The Lunar Society, "Ilya Sutskever (OpenAI Chief Scientist)-Building AGI, Alignment, Future Models, Spies, Microsoft, Taiwan & Enlightenment," *Apple Podcasts Preview*, https://podcasts.apple.com/us/podcast/ilya-sutskever-openai-chief-scientist-building-agi/id1516093381?i=1000606122602，访问日期：2023 年 5 月 10 日。

16 Eli Pariser, *The Filter Bubble: What the Internet Is Hiding from You*, New York: Penguin Books, 2011, p. 5.

17 2016 年，"后真相"（post-truth）时代被《牛津词典》选作"年度词汇"，其主要指客观事实对于形塑公共舆论的影响力，不如诉诸个人的情感与信念。同时，其具有权威性与影响力倒置、客观性"破产"等特征。而在《后真相时代》一书中，赫克托·麦克唐纳（Hector MacDonald）对四种竞争性真相进行了划分，其分别是片面真相、主观真相、人造真相及未知真相。参见"'Post-truth' Named 2016 Word of the Year by Oxford Dictionaries," https://www.theguardian.com/books/2016/nov/15/post-truth-named-word-of-the-year-by-oxford-dictionaries，访问日期：2023 年 5 月 10 日；［英］赫克托·麦克唐纳：《后真相时代》，刘清山译，民主与建设出版社 2020 年版，第 19—20 页。

18 Sophie Nightingale and Hany Farid, "AI-synthesized Faces Are Indistinguishable from Real Faces and More Trustworthy," *Proceedings of the National Academy of Sciences*, Vol. 119, No. 8, 2022, p. e2120481119.

19 张涛：《后真相时代深度伪造的法律风险及其规制》，载《电子政务》2020 年第 4 期，第 94 页。

20 "Microsoft Office Is Getting A GPT-4 Copilot Feature," https://www.redmondpie.com/microsoft-office-is-getting-a-gpt-4-copilot-feature/#:~:text=Now%2C%20Microsoft%20CEO%20Satya%20Nadella%20has%20confirmed%20that,and%20will%20help%20people%20create%20documents%20when%20needed，访问日期：2023 年 5 月 10 日。

21［英］默里·沙纳汉：《技术奇点》，霍斯亮译，中信出版社 2016 年版，第 71 页。

22 高奇琦：《GPT 技术与国家治理现代化：基于秩序、赋权与创新的框架》，载《山东大学学报（哲学社会科学版）》，网络首发日期：2023 年 4 月 27 日，第 9 页。

23 徐冬根：《二元共治视角下代码之治的正当性与合法性分析》，载《东方法学》2023 年第 1 期，第 39 页。

24 高奇琦：《国家数字能力：数字革命中的国家治理能力建设》，载《中国社会科学》2023 年第 1 期，第 47 页。

25 王迁：《论人工智能生成的内容在著作权法中的定性》，载《法律科学（西北政法大学学报）》2017 年第 5 期，第 148—155 页。

26 冯晓青、潘柏华:《人工智能“创作”认定及其财产权益保护研究——兼评“首例人工智能生成内容著作权侵权案”》,载《西北大学学报(哲学社会科学版)》2020 年第 2 期,第 46 页。

27 刘银良:《知识产权惩罚性赔偿的类型化适用与风险避免——基于国际知识产权规则的视角》,载《法学研究》2022 年第 1 期,第 171—187 页。

28 现有的公开资料显示,GPT-3 的预训练语料集主要由 Common Crawl 数据集、Reddit 链接、书籍、期刊及英文维基百科数据等组成,而微调语料则主要源于 GitHub 上的公共代码库。参见 Tom B. Brown, Benjamin Mann, Nick Ryder, et al., “Language Models Are Few-shot Learners,” *Advances in Neural Information Processing Systems*, Vol. 33, 2020, pp. 1877–1901。

29 张生:《ChatGPT:褶子、词典、逻辑与意识形态功能》,载《传媒观察》2023 年第 3 期,第 46 页。

30 阿尔都塞认为,通过对人的“询唤”(interpeller)能够使其成为服从的主体(sujet),即“所有意识形态都通过主体这个范畴发挥的功能,把具体的个人呼唤或传唤为具体的主体”。参见[法]路易·阿尔都塞:《哲学与政治:阿尔都塞读本》,陈越编,吉林人民出版社 2003 年版,第 364 页。

31 [美]帕克·帕尔默:《教学勇气——漫步教师心灵》,吴国珍等译,华东师范大学出版社 2005 年版,第 112 页。

32 Denys Linkov, “Why Is GPT-3 15.77x More Expensive for Certain Languages?,” https://denyslinkov.medium.com/why-is-gpt-3-15-77x-more-expensive-for-certain-languages-2b19a4adc4bc,访问日期:2023 年 5 月 10 日。

第三章

Midjourney和Runway双轮驱动下的影像生产与未来影像工业

相机是一个视觉时钟，更恰当地说是可重建图像的时钟，产生的图像也是一面面镜子。

——贝尔纳·斯蒂格勒《技术与时间 2》[1]

人的生活已变得依赖于这架装置了，但这架装置却同时既因其完善也因其瘫痪而行将毁灭人类。

——卡尔·雅思贝尔斯《现时代的人》[2]

百事可乐的广告词在土崩瓦解的各个大陆上空飘荡。

——马克斯·霍克海默、西奥多·阿多诺《启蒙辩证法》[3]

大模型和生成智能等技术在快速发展[4]，这将会给未来影像生产和影像工业带来巨大变化。我们既需要对这些变化进行前瞻性的探讨，同时还需要思考这些变化背后更加深层次的内涵。这是一个全新的未来学的问题。我们无法用传统的实证主义方法对其进行研究，因此笔者在本书中采用政治哲学的思辨方法，即运用马克斯·霍克海默（Max Horkheimer）和西奥多·阿多诺（Theodor Adorno）的启蒙辩证法，对大模型背景下影像生产的启蒙内涵以及可能导致的启蒙神话等问题展开探讨。

大模型的影像启蒙与影像创作的大众化

影像工业可以被看成是文化工业中的一部分。以大模型为代表的知识生产，同样会对未来影像产生影响。从影像的角度来讲，大模型的出现确实是一次新的启蒙。大模型会带来全新的影像生产方式。之前的影像生产首先要依赖于头脑对影像的构设。影像可以被看成是流动的图像，而流动的图像便是对某一个定格的图片进行深描，然后再让其以动态的方式呈现出来。例如，在一些电影拍摄过程中，其流程往往是由导演将可能呈现的影像以漫画的方式绘制出来（这被称为影片分镜），然后再让演员在拍摄过程中用演技将漫画中的图像定格。在整个过程中，需要导演和演员不断地进行沟通，因为演员的理解与导演头脑中的预设并不完全相同。

以大模型为中心的影像生产，却根本地改变了传统影像的制作过程。近期的《芭比海默》便是一个典型的例证。在电影《奥本海默》上映的过程中，网友利用相关的软件便制作了一个《芭比海默》的预告片。罗伯特·奥本海默（Robert Oppenheimer）是美国曼哈顿计划的主持者，而《奥本海默》的整篇作品采用较为严肃的风格。而网友则通过芭比这一意象来解构奥本海默的严肃性，并用芭比典型的粉色来对电影原著中的灰暗色调进行完全性的解构。[5]按照传统的影像制作流程，业余团队不可能完成这样的工作。然而，全新的影像生产是在 GPT-4、Midjourney 和 Runway 等工具的基础之上完成的。首先，创作者需要用 GPT-4 生成相应的提示词，然后再用 Midjourney 在提示词的基础上生成高质量的图片，之后再用 Runway 将图片转换为短视频。最后，创作者再将短视频剪辑为这样一个足以让专业界感到震撼的解构型《芭比海默》的预告片。

从视觉生产的角度来讲，以大模型为中心的新影像工具赋予了普通人影像生产的能力。从这个角度来讲，这是一种全新的影像启蒙。

表 3.1　Midjourney 的更新时间及其发展

版　本	发布时间	更　新　点
Midjourney V1	2022 年 2 月	其更像是 Midjourney 的测试版。发布对象是特定的 500 名用户。 该版本生成的图片看起来像是一幅画，而不是一张写实的图片。
Midjourney V2	2022 年 4 月 12 日	该版本的图片整体更有层次感。事物看起来更加立体，边缘轮廓更清晰。人像图的灯光效果有了巨大进步。
Midjourney V3	2022 年 7 月 25 日	用户可以根据自身需要自行选定生成图片的质量。图片整体的光影效果提升巨大，其质感更趋向于真实的摄影作品。
Midjourney V4	2022 年 11 月 5 日	在层次感上，图片看起来几乎就是三维的，细节非常丰富。
Midjourney V5	2022 年 3 月 15 日	采用了先进的工具和新的神经架构来生成美学和设计，显著改善了生成图像中手和手指的真实性。事物与背景堪称完美融合。

资料来源：Midjourney, “Version,” https://docs.midjourney.com/docs/model-versions; Yubin, “All Midjourney Versions [V1-V5.2] Compared: The Evolution of Midjourney,” August 11, 2023, https://aituts.com/midjourney-versions/; “Compare Midjourney Versions (V1-V5),” https://aigallery.design/compare-midjourney-versions-v1-v5.html，访问时间：2023 年 9 月 7 日。

具体来讲，大模型引发了一场深刻的知识生产革命。影像生产概莫能外。未来可能会出现“人人皆可为诺兰”的图景。“人人皆可为程序员”是英伟达创始人黄仁勋的一句口号。[6] 由于大模型具备强大的赋权能力，其可以在众多行业中赋权每一个普通个体，因此从这个角度来讲，这样一个“人人皆可为某某”的语式可以运用到各个领域，包括影像。具体而言，影像创作大众化的特征主要表现为如下几点：

第一，从专业化到大众化。影像创作和生产本身是一个非常专业化的领域。尽管人类历史上一些非常有名的导演也并非影像专业出身，如詹姆斯·卡梅隆（James Cameron）之前便是卡车司机，但是其在影像工业从业的实践过程中掌握了大量的专业知识。影像行业本身是一个专业分工非常明确的领域。然而，在 GPT-4、Midjourney 和 Runway 等工具的辅助之下，有想象力的个体都可能成为影像行业的从业者。专业化的壁垒被完全冲垮。每个个体在大模型和生成智能的赋权之下，都具备了某种专业能力，这便是大模型带来的影像启蒙。

第二，从读者到作者的转变。读者是更加被动的角色，而作者是更加积极的角色。作者可以对整个情节来进行设计，甚至可以操弄情节，而读者只能作为作者产生情节的接受者。因此，贝尔纳·斯蒂格勒（Bernard Stiegler）强调一种有作者能力的读者。保罗·利科（Paul Ricoeur）也强调读者本位。这一点已经在近期发生的一些事件中得到明显体现。“芭比海默”便是读者对奥本海默严肃作品的一种深刻的反讽，并且这种反讽以预告片修改的方式呈现出来。如果进一步发展，有可能整部作品都会被创造出来，那这将开创一个新的读者时代。“流浪地球 3”的事件则反映了读者更加积极的角色。“流浪地球 3”还没有开拍，然而网友就运用相关工具制作了“流浪地球 3”的预告片，这使得《流浪地球》的主创团队紧急联系网友，并希望在将来可以将其创意纳入“流浪地球 3”的创作中[7]，这就是一个典型的从读者到作者的转变过程。

第三，最终影像创作会进入一种大众美学的时代。人类历史上的一些经典文学作品，特别是在前现代社会的经典作品大都包含了大众美学的影子。例如，中国诗歌最早的源头《诗经》便是一种大众美学的产物。此外，无论是唐诗宋词还是明清小说，这类经典作品之所以到今天仍然流行于社会，是因为其在社会中被不断地传唱、演绎和再创作，这便是利科所强调的读者本位的内涵。利科认为，作品构成（composition）与塑造（configuration）的过程并非在文本中，而是在读者中才得以完成。[8] 斯蒂格勒也强调："真正的阅读就是写作。"[9] 在此基础上，斯蒂格勒强调一种"参与性美学"（participative aesthetic）。[10] 换言之，在大模型的背景之下，影像的创作不再是一个完全封闭的过程，而可能会变成一种开放性互动和众筹的创作过程。这种大众美学的积极之处在于，其可能会摆脱资本或者专业团队对这样一个创新主题的垄断，而使得社会大众从创作一开始就参与到这部作品中。因此，大模型无疑是人类历史上一次前所未有的新启蒙运动。就影像而言，每个普通个体只要有自己对创新的思考，并对相关工具有一定的了解，就可以参与到影像的创作中来。因此，这会是人类历史上一次前所未有的影像启蒙。每个个体不再是影像的消极接受者，而变成了影像创作的真正参与人，这便是霍克海默和阿多诺所强调的"启蒙的纲领就是对世界的祛魅（the disenchantment of the world）"。[11]

从记录到生成：数字幽灵的游荡

在人类历史上，影像最初是作为记录手段而出现的。用斯蒂格勒的表达是，影像是作为记忆工业的组成部分。斯蒂格勒认为，影像是一种对过去的记录。通过影像，人们可以不断地回到过去，那是一种栩栩如生的过去之物。[12] 通过这种过去的记忆，人类历史可以不断地被沉淀出那些相对有价值的东西。换言之，影像最初是作为人类活动的记录而产生的。影像所记录的是活生生的人和人的活动。用斯蒂格勒的表达是，这是一种对历史的回溯，是一种活的记忆，即通过影像我们可以不断地回到历史中。斯蒂格勒写道："一旦拍摄下来，一个奇异的瞬间永远消失，同时它将永远存在，并在极为矛盾的偶然性的重复中无休止地回归。"[13] 这也是弗里德里希·尼采（Friedrich Nietzsche）所讲的"刹那即为永恒"。[14] 影像所记录的那样一个刹那会在不断的回溯中变成一种永恒性的事件。当然，在影像工业之后发展的过程中，不仅包括真实性影像，还包括创造性影像。例如，电影工业中的科幻电影，就不完全是在记录真实，而是在进行一些创造性的想象。相比而言，纪录片则完全是对历史的记录。

尽管如此，在到目前为止的影像工业历史中，这些创造性的内容往往是作为一种辅助性的手段和内涵而出现。我们经常会听到这样的讨论，"作品来源于生活，基于生活，但可能会高于生活"。这种高于生活便是一种创造性的阐发。然而，接下来，在大模型的基础之上，影像会完全变成一种生成的结果。生成就意味着其可能是一种完全的凭空创造，是一种可能性的历史，而非真实的历史。或者说，这是一种拟造的历史，并且这种生成完全处在不断加速的过程中。之前的记录本身需要巨大的成本。例如，为了记录那样一个瞬间，摄制组往往要做大量准备。尽管我们最终留存的是短暂的瞬间，但是整个拍摄过程包括化妆、道具准备等都需要较长时间。

然而，在生成智能的辅助之下，一切似乎都变成了一键生成。化妆和道具都变成了一键生成中的提示魔法。在一键生成中，提示词是最重要的。提示词可以告诉大模型其要创造的内容。这种提示的过程往往被描述为一种魔法产生的过程。这样的比喻是较为生动的。"魔法"一词似乎就包含了某种完全创造的内涵。尽管记录中也会产生一些伪装的内涵，例如化妆和道具本质上就是一种修饰，而修饰的目的其实是伪装，然而在生成时代来临之后，伪装的区分就消失了。今天我们会极为担心在大模型背景下产生的虚假信息问题。例如，用 Midjourney 或者 Runway 生成的图片或视频被放到网上去，人们会当然地认为它们是真实的，但它们确实是完全伪造的。这便是一种虚假信息。这实际上是人类社会在刚开始面对虚假信息时的一种态度。之所以产生虚假信息这一概念，是因为之前的记录手段只会记录真实的事物。无论是图片还是影像所记录的东西，我们当然地会认为它是真实的。正因为如此，照片和影像也会成为司法证据的组成部分。然而，当生成智能不断发展，以及人们已经越来越接受甚至熟悉影像拟造，或者说，当人们长时间生活在元宇宙空间中，所接触的一切都是拟造的，这时便不再会出现虚假信息，因为所有一切都是拟造的，这是一个完全拟造的世界。虚假信息这一概念本身就会失去意义。

最终，人类社会会进入一种数字化影像的世界。实际上，从胶片到数字媒介已经反映了一种影像的数字化。胶片体现为某种物理的存储介质，而数字媒介则完全把存储的内容数字化。然而，之前的过程更多是一种先存储再数字化，接下来在生成智能和大模型的基础上，就会完全进入一个数字化的时代。或者说，用阿兰·巴迪欧（Alain Badiou）的描述是一种数学本体论的世界。[15] 这是一个完全数字化的世界。没有什么可以逃脱数学的捕捉，而数字幽灵将弥漫在这一空间中。实际上，一些电影作品已经描述过这样的一种场景，例如《楚门的世界》或《黑客帝国》中都提出一个存在之问，即我们是生活在真实的世界中，还是生活在某种数字化的空间？大卫·查默斯（David Chalmers）将其称为虚拟现实主义。即便是人们生活在虚拟空间中，人们的情感仍然是真实的。最终，在生成影像环绕的基础之上，人类可能会越来越接受这种以元宇宙为媒介的矩阵生存，最终结果是一种从影像的数字化到生存的数字化的转变。任何存在都不可避免地变成数字化的幽灵。人可能最终也会数字化。无论是人的感官还是人的情感，都会转化为某个数字，在不断地进行运算，同时连外部环境也是通过数字世界拟造的影像。影像只不过是数字缔造的某种电信号而已。

启蒙的神话：知识工业对影像工业的吞噬

在本书第一部分，笔者描述了一种影像启蒙的图景，即“人人皆可为诺兰”的可能性是存在的。至少每个人类个体都可以充分地参与未来影像的生产和创作之中，这便是一种影像大众化的积极图景，即霍克海默和阿多诺强调的“知识替代幻想（overthrow fantasy with knowledge）”。[16] 然而，这种积极图景之上似乎有一层阴霾。霍克海默和阿多诺指出，启蒙本身就有可能成为新的神话，即“启蒙也在古老的神话中认识到了自己（recognizes itself in the old myths）”。[17] 在笔者看来，这种情况同样会出现在影像领域。影像启蒙变成了新的影像神话。这可能会表现为以下几点：

第一，加速中的迷失森林。从生产力的角度来讲，加速无疑是制胜的法宝。天下武功，唯快不破。速度可以打败一切。只有在速度上取得优势，才可能会赢得某种剩余时间，才能够更加游刃有余地在竞争中进行策略的组合。因此，我们可以看到，大模型技术非常鲜明地表现为一种加速。这种加速无疑可以带来生产力的巨大提高。例如，之前插画师需要几天时间完成的一幅画作，在Midjourney那里可能只需花费十几秒钟就能完成。同样，在传统的影视生产中，要完成两分钟的预告片可能是1—2个月的工作量，然而在新型的生成工具面前，几位网友在几十个小时之内就可以生成。这些都表现为一种生产力的加速。正因为其是生产力的加速，所以没有什么可以阻挡它。因为它的出现就意味着某种不可避免的优势，它永远是以一种获胜者的角色而出现的。任何对生产力的批判，往往都会被批判为某种落伍的、保守的力量，因此几乎所有对加速生产力的批判都是无力的。

换言之，这种影像世界在加速生成，同时没有什么力量可以阻止加速世界的诞生。然而，这种加速以及一键生成在本质上代表了某种人类的无知和狂妄。无论是ChatGPT背后的大语言模型还是文生图基于的扩散模型，都建立在深度神经网络基础之上，其仍然存在算法黑箱的问题。换言之，人类对这样一幅作品生成背后的逻辑并不了解。用OpenAI首席科学家伊利亚・苏茨科弗（Ilya Sutskever）的表达是，大模型就像某种炼金术，[18] 这是一个在元素周期表被发现之前的状态。换言之，尽管大模型在加速辅助人类的知识生产，然而人类对大模型技术本身的了解是少之又少。这就像一个蒙着眼睛的行人在悬崖边狂奔。这种加速有可能会将人类社会带入到虚空的，甚至是万劫不复的深渊之中。

第二，无意义的影像。任何的影像创作都希望表达某种人类的思想或者情感。影像往往会具备某种情感。传统影像的画面中包含大量的信息，其希望通过一种代入感引起观众的共鸣。然而，在大模型和生成智能等技术的辅助之下，我们似乎会进入一个影像泡沫的时代。换言之，大量的影像会被快速地生产出来。尽管这些影像可能会反映出某种想象力，然而其中更可能出现的一种情况是，华美的画面中包含了空洞无物的实质，这便是一种无根的影像。卡尔・雅斯贝尔斯（Karl Jaspers）就描述了这种无根的人类状况，即

“其枯萎来自根部（withers at the roots）”。[19] 如前所述，影像是人类活动的记录，然而接下来大量生成的影像会变成无根的影像。尽管其可能也参考了某些人类的活动，即大模型的输出不完全是凭空的，它会基于大量的训练语料来进行再生成，然而这样的再生成仍然是无根的，所以其最终会产生一种无根的影像。如《道德经》中所描述的“五色令人目盲”[20]，即画面尽管琳琅满目，但我们却无法找到其中的意义。当这样的大量影像不断地冲击人们的视觉，或者说人类个体已经完全麻木于这样的泡沫影像的冲击时，人类可能会丧失对影像意义的判断，或者说，人类便不再区分何者为空洞无物，只会用“新奇”“好玩”等词汇来对这些影像进行回应。

第三，人类意义的危机。好莱坞爆发了自1960年以来首次全行业罢工。这场罢工最初始于编剧。2022年11月底ChatGPT发布，人们在使用之后发现，普通人也可以用它来创作小说，这无疑是对编剧工作的冲击。因此，2023年5月，好莱坞最初的罢工主要是编剧们在参加。然而，在Midjourney和Runway等工具进一步发展之后，人们发现大量的图片和影像都可以被完全生成，这在很大程度上就意味着演员的工作也可能会受到冲击。于是，演员工会也加入了好莱坞的这次历史性大罢工。[21] 这不仅反映了工作的危机，即影视行业的从业者对未来工作确定性的担忧，而且从更深层的含义上，更多表达了一种人类意义的危机。这实际上涉及一个根本性的问题，为何要产生影像？这是一个元问题。影像最初以人类历史记录的方式出现。照片最初出现就是为了记录某个瞬间。在照片的基础之上，逐渐发展出了电影工业。电影实际上是流动的照片。伴随着电影工业的不断发展，创造性的内容才被加入进来。换言之，影像最初是作为人类存在的记录物而出现的，但影像出现之后，人们并不满足于其对现实的记录，而希望在这种新的媒介中创造新的历史，即未来历史。当人们将创造性的事物加入影像时，就希望可以构筑一种开放性的未来。这种未来与现实保持了一定的距离。科幻电影便是这类作品的典型体现。尽管科幻作品中仍然会反映人类社会的权力斗争等经典内涵，但是科幻作品的一些场景设计甚至逻辑设定都可能是完全创造出来的。换言之，科幻作品已经在创造一种新的世界。

从这种新的世界创造中，人们实际上是希望走向一种更加美好的未来。无论是记录还是创作，其都是人类构筑意义世界的部分。当人们将这种意义的构筑完全交给机器的一键生成之后，最终人类的意义也会被掏空。这种加速生成实际上也会变成一种对人类意义世界的加速摧毁。整体来看，大模型似乎带来了前所未有的影像启蒙，但其最终可能会变成一种影像的神话。每个个体在大模型的辅助下，都拥有类似于上帝的能力。上帝说，要有光，就有了光。每个个体似乎可以模仿这样的过程，像施展魔法一样说出某个类似于咒语的提示词，然后元宇宙的世界就会诞生。用影像来包装的一个生成世界就会呈现在伪造上帝的个体面前。这便是一种从影像启蒙最终走向影像神话的场景。似乎人们在这些创造性代具的辅助之下可以创造一切，然而这似乎并不是人类个体真正的能力。因此，这种影像的神话最终可能会走向影像的终结。

从更加深层次的角度来看，好莱坞罢工事件还反映了知识工业对影像工业的吞噬。大模型的内核是知识工业。当 OpenAI 将人类的大量知识封装在这样一个世界模型中时[22]，其在某种程度上就实现了一种知识的大一统，然后再通过人类的提示，就使得大模型可以输出一切，最后再加上一系列工业化的进程进行完善，如基于人类反馈的强化学习、指令微调等。[23] 最近，OpenAI 开放了微调的功能。每个个体都可以基于 GPT-3.5 Turbo 并结合自己的信息和数据微调属于自己的大模型。这里呈现出某种多样化的特征，即每个人的大模型都是不同的。在笔者看来，这是一种伪装的多样化，因为大模型内在的知识大一统是无法改变的。换言之，那样一个被封装到大模型之中的卡尔·波普尔（Karl Popper）意义上的“世界三”是由什么构成的，我们需要思考。就目前我们所知的 ChatGPT 而言，其更多是一个拥有西方知识的孩子。同时，这样的一种知识大一统最终会作用于各个领域。影像工业也会成为知识工业的一种附属物。

霍克海默和阿多诺讨论了文化工业的问题。两位学者希望用文化工业来表达一种文化在工业化之后面临的文化退化问题。文化本来是人类自身情感的一种自然表达。然而，当人们坐在电影院观赏那些被设定好的情节时，人们的情感表达也会变成一种流水线的过程，最终“整个世界都要通过文化工业的过滤（the filter of the culture industry）”。[24] 霍克海默和阿多诺认为，这恰恰是一种人类文化的退步。斯蒂格勒进一步提出了记忆工业和程序工业的概念。在斯蒂格勒看来，所有的媒体都是某种记忆工业的表征。影像工业同样是记忆工业中的一部分，服务于对人类历史的记录。程序工业则是世界的计算机化。斯蒂格勒写道：“程序工业（the programming industry）是记忆工业化（memory's industrialization）的操作者。”[25] 程序工业对整个人类社会的进程进行数字化的捕捉，并通过编程来约束人类的行动。美国的霸权在很大程度上建立在全球程序工业霸权的基础之上。

在以上概念的基础之上笔者进一步提出“知识工业”的概念。大模型会带来一种新的知识生产。之前的知识生产是基于人的，而大模型可能取代人变成知识生产的主力军。这无疑会对人类传统的知识生产方式产生重大影响。然而，这似乎也是一个不可避免的情况。在知识工业的发展过程中，知识大一统是内嵌其中的。同时，知识工业也在实现大一统。人类社会的主要活动都可以被概括为知识，正如波普尔的“世界三”的概念所表达的。在波普尔看来，“世界一”是人类所生活的物理世界，“世界二”是人们的心理世界，“世界三”是心理世界的客观化，是人类个体对外部世界的理解并沉淀下来的某些精神性的内容。[26]“世界三”与知识工业的对象是重合的。换言之，在大模型的基础之上，波普尔的“世界三”会被工业化。这种知识工业的大一统会包含一切。影像工业也会变成知识工业中的一部分。

人文的抵抗：从启蒙神话回到启蒙本身

近年来，关于“人类纪”或“后人类”的观点十分流行，这两种观念都反映了某种对人类历史终结的担忧。就影像而言，其也存在某种终结的可能性，这便是大模型技术所加速的。大模型带来了影像启蒙的可能性，同时也可能会从启蒙走向启蒙神话，并最终导致影像的终结。好莱坞罢工事件可以被理解为某种人文世界对知识工业的抵抗，其中涉及两个关键问题。

第一，这种影像生产是基于自身能力吗？尽管一些非专业化的普通大众可以运用相关技术来生成影像，而其中的一个关键问题是，这样的影像生产是基于自身能力的生产吗？尽管这样的影像生产可能会基于自己的一些创意，然而这种影像生产背后却存在人类无法认知和理解的黑箱。换言之，我们并不知晓这样的影像是如何被生产出来的。GPT-4、Midjourney 和 Runway 背后运用的模型都基于神经网络，都存在算法黑箱的问题。尽管目前发展了一些

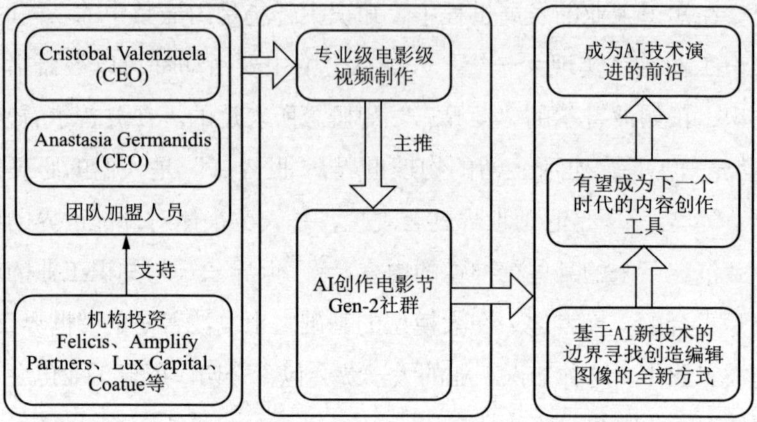

图3.1　Runway的核心团队、商业模式以及发展前景

资料来源：Anish Acharya, "Investing in Runway", andreessen horowitz, 2020 年 6 月 25 日，https://a16z.com/announcement/investing-in-runway/，访问时间：2023 年 10 月 23 日。

像 ControlNet 等相关的控制性技术，其可以让生成的视频更加稳定，[27] 然而这种稳定性的生成也无法解决算法黑箱的问题。换言之，这样生成的影像是否基于自身能力的影像生产，这一问题仍然是存疑的。

第二，这样的影像是可以被信任的吗？在影像大量生成的背景之下，一个不可避免的场景便是，人们可能会生活在海量的泡沫影像之中。换言之，人类个体无法区分高质量与低质量的影像，也无法区分真实与虚假的影像，最终会导致影像的不被信任。在传统上，影像是作为人类的信任机制而出现的。例如，当我们寻求司法证据时，往往会求助于影像，然而当影像的真实性消失时，人类的信任机制应向何处去追寻？这实际上会带来一个更加令人困惑的世界。影像的信任危机最终会导向人类的整体信任危机。当影像都不能被信任时，人类还会信任什么。当然，人类的一种更加典型的思路是，用技术来解决技术难题，例如区块链是解决人类信任危机的一种新型技术，即可以在影像作品上增加NFT来保证其真实性或唯一性，然而这种追加的信用机制仍然有可能会被修改，其中仍然有较多的问题可以进一步探讨。

尽管人类走向生成影像的未来图景似乎是不可阻挡的，因为它代表了某种先进的生产力，任何阻挡先进生产力的努力都会被摧枯拉朽地消灭掉，然而某些人文抵抗的意义也是存在的。这种人文抵抗可以使得我们反复去思考启蒙本身。启蒙的价值就在于，其永远处在一种开放性的状态之中。只有不断地回到启蒙，才能避免启蒙的神话。要回到启蒙本身，我们在影像生产方面的努力可能包括如下几点：

第一，通过影像知识的确权，来减缓影像生成的速度。目前已经出现了这样的一些例证。例如，一些小说的作者已经对OpenAI进行了诉讼，认为OpenAI背后的大模型在预训练时使用了其小说中的文本。换言之，大模型的强大能力是建立在大量的人类知识作品基础之上的。这些诉讼就可以被看成是知识确权的一种努力。这种知识确权可能会在一定程度上减缓大模型技术发展和应用的速度。在这一过程中，速度是极为关键的。如果速度太快的话，人类处在这种泡沫之海中，而人类的意义可能会被完全冲垮。换言之，由于速度太快，人类并没有充分的时间准备好各类应对方案。因此，这种知识确权可能会帮助人类社会赢得一些调整方案的时间。

第二，有意在工业化进程中设置一些影像生产的手工绿洲。按照大模型的发展速度，未来势必会有大量影像生成。或者说，即便是那些电影的创作团队，也会大量使用大模型和生成智能来进行影像生产，因为这些技术的使用可以大大降低成本，并提高生产效率。并且，这样的大模型应用会被不断地加速，可能在某个时间点上，绝大多数的影像生成都会变成生成智能的结果。在这样的背景下，保留足够的影像生产的手工绿洲就会变得至关重要。换言之，即便是当大模型技术已经变得非常普及时，也要保留一定的传统影像生产方式。这里可以类比的例子是人类奔跑。人类奔跑的速度不能超过汽车，但是人类还会在各种体育运动中对奔跑进行某种竞赛。同时，在休闲和锻炼身体的过程中，人们仍然会将奔跑作为一项重要运动，因为奔跑可以锻炼人的器官的各方面能力。同样，作为生产力手段，生成智能会大量地进入影像生产，但是作为保留人类自身能力的一种手段，传统的影像制作方法同样需要在一定程度上被完整地保存下来。例如，在大学中还需要设置相应的学科。研究者不仅要研究新的生成智能的影像生产方式，还要继续研究传统的方式。类似于，人们不仅要研究如何加速使得交通工具的速度更快，同时也要研究如何可以让人类运动员或者普通个体提高其奔跑的速度，因为奔跑是一种人的基本能力。

第三，在社会转型的过程中逐步形成共生性的规则。这里的共生强调的是，影像工业与知识工业的共生。在上一部分中，我们讨论了知识工业对影像工业吞噬的风险。我们需要避免这种情况的出现，因为这种吞噬会带来整个社会的巨大变化。目前在这一行业中的大量从业者都可能会受到这种转型的巨大冲击。如何在这一转型的过程中，相对减少变化带来的影响，并保证社会的弹性、韧性和健康就会变得至关重要。影像工业作为一种传统工业，已经在发展过程中形成了自身的逻辑，一旦这种逻辑在知识工业化的背景之下被完全打破，则会带来众多的社会挑战，也会产生一些新的社会问题。因此，在这样一个转型期，我们要设定一些弹性规则，既保证转型的发生，也要保证转型的有序性和健康性。

第四，通过行动不断地返回到创造性本身。影像的本质是一种

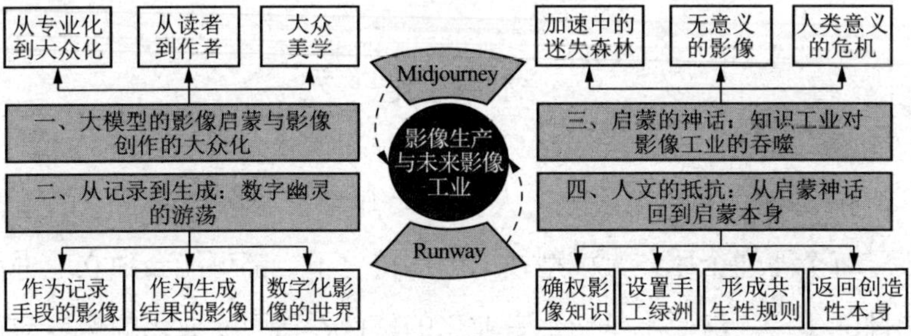

图3.3　Midjourney和Runway双轮驱动下的影像生产与未来影像工业

时空穿越的机器。斯蒂格勒写道："照片中的过去就是现在。"[28] 当人们观看某个影像时，实质上在进行历史、当下和未来的穿越。因此，影像工业在很大程度上是作为一种未来历史而出现的。换言之，影像工业的意义在于创造性和历史性的结合。其中，这种创造性的发挥并不是一种完全基于纯粹想象力的发挥，而是一种基于历史性的想象性。因此，不管大模型和生成智能等数字技术如何发展，最终人类社会需要关心的是人类个体的创造性。我们并不能因为这些新技术的诞生而放弃自己的创造性。目前已经出现了这样的苗头。例如，当人们提出人类个体需要将更多的工作放在提示词上时，AutoGPT 便诞生了。AutoGPT 是一种将任务分解，并自动提出提示词的工具。[29] 并且，这类工具已经大量出现，例如 LangChain 社区的一系列应用。[30] 近期，OpenAI 收购了全球照明（Global Illumination）这家小公司，这表明有可能会以人工智能行为体为突破口进入元宇宙的空间，这是在加速运用大模型技术来进行未来世界的生成。[31] 然而，不管这些人工智能行为体的技术如何发展，最终还是要回到人类个体的创造性本身。

本章小结

在大模型的基础之上，人类确实开启了一个影像启蒙的新时代。每个普通个体在大模型技术的加持之下，都可能会独立地进行影像的生产。这原本是一个专业化的领域，然而专业化的壁垒却在新技术的冲击下被冲垮。具备想象力的普通个体都可以完成一种从读者到作者的转变，这一点已经体现在《芭比海默》和《流浪地球3》预告片的创作中。在这一过程中，读者变成了作者。只要读者有相应的想象力，便可以充分运用相关工具，并在较短的时间内完成之前需要专业人士长时间且高成本进行的影像生产。因此，在大模型的基础之上，普通个体获得了可以达至专业效果的视觉创作能力，这无疑是一个启蒙的过程。换言之，在视觉生产的过程中，视觉创作能力不再由专业的机构所垄断，而变成一种大众化的力量。普通个体只要有充分的想象力，并能够娴熟地运用这些工具，就可以快速且低成本地进行影像生产。从普通大众作为非专业人士进入影像工业的角度来看，这无疑是一场新的视觉启蒙。普通的读者不再甘心仅仅担任读者的角色，而逐渐变为作者。影像生产变成了一种大众化的工业。得到启蒙的每个个体都可以参与到专业的影像生产中来。这是一个大众美学的时代。专业分工被大众参与所取代，然而其中也蕴含了新的启蒙神话。

影像最初是作为记录出现的。用斯蒂格勒的表达是，影像工业是记忆工业的一部分。通过这类代具性的记忆工业，人类可以不断地回到历史中。返回历史，人类才能够形成共同体的认同。然而，接下来发生的情况是，影像将会从记录变成生成。生成就意味着一种完全凭空创造的可能性。最初，人们还会担心虚假信息的问题，但最终虚假信息的问题可能会消失，因为当一切都变成拟造时，人们就不再担心拟造的问题。最终，人类可能会完全生活在一种以元宇宙为载体的数字化媒介中。无论是人还是人所依赖的环境都会变成数字化的符号。一个数字幽灵在人类世界游荡。而人类世界似乎也会变成一个完全数字化的世界。影像无疑也是对这些数字游荡过程的记录或拟造。任何存在本身都可能会变成数字幽灵。这种数字幽灵的弥散反映了一种启蒙神话的到来。换言之，当世界都可以一键生成的时候，其背后的人类狂妄自然会表露出来。同时，当大量无根的影像出现，那些华美的画面反映的似乎却是空洞无物。然而，当人类无法对其意义进行判断时，那些空洞无物似乎也会变成一种当然。这最终会影响到人类意义本身。因此，看似是影像的启蒙，最终却走向了影像启蒙的神话，甚至是影像的终结。

之所以出现这一种情况，本质上是知识工业对影像工业的吞噬，这一点清晰地表现在好莱坞罢工的事件中。这一罢工无疑是对知识工业化的一种人文反抗。这种人文反抗背后指向两种逻辑。一种是生成智能所代表的影像生产是否基于自身能力的生产，另一种则是生成影像如何才能够被信任。当影像的真实性消失时，人类将如何创造和完善自己的信任机制？要解决启蒙神话的问题，最终需要回到启蒙本身。一方面，人们可能要进一步通过知识确权和构筑一些影像生产的手工绿洲来减缓生成智能的发展速度。同时，人类社会还要逐步形成相应的转型规则，即要避免知识工业对影像工业的吞噬，并通过社会的弹性来保障传统各方行为体的相对有序和健康。另一方面，无论大模型技术如何发展，或未来的生成影像会采用哪些技术，最终人们需要思考的根本问题是，人类是否还具备自身的创造性。当影像大量由机器来生成时，许多工作内容似乎都可以交给机器。人类保留的也仅仅是创造性本身。如果人类最终放弃自己的创造性，那么势必会导致一种后人类的图景。从这个角度来讲，影像作为一种时空穿越的机器，更多反映的是一种未来的开放性历史。回到未来历史的关键就是，要保持人类自身的想象力和创造性。

注释

1 Bernard Stiegler, *Technics and Time, 2: Disorientation*, translated by Stephen Barker, Stanford: Stanford University Press, 2009, p. 18.

2 Karl Jaspers, *Man in the Modern Age*, translated by Eden and Cedar Paul, New York: Doubleday Anchor Books, 1957, p. 62.

3 Max Horkheimer and Theodor W. Adorno, *Dialectic of Enlightenment: Philosophical Fragments*, translated by Edmund Jephcott, Stanford: Stanford University Press, 2002, p. 183.

4 这里需要对大语言模型、生成智能、大模型等概念略微进行一些辨析。ChatGPT 和 GPT-4 等技术的基础是大语言模型（Large language model）。生成智能是一个更大的类别。ChatGPT、GPT-4、Midjourney、Runway 等都可以算作生成智能。大模型最初是大语言模型的简称，之后在发展中表现出多模态的特征，因此其也可以将 Midjourney、Runway 等图片或视频等多模态的内容包含进来。从这个意义上讲，大模型和生成智能的概念外延基本是相同的，尽管其强调的侧重点不同。

5 Cameron Frew, "AI Creates Barbenheimer Trailer and People Want the Full Movie," *Dexerto*, July 27, 2023, https://www.dexerto.com/tv-movies/ai-creates-barbenheimer-trailer-and-people-want-the-full-movie-2226958/，访问时间：2023 年 9 月 1 日。

6 "Watch NVIDIA CEO Jensen Huang Share the AI Technologies Affecting Every Industry and Our Everyday Lives," https://www.nvidia.com/gtc/keynote/?nvid=nv-int-cwmfg-877214，访问时间：2023 年 7 月 26 日。

7 CG 世界：《5 个晚上用 AI 自制"流浪地球 3"预告片爆火出圈，郭帆导演上线急求联系方式!》，载网易，https://www.163.com/dy/article/IBK1NU2G0516BJGJ.html，访问时间：2023 年 9 月 1 日。

8 Paul Ricoeur, "Life in Quest of Narrative," in David Wood, *On Paul Ricoeur: Narrative and Interpretation*, London and New York: Routledge, 1991, p. 26.

9 Bernard Stiegler, *Technics and Time, 2: Disorientation*, translated by Stephen Barker, Stanford: Stanford University Press, 2009, p. 133.

10 Bernard Stiegler, *Technics and Time, 2: Disorientation*, translated by Stephen Barker, Stanford: Stanford University Press, 2009, p. 133.

11 Max Horkheimer and Theodor W. Adorno, *Dialectic of Enlightenment: Philosophical Fragments*, translated by Edmund Jephcott, Stanford: Stanford University Press, 2002, p. 1.

12 斯蒂格勒写道："逝去之物仍栩栩如生（The dead live）。"参见 Bernard Stiegler, *Technics and Time, 2: Disorientation*, translated by Stephen Barker, Stanford: Stanford University Press, 2009, p. 14。

13 Bernard Stiegler, *Technics and Time, 2: Disorientation*, translated by Stephen Barker, Stanford: Stanford University Press, 2009, p. 14.

14 这种轮回即是尼采所谓的"永恒回归（Eternal Return）"。尼采写到，瞬间连接着过去的永恒与未来的永恒，而所有的瞬间都是永恒轮回的一部分。参见 Friedrich Nietzsche, *Thus Spake Zarathustra*, translated by Thomas Common, New York: The Heritage Press, 1967, pp. 148–149。

15 Alain Badiou, *Being and Event*, translated by Oliver Feltham, New York: Continuum, 2005, p. 3.

16 Max Horkheimer and Theodor W. Adorno, *Dialectic of Enlightenment: Philosophical Fragments*, translated by Edmund Jephcott, Stanford: Stanford University Press, 2002, p. 1.

17 Max Horkheimer and Theodor W. Adorno, *Dialectic of Enlightenment: Philosophical Fragments*, translated by Edmund Jephcott, Stanford: Stanford University Press, 2002, p. 3.

18 苏茨科弗曾发表推特称："机器学习如同炼金术，它把硅变成精神和幽灵。"参见 https://twitter.com/ilyasut/status/1090758866394988544，访问日期：2023年9月1日。

19 Karl Jaspers, *Man in the Modern Age*, translated by Eden and Cedar Paul, New York: Doubleday Anchor Books, 1957, pp. 180–181.

20 饶尚宽译注：《老子》，中华书局2006年版，第29页。

21 Andrew Dalton, "AI is the Wild Card in Hollywood's Strikes. Here's an Explanation of Its Unsettling Role," *AP News*, July 22, 2023, https://apnews.com/article/artificial-intelligence-hollywood-strikes-explained-writers-actors-e872bd63ab52c3ea9f7d6e825240a202，访问时间：2023年9月1日。

22 Shyam Nandan Upadhyay, "Text Is a Projection of the World: OpenAI's Sutskever," *Analytics India Magazine*, March 24, 2023, https://analyticsindiamag.com/text-is-a-projection-of-the-world-says-openais-sutskever/，访问时间：2023年8月25日。

23 大模型的强化学习参见 Leslie Kaelbling, Michael Littma and Andrew Moore, “Reinforcement Learning: A Survey,” *Journal of artificial intelligence research*, 1996, Vol. 4, pp. 237–285。大模型的指令微调参见 Tuhin Chakrabarty, Vishakh Padmakumar, and He He, “Help Me Write a Poem: Instruction Tuning as a Vehicle for Collaborative Poetry Writing,” *arXiv preprint arXiv: 2210.13669*, October 15, 2022, https://arxiv.org/abs/2210.13669，访问时间：2023 年 9 月 1 日。

24 Max Horkheimer and Theodor W. Adorno, *Dialectic of Enlightenment: Philosophical Fragments*, translated by Edmund Jephcott, Stanford: Stanford University Press, 2002, p. 99.

25 Bernard Stiegler, *Technics and Time, 2: Disorientation*, translated by Stephen Barker, Stanford: Stanford University Press, 2009, p. 9.

26 Karl R. Popper, *Objective Knowledge: An Evolutionary Approach*, Oxford: Clarendon Press, 1994, p. 158.

27 “ControlNet,” *GitHub*, https://github.com/lllyasviel/ControlNet，访问时间：2023 年 9 月 1 日。

28 Bernard Stiegler, *Technics and Time, 2: Disorientation*, translated by Stephen Barker, Stanford: Stanford University Press, 2009, p. 14.

29 “AutoGPT,” https://autogpt.net/，访问时间：2023 年 9 月 1 日。

30 “LangChain,” *GitHub*, https://github.com/langchain-ai/langchain，访问时间：2023 年 9 月 1 日。

31 Isa Muhammad, “OpenAI Gets Into Games With Acquisition Of Global Illumination,” *Beyond Games*, August18, 2023, https://www.beyondgames.biz/40906/openai-gets-into-games-with-acquisition-of-global-illumination/，访问时间：2023 年 9 月 1 日。

第四章

大模型时代的学者大众化与未来学术研究

学者贵于行之，而不贵于知之。

——司马光《答孔文仲司户书》

夫学者必志于大道，以圣人自期，而犹有不至者焉。

——《河南程氏粹言·论学篇》

古之学者为己，今之学者为人。

——《论语·宪问》

ChatGPT 自 2022 年年底发布以来，已经引发世界范围内的巨大关注。[1] 本章将讨论大模型技术对人文社会科学知识生产的系统性影响。笔者将从如下几个方面来展开讨论：首先，笔者将讨论人文社会科学在大模型技术影响之下可能产生的一场新的知识革命。其次，笔者用“学者大众化”来概括大模型技术可能产生的平权效果，并对可能出现的知识民粹主义风险加以分析。再次，笔者将对大模型技术作为研究工具可能会对未来学术科研产生的辅助效果加以讨论。最后，笔者认为，同样需要将大模型技术视为研究对象，并从智能人文社会科学的广阔视角来观察未来较长时间内人文社会科学发展的整体性脉络。

大模型技术与人文社会科学的知识革命

大模型技术可能会打破人文社会科学的传统知识生产秩序。传统的知识生产已经形成较为完整的系统。以学者和专家的产生为例：经过严格的学术训练以及苛刻的学术评价，进入学科最前沿领域的学者被认为是具有知识权威的人。这样的知识权威是在复杂互动以及传统知识结构的约束下形成的。要成为这样的顶尖学者，个体首先需要在传统的教育体系中胜出（如获得博士学位）；还需要在正规的高校或科研院所工作，并通过发表正式论文表明其学术能力；而后通过职称评定以及社会影响评估等多方面评价，其知识权威的地位才能够确立起来。换言之，传统的知识生产秩序由一整套子系统构成，其中包括教育系统、学术发表系统以及成果评价系统等。这套体系尽管不断演进，但是总体是在相对稳定的状况下进行发展的。一个真正有社会影响力、在某个专业领域有较高学术地位的学者，不可避免地要受到这些子系统的影响。然而，以大模型技术为代表的通用大模型似乎可能会打破我们传统的知识生产秩序。

大模型技术的本质是通用大模型。其最早是从语言介入的，所以其早期形态表现为语言大模型。GPT-4 将能够理解图片的内涵，因此更多地具备了多模态的特征。通用大模型代表了未来通用人工智能突破的可能性。通用大模型的意义在于，其不再局限于相对的局部领域，而是可以变成一个全新的、无所不能的知识生产工具。到目前为止，其已经表现出在知识生产方面令人惊叹的能力。同时，人类用户对它不断使用的过程，实际上也是将通用大模型的知识与人类知识对齐的过程，而这种对齐会产生巨大的调优效应。最终，大模型技术可能会成为人们在生活、工作中都不得不依赖的、重要的知识生产工具。

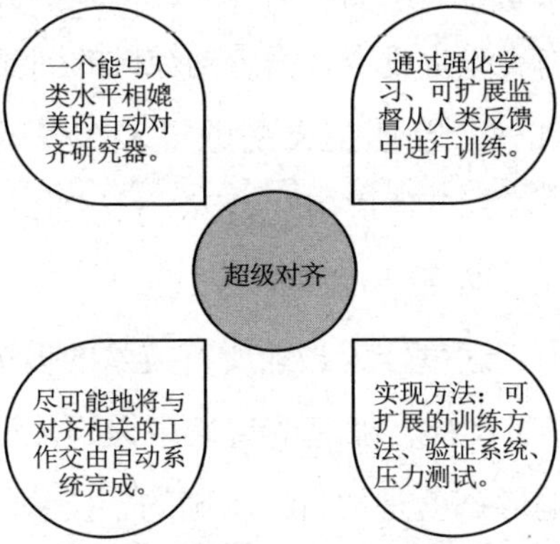

图4.1　超级对齐的核心要义及其相关概念

资料来源：Jan Leike and Ilya Sutskever, "Introducing Superalignment," July 5, 2023, https://openai.com/blog/introducing-superalignment，访问时间：2023 年 10 月 17 日。

具体而言，大模型技术对人文社会科学产生的革命性影响主要体现在两个方面。第一，主体转变。传统的知识生产是以人为中心的，而学者是知识生产的中心。整个学术体系也是以对学者的培养为中心。而在新的大模型技术的影响之下，机器的知识生产会变得越来越显著。当然，在更为严肃的学术活动之中，GPT 等工具在初期往往只能发挥辅助性的功能。例如，其可以帮助人们进一步更为精准地查找资料，或者说人类在与 ChatGPT 的对话中可获得更多的灵感。进一步讲，人类学者直接接受由 ChatGPT 提供的新的可能性作为灵感的来源。而伴随着 ChatGPT 能力的进一步增强，其中可能会进一步发展成为机器直接进行的知识生产行为。这一点在应用领域已经大量出现，如电子商务领域的一些生成类文案。换言之，在一些更为模式化的领域，这样的知识生产工作已经由机器完成。那么在未来，机器是否会接管更具创造性的、由学者完成的高端知识生产工作？这个恰恰是需要我们学术界加以警惕的。但是这样的可能性已经存在，因为大模型技术已经表现出极强的知识生产能力，甚至具备较高的创新性。尽管其并不一定理解其中的意义，但通过知识的排列组合确实能生成令人类感到惊讶的创新性结果。

第二，速度加快。加速主义是近年来许多思想家都较为关注的一个主题。对这一问题进行过深入讨论的学者包括斯蒂格勒（Bernard Stiegler）、维希留（Paul Virilio）、罗萨（Harmut Rosa）等。斯蒂格勒认为，速度作为当前所有技术的根源是最为深刻的问题。[2] 罗萨在有关现代社会加速的讨论中提到，社会加速最显而易见和最有影响力的形态就是“目标明确的、技术的，特别是工艺的（或机械的）加速过程”。[3] 这一面向的加速同时也是维希留“竞速学”（dromology）理论的核心。[4] 这一点恰恰很好地解释了 ChatGPT 出现的背景。之前，以人类为中心的知识生产速度是较为缓慢的。例如，一个学者要完成一篇完整的人文社会科学领域的文章，从准备选题到写作，可能会长达几个月的时间。按照维希留的说法，当代社会已经发展成为一种新的“速度圈”，而在这一速度竞争中失败的人们会被淘汰出局。[5] 因此，从某种意义上讲，以人类为中心的人文社会科学知识生产的速度已经远远落后于当前日新月异的社会发展速度。例如，如果按照上文提及的知识生产的节奏，再考虑到正常的期刊审稿周期，关于 ChatGPT 等讨论的文章正常来讲可能会在 2024 年之后才会出现。而在 2024 年，可能 GPT-5 已经发布。而 ChatGPT 只是 GPT3.5 的版本。换言之，目前的知识生产秩序仍然是一种传统秩序。而生产力的发展以及一些较为敏捷的社会应用，则以天为单位来进行迭代和演变。大模型技术与互联网结合之后，就可以做到及时地更新知识，同时可以在提问者的引导下一键生成内容。

表 4.1　深度学习三巨头的比较

成员	职务	荣誉	研究领域	主要贡献
杨乐坤（Yann LeCun）	纽约大学教授、Meta 副总裁兼首席人工智能科学家	CNN之父，获图灵奖、阿斯图里亚斯公主科学研究奖	计算机视觉、卷积神经网络、计算神经科学	计算机协会（ACM）认为他的贡献主要在于提出卷积神经网络，改进了反向传播算法，拓宽了神经网络的视角。同时，他也是 DjVu 图像压缩技术的主要创建者之一。
杰弗里·辛顿（Geoffrey Hinton）	多伦多大学教授、多伦多矢量研究所首席科学顾问，曾任谷歌副总裁	获图灵奖、阿斯图里亚斯公主科学研究奖，美国国家科学院外籍院士	机器学习、认知科学、计算机科学、神经网络、心理学	ACM 认为他主要有三大贡献：反向传播算法、玻尔兹曼机以及对卷积神经网络的修正。Hinton 被视为深度学习网络的领军人物，他与学生合作的 AlexNet 是计算机视觉领域的突破。他在 2023 年 5 月公开宣布离开谷歌，理由是担心人工智能技术的风险。
约书亚·本吉桑（Yoshua Bengio）	蒙特利尔大学计算机科学与运筹学系教授、蒙特利尔学习算法研究所科学主任	获图灵奖，截至 2023 年 5 月，他是“h-index”引用次数最多的计算机科学家	生成对抗性网络、深度学习、神经网络翻译、去噪自编码器、生成流网络	ACM 表示他主要有三大贡献：序列的概率建模、高维词嵌入与注意力机制，以及生成对抗网络。他关注生成式深度学习，曾提出生成对抗网络（GAN）。他在 2023 年 5 月接受采访时表示，人工智能将对人类构成生存风险，并呼吁加强监管。

资料来源：“Yann LeCun,” https://en.wikipedia.org/wiki/Yann_LeCun; “Geoffrey Hinton,” https://en.wikipedia.org/wiki/Geoffrey_Hinton; “Yoshua Bengio,” https://en.wikipedia.org/wiki/Yoshua_Bengio; ACM, “Fathers of the Deep Learning Revolution Receive ACM A.M. Turing Award,” June 15, 2018, https://awards.acm.org/about/2018-turing，访问时间：2023 年 9 月 5 日。

换言之，是否会在未来出现一种新的知识权威，即以机器为中心的知识权威？今天人们在讨论问题时仍然会援引学者的观点，这是因为在传统的知识生产中，学者是人们可以倚重的知识权威。那么在未来，机器是否会替代学者成为新的知识权威？目前大模型已经表现出这样的潜质。对于普通大众而言，其往往缺乏与学者直接交流的机会，而通用大模型则是直接面向大众的。这是一种“时刻在那里为你服务”的新型知识权威，其便捷性、速度性、全面性都是传统的知识权威所无法满足的。总之，这样的知识革命已经发生，而我们每个参与知识生产的学者或学人都无法置身事外。

学者大众化：平权运动与知识民粹主义风险

黄仁勋（Jensen Huang）在近期的一次活动中谈及如下观点：人人皆可为程序员。[6]大模型技术确实已经展现出这样的巨大能力。因为开发大模型技术的 OpenAI 与微软结盟，而微软之前收购了 GitHub。GitHub 本身是一家计算机领域的开源社区，即软件工程师在完成了某个软件的编程工作之后，如果其希望将这一工作开源，就可以把相关的代码上传到 GitHub 之上。其他人如果希望延续这样的工作，或在其基础之上进行二次开发，就可以把先行者的代码下载下来，然后再通过调试或二次开发来开发自己的新工具。应该说，近几十年来，人类在信息领域产生的巨大成就恰恰是在这种开源文化的基础之上推动的。大模型技术之所以表现出令人惊讶的编程能力，实际上建立在人类花了几十年建立的完整知识库的基础上。百度开发的文心一言之所以在编程能力上显著弱于大模型技术，就是因为其无法借助类似于 GitHub 这样的开源编程社区。总之，大模型技术会产生一种巨大的平权效应。

人类到目前为止已经产生了海量的知识，而不同种类的知识都会形成自己的专业壁垒。例如，人文社会科学的研究者往往缺乏足够的编程能力。这是因为在传统的教育培养体系中（按照当时的认知），还没有这方面的教育内容。同时，这类编程学习的门槛较高。例如，对于一个文科学生而言，自学 C 语言或者 R 语言尚存在困难，除非其有非常强的兴趣，能够持续地学习并且能够在工作中得到应用。然而，在大模型技术的辅助之下，这一切变得更具有可能性。当使用者向 GPT-4 发出一段完成某种编程任务的提示时，GPT-4 便可以输出一段代码。经过众多使用者的验证，目前 GPT-4 输出代码的准确性已经非常高，但偶尔也会出现错误。使用者可以直接运行这段代码，并通过实际使用来检测这段代码中可能存在的问题。或者，使用者也可以继续与 GPT-4 进行对话，增加新的任务要求，并引导 GPT-4 来完善这段代码。总而言之，黄仁勋所讲的

表 4.2　Claude 2 跟 GPT-4 的比较

模型名称	开发主体	开发时间	应用范围	是否开源	主要特点
GPT-4	OpenAI	2023 年 3 月	通用	否	具有强大的自然语言理解、处理及生成能力。GPT-4 可以处理图像，并对结合文本、图像、音频等的多模式提示作出响应。然而，GPT-4 并不检查其生成内容是否准确。
Claude 2	Anthropic	2023 年 7 月	通用	否	可同时处理 100 000 Token 文本序列，超越同水平模型。此外，Anthropic 的开发团队对其进行了更多的安全测试和对齐训练，确保其产生无害、合乎道德和安全的输出结果。

资料来源：Ertugrul Portakal, “Anthropic’s Claude 2 Vs GPT-4 (In-Depth Comparison)”, August 29, 2023, https://textcortex.com/post/claude-2-vs-gpt-4，访问时间：2023 年 9 月 5 日。

“人人皆可为程序员”这一目标并不是一个空洞的说法。在一定程度上，目前确实具备了这样的技术可能性。换言之，只要使用者有一定的语言能力，并通过不断地引导机器，就可以完成某一项的程序开发。

从另一角度来讲，这确实会引发学习的革命。在此之前人类学习大多数是一种被动学习。例如，本科生进入大学之后，尽管其可以通过课程选修使其具有选择性，然而核心课程都是由原先的知识架构设定好的。在大模型技术的影响之下，人类学习可能会更多地进入主动学习的状态。主动学习意味着学习者的主动性被激发出来[7]，其可能会产生一种游戏者精神。换言之，学习者会用打游戏的状态来进行学习，这就会产生寓教于乐的效果。当这样的热情被激发出来之后，持续的知识强化就会产生重要的学习突破。在大模型技术的辅助之下，学习者可以打破传统的知识结构，并更加容易地从应用的角度切入到学习的过程之中，并在应用中激发学习的兴趣。回到前文提及的编程案例，当学习者在系统地学习编程相关理论时，往往是较为枯燥的。如果这一过程较长的话，学习者的学习热情会消失殆尽。而如果我们可以跳过基础理论，直接进入应用层面，例如当学习者在应用中看到自己开发的某些软件得到别人的认可时，这种欣喜会激发应用者反过来探究基础理论，而这样的学习可能会大大提高学习者的主动性和积极性。

对黄仁勋的论点进一步推演，放到人文社会科学知识生产的视角中，我们似乎可以提出“人人皆可为学者”这种较为理想化的图景。这里首先需要对学者的条件加以定义。学者的条件主要有两点，即自由时间和学习机会。学者就是用大量的时间不断在既定的知识领域攀登知识高峰的人。而大模型技术的出现似乎使得这两者对于大众而言都更加容易得到。第一，大模型会使得大众的自由时间可能出现增加。目前大模型已经表现出这样的巨大的潜能，即人类之前做得最多的重复性工作可能会被机器替代。这就意味着每个个体会有更多的自由时间。第二，每个个体的学习机会也会增加，同时学习成本也会大大降低。传统的学习往往强调正式形式的学习，如获得某种教育的机会更多意味着坐在教室里，在一段时间内完成某种带有资格认定的正式学习。在未来，更多学习会表现为一种非正式学习，包括与大模型技术的聊天，甚至浏览短视频都可以看成是学习的形式。然而，其中的问题是：人们是否一定会使用这些时间进行学习，还是用于娱乐？例如，视频网站哔哩哔哩中有大量的视频内容，这些视频内容中包含非常丰富的知识类内容，也包含大量的娱乐类内容。所引发的问题是，当人们的自由时间增加时，是否一定会将增加的自由时间用于学习？进一步的根本问题是，学习是否会成为人类的基本生存状态，或者学习是不是人之为人的原动力？

因此，在通用大模型等技术的辅助之下，确实出现了“学者大众化”的可能，即人人都可能通过终身学习，以及自己运用自由时间在不同的领域攀登知识高峰。然而，可能性与现实之间仍然存在鸿沟。从目前的社会发展已经看到一些端倪：在人们的自由时间增加之后，大量的普通人并不会将这些自由时间用于学习，而是更多用于休闲和娱乐。从该意义上讲，学者大众化似乎只是一个理想主义的图景。同时，“学者大众化”还可能会存在知识民粹主义的风险。知识民粹主义可以从近年来媒体发布的一些以流量为中心的知识传播案例中找到端倪，即一些媒体或平台的运营者为了赚取流量，将民粹主义的内容作为其知识传播的“卖点”。

需要特别强调的是，我们同样需要认识到“真正的学者”的意义。正如芝诺（Zeno of Elea）所表达的圆圈理论：当圆圈较小时，学习者感受到的外部知识是较少的；当圆圈较大时，学习者会日益感受到外部世界的广阔。换言之，“真正的学者”会认识到知识的限度。例如，初中生往往会确信经典力学所描述的规律，而物理学家则会从量子力学的角度来批评经典力学的不足。换言之，当“学者大众化”的趋势产生之后，可能会出现大量一知半解的“半瓶水学者”。而这些“半瓶水学者”又会极其笃定地相信某些知识的确定性。又因为大量的知识处在辩证的运动之中，所以这种确信很有可能在某些因素的加剧下发展成为一种阿伦特（Hannah Arendt）意义上的“平庸之恶”。[8] 并且，这种“平庸之恶”加剧了西方民粹主义，最终又可能会使得“真正的学者”处于失语的状态。

大模型技术作为研究工具：未来的学术与科研

马克思曾经深刻地讨论过生产工具对于人类的意义。[9] 在当代的思想家中，斯蒂格勒对这一问题做过进一步深入的讨论。在斯蒂格勒看来，人类的生存是一种代具性的生存。代具性构成了人类生存的一种本质性属性。[10] 换言之，如果没有工具，人类都无法生存下去。人类的演进恰恰是以工具和技术为中心的演进。从这一角度来讲，作为新的生产工具，大模型技术一定要引入到科学研究中来。目前，在自然科学领域已经出现了大量的关于 AI for science（人工智能驱动的科学研究）的讨论。[11] 近期，科学技术部还专门发布了 AI for science 的具体专项推动方案。[12] 因而，AI 不仅要为科学服务，同样需要为社会科学服务。因此，我们在这里还应该提出 AI for social science。这里之所以强调使用，是因为不使用代表的是一种技术保守主义。中华民族在第一次和第二次工业革命中落后的根本原因就在于当时的统治者排斥新兴技术的应用。因此，我们不能陷入这种技术保守主义的态度中。先进生产力的根本在于其可以极大地改变社会实践，而这种改变的前提是使用。社会科学研究者同样要掌握这些新的研究工具。不掌握它们，我们便会落后于整个时代。当然，这里需要特别强调的是，使用并不意味着对这一生产工具的全盘接受、毫无批评。对这一点，后文会专门讨论。目前已经出现了关于 ChatGPT 的两种观点。例如，香港科技大学主张学生们使用这样的先进生产工具，而香港大学则禁止学生使用。笔者认为，不能简单地采取一禁了之的做法。即便是反对使用，也要在充分使用之后，再提出反对的意见。如果完全没有使用过就对这一技术加以反对，便秉持的是技术保守主义的态度。

笔者认为，在大模型技术应用的影响下，未来社会科学研究可能会出现如下几个趋势：

第一，定量研究会进一步普及。如前所述，按照黄仁勋的观点，人人皆可为程序员。这一观点的延伸论点是，人人皆可为数据分析者。一方面，人们可以运用大模型技术来辅助编写爬虫工具程序，从而更容易地从相关网站上抓取相关数据。同时，在大模型技术的辅助之下，人们对一些编程工具的使用会更加娴熟。比如，Python 中有大量的可视化和数据分析的工具。我们可以在大模型技术的辅助之下更好地学习这些工具。换言之，定量研究之前具有较高的研究门槛。学习者在学习的过程中由于缺乏指导，往往会在研究中遭遇诸多困难。而在大模型技术辅助之下，这些困难会较为容易地被克服。另外，大模型技术的进一步发展还可以直接帮助研究者在相应的文本中更为容易地进行文本数据的处理。

第二，大模型可能会成为研究者的新导师。如前所述，大模型会成为新的知识权威，某种程度上会发挥非常全面的功能：一方面，其可以通过巨大的百科全书式的知识库，提供完全不同的海量知识内容；另一方面，其还可以提供各种方法的学习和引导，可以帮助我们用编写程序的方法创建一些具体的研究实现工具。换言之，大模型似乎可以无所不能。同时，与人类导师相比，它似乎又没有那么严厉，而更像一个服务生。从这个意义上讲，大模型可能成为研究者的“谦卑的阿拉丁神灯”。

第三，跨学科变得更加可能。在此之前的跨学科研究是较为困难的，因为不同的学科会形成相应的知识壁垒。无论是技术理论研究方法，还是话语体系都是完全不同的。例如，一个跨学科研究者在研究时面临的第一个困难就是如何尽可能地在较短的时间内了解清楚这一学科或研究领域中的顶尖研究学者与关键研究主题。在传统的研究情境中，跨学科研究者需要对新进入的领域开展大规模的知识学习。例如，其需要阅读大量的文献才能够找到一些端倪，然而仅仅阅读文献尚无法建立起这一新领域的基本知识架构。所以，在一些成功的跨学科案例中，往往研究者自身的学术背景就是跨学科的。然而，在大模型技术的辅助之下，通过不断地提问就可以较为快速地获取这些知识。换言之，大模型提供了一种全新的学习模式，其可以在与人类的对话中激发出学习者的学习潜能。这样就可以较为快速且精准地掌握新领域中的知识。

第四，人类研究者的主要工作将可能从创造转向选择。这一点在自然科学的最新进展中可以发现一些端倪。例如，人工智能运用到制药领域的一个重要进展就是，通过人工智能可以找到一些化合物的新型配对方法。人工智能的重大价值在于，其通过运算来进行不同元素之间的排列组合，并运用计算机模拟来观察其实际效果。之前，人类的传统做法是在实验室中进行不同元素之间的配对。人工智能的意义在于其大大缩短了这样的实验时间。因此，在这些领域，自然科学家的重要工作就是，对人工智能产生的一些可能性进行选择，从中选出更有价值的新型合成物。这一逻辑可以适用于社会科学领域。目前的 GPT-4 已经表现出非常强的逻辑推理能力。GPT 的基础是一种语言大模型。按照路德维希·维特根斯坦（Ludwig Wittgenstein）的观点，人类的逻辑就隐藏在语言之中。[13]换言之，未来我们可以通过机器运算，找到社会科学研究中更多的因果解释。当然，这样的因果解释只是机器根据人类提供的数据所得出的相关因素之间的排列组合及其概率，而人类要通过自己的常识对这些因果解释再加以确认，这就会大大提高人文社会科学因果解释的解释力以及这些新知识产生的效率。

第五，人的智能涌现能力可能会减弱。最后这一点恰恰是对人类使用先进生产工具之后的一种批判性反思。人类的整部历史都可以看成是一部生产工具发展史，但同时我们可以看到的是人类的部分自身能力在不断地弱化。例如，之前人类野外生存的能力很强，但是现代社会的人们却很难适应野外复杂和多变的气候条件。换言之，当人们高度依赖于 GPT 这样的研究工具时，是否会丧失一些相关的核心能力？这里需要特别提及的是吉尔·德勒兹（Gilles Deleuze）的“差异与重复”。差异和重复之间存在辩证关系。在德勒兹看来，“纯粹差异和复杂重复的概念似乎无论在什么情况下都会相互统一、浑然不分。与差异之发散和差异之恒常的去中心化相紧密对应的，正是重复当中的置换和伪装”。[14]只有通过大量的重复，才可能出现真正有价值的差异。从这个意义上讲，创新在很大程度上是一种与原先情境有所不同的事件。如果脱离了原先的情境，人类的创新能力可能会减弱。特别是，当人们在大量应用 ChatGPT 进行大段内容生成时，人们组织文字的能力不可避免会下降，且最终会影响到人类个体自身的智能涌现，即人类的创新是在众多的重复性工作中突然出现的。假如人们完全脱离了这样的重复性工作，那么人类的创新是否会真正出现？这一点也值得我们进一步讨论。因此，使用大模型的前提是，要使其可以增加自己的内生能力。例如，当阿尔法狗（AlphaGo）战胜李世石和柯洁之后，围棋作为人类智力训练的一个工具仍然存在。同时，人类还大量地从与机器的对决中寻找新的灵感，然后再与人类同伴进行对决，从而不断提高人类棋手的智能上限，笔者将其称为“阿尔法狗效应”。

“阿尔法狗效应”的最大价值在于其为人类树立了一个新的他者，其出现并没有终结人类的围棋活动，反而可以大大提高人类棋手的围棋能力。这里思考一个核心问题，即人类在对新的工具的应用之中，不能完全陷入对工具的依赖。同样，我们还需要思考和假设一种“没有工具的生活”，并应该让这种“没有工具的生活”体现在儿童的教育环境以及应对危机的灾难预想训练之中。换言之，在儿童的基础教育阶段，大模型这类工具的使用一定要有限度。可以让孩子们接触这些先进的工具，但同时还要更加诚恳地告诉孩子们使用这些工具可能会导致的不良影响。这样孩童在基础教育阶段的内生语言能力才不会中断。如此，才能够为未来的学术与科研提供充足的人类研究者，而不是导致一种在人工智能主导下的工具化。“阿尔法狗效应”意味着人工智能要时刻作为一种他者存在，并避免人的堕落。同时，我们也要做出一定程度的最坏的打算：在没有人工智能辅助的情况下，人类的个体是否还可以进行正常的学术和科研活动？同时，对于那些极其自律且不屑于使用这些大模型技术工具的学者，我们要给予加倍的鼓励和尊重，因为完全不使用这些工具而能达到一定研究水平的人，其往往具备更强的内生创新能力。

大模型作为研究对象：智能人文社会科学的未来

我们不仅要将大模型当成研究工具，还要把它当成研究对象。大模型可以被看成是人工智能的最新进展，其代表了未来通用人工智能突破的可能性。关于通用人工智能未来可能会出现的时间点，五年之前的研究者们往往会给予一个较为宽泛的时间段，如从二十年到两百年不等。然而，在 ChatGPT 事件发生之后，预测者们调整了其可能出现的时间段。例如，OpenAI 创始人山姆·阿特曼（Sam Altman）认为可能会在五年内出现。[15] 总之，我们当前处在一个大转型的前夜。近期一系列大新闻迭出，例如大家看到的 GPT-4 的发布、Midjourney 的 V5 发布、Adobe 发布人工智能的工具、谷歌发布巴德系统、百度发布文心一言等等。简言之，这是一个加速演进的时代。

这里需要对自然科学和人文社会科学的不同功能和职责进行定义。自然科学关注的核心是科学技术本身。对于大模型相关技术而言，自然科学界的通行态度是加速。然而，人文社会科学的功能却与之不同。人文社会科学的研究对象是整个人类社会，其更为关心在新的技术条件下人类社会发展的整体走向，以及这种颠覆性技术可能会带来的巨大的“创造性破坏”效应。人类社会是一个复杂巨大的系统，其往往处在一种脆弱平衡状态。从复杂科学的角度来讲，人类社会往往处于稳态与非稳态交替进行的间断均衡过程。从这个意义上讲，先进生产力会对整个经济社会系统产生重构效应。因此，这里会产生一系列新的问题，而社会科学就需要对这一系列新产生的问题进行整体性回应。一个相对通俗的说法是，自然科学负责生产力，而人文社会科学则负责生产关系。

大模型技术拥有巨大的创造性破坏效应，这就使得智能人文社会科学的建设变得极为重要。当然，智能人文社会科学的研究极为困难，因为它更主要是一种未来学研究。未来学源于 20 世纪 70 年代阿尔文·托夫勒（Alvin Toffler）等人的推动。然而，尽管未来学极为重要，会对整个社会的发展产生某种引导效应，但是其一直不是一个极为主流的存在。正如托夫勒所说，“如果我们试验的基点不放在过去，而放在明天的技术和社会上，我们就能够把乌托邦主义作为一种有用的工具而不是逃避手段”。[16] 从人类知识产生的历史来看，在人类社会初期，知识分工并未出现，而社会科学知识的中心是哲学。只有在进入近代以来，社会科学知识才出现了进一步的发展。而真正意义上的学科分工，许多都是在近两百年之内才逐步发展和完成的。伴随着学科发展的进一步专业化，实证主义精神越来越成为主导。因此，在社会科学的发展过程中，科学性成为越来越重要的目标。可检验性和可重复性成为实证主义社会科学的基础性要求。然而，这里的问题是，实证主义科学方法并不能很好地对目前大模型可能对未来产生的效应进行有效的分析。因此，人们对未来的讨论，多数介于无厘头的猜想与科幻小说的畅想之间。如何从人类知识传统出发，对未来将要发生的事情做出深刻且逻辑严密的科学研判就会变得至关重要。

在笔者看来，智能人文社会科学的研究有三点是至关重要的。第一，想象力。因为大模型可能产生的影响并没有发生，即并不能通过实证主义所强调的观察来获得，而只能通过头脑风暴式的想象或猜想。猜想就是要将所有的可能性都列举出来。第二，逻辑力。当这些可能性都列举出来之后，我们需要做的工作是，用符合实证主义精神的方法将其可能产生的社会效果再做进一步的逻辑推演。理论的建构过程实际上就是一种“受约束的想象”（disciplined imagination）过程。[17] 这里之所以强调实证主义精神，就是希望说明我们要避免天马行空式的绝对想象，而要做符合现实逻辑的可能性想象。第三，思辨力。正如如下观点所强调的，“对规范的过度强调会约束研究者的想象，但无规范的想象又容易导致研究纯粹成为研究者的主观臆想”。[18] 对于未来，我们不仅要采取一种实证主义的态度加以判断，同时还要用一种规范主义的态度对未来可能出现的图景加以约束。换言之，我们的态度应该介于实然和应然之间。因为未来还没有发生，我们要尽可能地按照我们希望出现的结果来勾画未来的图景。

笔者在之前的研究中已经讨论过智能人文社会科学发展的意义。[19] 这里所要强调的是，在大模型产生巨大影响的背景之下，智能人文社会科学需要在未来一段时间逐步发展成为一个自然科学与人文社会科学交叉的新型交叉性学科。在这一新型交叉性学科的建设过程中，应该更加注意如下几点：

第一，打破文理的思维壁垒，实现真正意义上的交叉性学科研究。尽管科技部和教育部等部门都在有力地推动交叉学科的建设，但就目前来讲，这样的交叉还更多地体现在自然科学内部。例如，围绕人工智能，目前出现了一系列工程科学各领域学科与人工智能交叉的研究领域。而智能人文社会科学是文理的大交叉，要求社会科学各领域同人工智能的新进展进行有效交叉。同时，这种交叉的研究成果，不仅要研究人工智能在社会科学各领域的应用，同时还要对人工智能发展所产生的一系列社会问题进行系统性研究。我们在热情拥抱数字技术的同时，还要“对技术异化有充分的警惕，积极展开技术批判”。[20] 这要求我们冲破学术藩篱，进行跨学科的探索。

第二，人文社会科学内部同样要形成交叉效应，以对人工智能产生的影响进行全面研究。这样的全面性研究要打破学科壁垒，需要更多采用埃隆·马斯克（Elon Musk）所强调的第一性原理，或者是现象学运动所强调的“回到事物本身”。根据马斯克的观点，其第一性原理即“将事情归结为基本真理并从中推理，而不是类比推理”。[21] 胡塞尔所说的“回到事物本身”则是指，“研究动力必定不是来自各种哲学，而是来自事实与问题”。[22] 从大模型目前产生的技术效应来看，一场巨大的智能社会风暴可能会来临，其中就可能包括失业问题、虚假信息泛滥、知识产权冲突、政治冲突、教育系统失效等一系列重大问题，而每一个问题的解决几乎无法由传统社会科学中的单一学科胜任。这就需要社会科学内部更多地打破学科壁垒，围绕人工智能相关问题展开跨学科的交流，形成更多以问题为中心的研究成果。

第三，人文社会科学中各个分支学科同样需要在充分掌握人工智能技术特征的基础之上，开展具有一定预测性效果的未来学研究。例如，从法学的角度来看，是否可以为未来人工智能可能产生的风险更早地储备一些立法预案或建议？从经济学的角度来看，大模型很可能会重塑整个数字经济。[23] 换言之，现有的互联网经济的形态可能会被重新打破，这将对中国数字经济的发展产生哪些风险？从社会学的角度来看，大模型产生的劳动替代问题会以何种方式、会在多大程度上对人类社会现有的就业结构形成冲击？[24] 从政治学的角度来看，大模型是否会对意识形态竞争产生影响？这会产生何种影响？大模型的广泛应用是否会对传统的国家治理体系结构形成冲击？[25] 从教育学的角度来讲，通用大模型的出现是否会颠覆现有的教育系统？我们是否应该允许孩子在基础教育阶段使用大模型技术产品？从心理学的角度来讲，大模型这样的技术是否会使得未来的人们心理更加澄明和圆满，还是会让人变得更加焦虑和

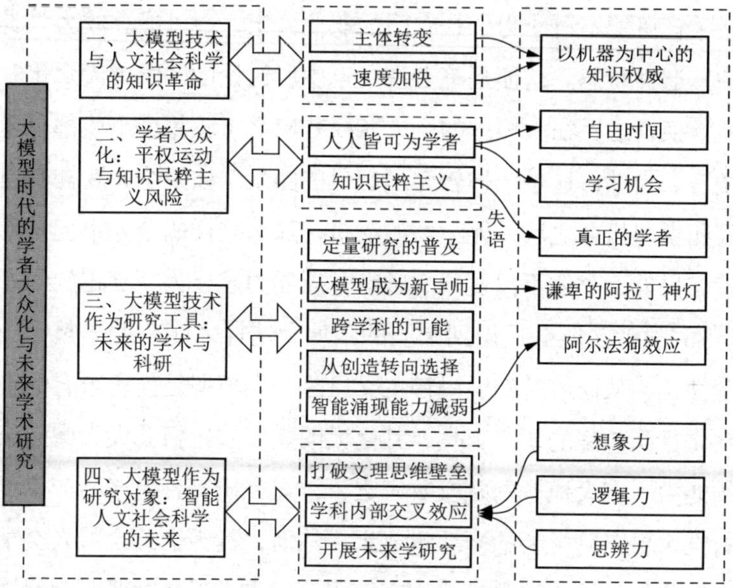

图4.2　大模型时代的学者大众化与未来学术研究

颓废？

这些问题都会伴随着大模型等技术的逐步落地而加剧。这里只是列出了部分学科和部分问题。这样的学科问题清单可能会变得非常长，这都需要人文社会科学各学科做出积极性的、前瞻性的考虑。否则很可能会使得人类所产生的相关文明成果最后面临颠覆性破坏。

本章小结

从目前掌握的一些经验性事实来看，大模型技术确实会颠覆人类的知识生产秩序。或者说，通用大模型本身就可能成为知识秩序。通用大模型已经反映出某种知识权威的特征。在这样的背景之下，学者可能不再成为一个专门的职业分工，而可能会成为人类个体的普遍性状态。这便是笔者在文章中所讨论的“学者大众化”的可能。换言之，在大模型的巨大赋权效应之下，每个个体都可能成为学者。当然，这是一种较为理想化的图景。如果个体在拥有自由时间和学习机会之后并无学习的动机，那么这样的个体也无法成为学者。另外，个体不仅要成为学者，还要力求成为“真正的学者”。“真正的学者”能够认识到知识的限度，这样才能有助于整体社会的理性化，从而避免知识民粹主义风险。大模型是前所未有的最为大众化且高效率的研究工具，其巨大的赋权效应将会大大增强研究者的能力。在大模型的赋权效应之下，人类研究者应该会产生更具创新性、更多跨学科的高质量成果。然而，其中也蕴含着人类学习能力弱化的风险，这也是我们在使用这一先进工具时要时刻保持警惕的原因。同时，人文社会科学研究更大的价值在于要对大模型可能产生的系统性风险加以全面研究，这便是笔者所强调的智能人文社会科学的初衷所在。

注释

1 ChatGPT 可以被看作是 GPT3.5 的版本。2023 年 3 月，GPT-4 发布。有消息称，GPT-5 已经完成训练，预计会在年底发布。本书为了讨论方便，将其统称为大模型技术。

2 Bernard Stiegler, *Technics and Time, 1: The Fault of Epimetheus*, translated by Richard Beardsworth and George Collins, Stanford: Stanford University Press, 1998, p. 135.

3 Hartmut Rosa, *Social Acceleration: A New Theory of Modernity*, translated by Jonathan Trejo-Mathys, New York: Columbia University Press, 2013, p. 71.

4 Paul Virilio, *Polar Inertia*, translated by Patrick Camiller, London: SAGE, 2000, p. 82.

5［法］保罗 · 维利里奥:《无边的艺术》，张新木、李露露译，南京大学出版社 2014 年版，第 61、89 页。

6 来自黄仁勋于2023年3月英伟达（NVIDIA）GTC开发者大会上的演讲，详见 https://www.nvidia.com/gtc/keynote/?nvid=nv-int-cwmfg-877214，访问时间：2023年3月30日。

7 主动学习即学生进行有意义的学习活动，并思考自己在做什么。关于主动学习的有效性，详见 Michael Prince, "Does Active Learning Work? A Review of the Research," *Journal of Engineering Education*, Vol. 93, No. 3, 2004, pp. 223–231。

8 对于"平庸之恶"，阿伦特指出，作恶者并非"一心想做恶人"，他的行为本身没有任何动机且算不上是犯罪。他明白发生过什么，但从未意识到自己在做什么；他并不愚蠢，但他并不思考。详见 Hannah Arendt, *Eichmann in Jerusalem: A Report on the Banality of Evil (Revised and Enlarged Edition)*, New York: Penguin Books, 1994, pp. 287–288。

9 马克思指出，"自然界没有制造出任何机器……它们是人类劳动的产物，是变成了人类意志驾驭自然的器官或人类在自然界活动的器官的自然物质。它们是人类的手创造出来的人类头脑的器官"。《马克思恩格斯全集》第46卷（下），人民出版社1980年版，第219页。

10 Bernard Stiegler, *Technics and Time, 1: The Fault of Epimetheus*, translated by Richard Beardsworth and George Collins, Stanford: Stanford University Press, 1998, pp. 114–116.

11 近期相关讨论比如，Chris Stokel-Walker & Richard Van Noorden, "What ChatGPT and Generative AI Mean for Science," *Nature*, Vol. 614, 2023, pp. 214–216。中国学者中，鄂维南院士是国际上最早推动 AI for Science 研究范式的人之一。在他看来，AI for Science 给人工智能提供了新的主战场，即传统的科学领域成为人工智能的主战场。详见鄂维南：《AI for Science：一场正在发生的科技革命》，https://bda.pku.edu.cn/info/1003/2083.htm，访问时间：2023年3月30日。

12 参见新华网：《科技部启动"人工智能驱动的科学研究"专项部署工作》，http://www.news.cn/politics/2023-03/27/c_1129468666.htm，访问时间：2023年3月30日。

13 正如维特根斯坦所说，"只要我们的记号语言中一切都得到正确处理，我们也就有了一个正确的逻辑观点"。[奥]路德维希·维特根斯坦：《逻辑哲学论》，贺绍甲译，商务印书馆2009年版，第50页。

14 Gilles Deleuze, *Difference and Repetition*, translated by Paul Patton, New York: Columbia University Press, 1994, p. xix.

15 Sam Altman, "Planning for AGI and Beyond," https://openai.com/blog/planning-for-agi-and-beyond，访问时间：2023年3月30日。

16 Alvin Toffler, *Future Shock*, NewYork: Bantam, 1971, p. 468.

17 Karl E. Weick, "Theory Construction as Disciplined Imagination," *Academy of*

Management Review, Vol. 14, 1989, pp. 516–531.

18 井润田、孙璇:《实证主义 vs. 诠释主义：两种经典案例研究范式的比较与启示》，载《管理世界》2021 年第 3 期，第 209 页。

19 高奇琦:《人工智能的学科化：从智能科学到智能社会科学》，载《探索与争鸣》2018 年第 9 期，第 84—90 页；高奇琦:《智能社会科学的诞生与发展之路》，载《上海交通大学学报（哲学社会科学版）》2020 年第 4 期，第 14—18 页。笔者在之前的讨论仅仅提到智能社会科学。在本书的撰写过程中，笔者强烈地意识到人文科学对于智能发展的特殊意义，因此将人文科学也纳入进来，并提出“智能人文社会科学”的概念。

20 郁振华:《人文学术如何迎接技术时代》，载《探索与争鸣》2019 年第 4 期，第 6 页。

21 该说法来自其 2013 年的一场 TED 演讲，详见：https://www.ted.com/talks/elon_musk_the_mind_behind_tesla_spacex_solarcity，访问时间：2023 年 3 月 30 日。这一观点的来源最早可以追溯到亚里士多德，见［古希腊］亚里士多德:《物理学》，张竹明译，商务印书馆 1982 年版，第 15—16 页。

22 参见［德］胡塞尔:《哲学作为严格的科学》，倪梁康译，商务印书馆 2010 年版，第 68 页。

23 经济学目前相关研究进展见洪永淼、汪寿阳:《人工智能新近发展及其对经济学研究范式的影响》，载《中国科学院院刊》2023 年第 3 期，第 353—357 页。

24 社会学有关数字与智能技术相关影响已有的研究例如，Marion Fourcade, “Ordinal citizenship,” *The British of Sociology*, Vol. 72, No. 2, 2021, pp. 154–173; Jenna Burrell and Marion Fourcade, “The Society of Algorithms,” *Annual Review of Sociology*, Vol. 47, 2021, pp. 213–237。

25 政治学目前已有的相关研究包括，高奇琦:《国家数字能力：数字革命中的国家治理能力建设》，载《中国社会科学》2023 年第 1 期，第 44—61 页；高奇琦:《智能革命与国家治理现代化初探》，载《中国社会科学》2020 年第 7 期，第 81—102 页。

第二部分

大模型时代的国家治理、全球治理与政治经济学

第五章

大模型技术与国家治理现代化：基于秩序、赋权与创新的框架

平等应当不仅仅是表面的，不仅仅在国家的领域中实行，它还应当是实际的，还应当在社会的、经济的领域中实行。

——恩格斯《反杜林论》[1]

今天，技术合理性已经变成了支配合理性。它具有社会与自身异化的强制本性。

——马克斯·霍克海默和西奥多·阿多诺《启蒙辩证法》[2]

治国无法则乱，守法而弗变则悖，悖乱不可以持国。

——吕不韦等《吕氏春秋·察今》

本章所关心的核心问题是，大模型技术会对国家治理现代化产生何种影响？为了较为系统地讨论这一问题，笔者将在秩序、赋权与创新的理论框架下展开。首先，笔者对 GPT 的技术特征及其所代表的通用大模型的革命性意义进行引入性的讨论。其次，笔者将理解国家治理现代化的三个维度定义为秩序、赋权和创新。再次，笔者将分别讨论大模型对秩序系统、赋权系统和创新系统的复杂性影响。最后，笔者将系统讨论通用人工智能与中国国家治理现代化之间的关联。

以 GPT 为代表的通用大模型及其革命性意义

ChatGPT 是 GPT 系列的一个版本。GPT 是 Generative Pre-trained Transformer 的缩写，其为美国 OpenAI 公司开发的人工智能通用大模型。到目前为止，GPT 系列主要发布了五个版本，分别是 GPT-1、GPT-2、GPT-3、GPT-3.5 和 GPT-4。GPT-4 是 OpenAI 最新发布的版本，而 ChatGPT 是 GPT-3.5 版本。在 ChatGPT 之前 GPT 曾经发布了三个版本，但这三个版本都未受到人们的广泛关注。GPT 模型是 OpenAI 在谷歌 2017 年推出的 Transformer 之上的改进模型。谷歌在 Transformer 基础上推动的 BERT 框架所基于的是编码（encoder）模型，而 GPT 所采用的则是解码（decoder）模型。[3] 这是完全相反的两种技术路径。之前技术界更看好谷歌的 BERT 框架，然而在 ChatGPT 火爆之后，技术界才重新认识到 GPT 在上下文对话方面的优势。

ChatGPT 之所以受到人们的广泛关注，其核心原因是公众似乎感受到了通用人工智能突破的可能性。2016 年 AlphaGo 对战李世石同样也是人工智能发展历史上的一个标志性事件。但 Deepmind 公司开发的 AlphaGo 仍然属于弱人工智能，尽管其可以在围棋对战这样的超级智力竞赛中碾压人类对手。与其相关的一个重要理论是莫拉维克悖论（Moravec's paradox），即人工智能尽管可以在专业领域战胜人类，但是其智力却无法达到一个儿童的感知和行动能力水平。[4] 换言之，人工智能无法完成通用性的任务。然而，ChatGPT 的出现似乎让人们看到了莫拉维克悖论突破的可能性。例如，斯坦福大学教授米哈尔·科辛斯基（Michal Kosinski）认为，ChatGPT 已经具备相当于 9 岁儿童的心智水平。[5] 尽管目前 ChatGPT 还不能被定义为通用人工智能，然而其确实在很大程度上已经使人们看到了通用人工智能到来的可能性。这便是近期 ChatGPT 引起人们重要关注的核心原因。ChatGPT 主要是语言的多任务模型，这里的多任务包括对话、翻译、问答、自动摘要等内容，而 GPT-4 则是多模态大模型，其将视频、语音、图片等信息都整合到这一大模型的框架之内。GPT-4 的底层逻辑是将所有的相关信息都变成 token，而这样人类的信息就更加便于机器计算。[6]

大模型技术可以被看作是一场新的生产力革命，而整个世界政治经济的格局会重新调整。从互联网阶段到移动互联网阶段，中国积累了部分优势，特别是在移动互联网阶段，某些移动应用（如微信和支付宝）都表现出具有世界性的影响力和竞争力。这部分

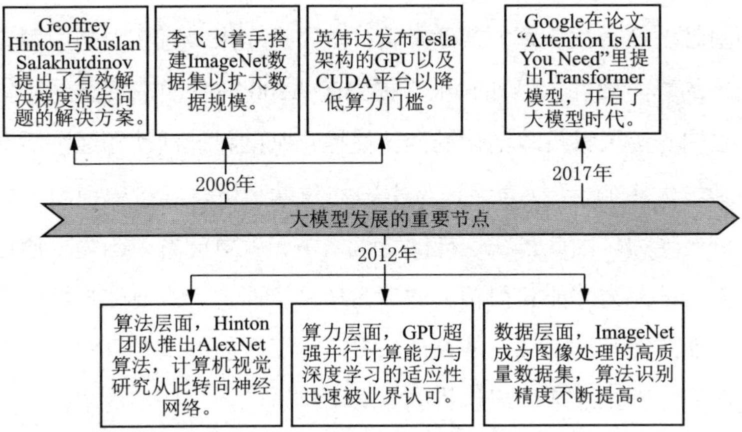

图5.1　大模型发展的重要节点

资料来源：Toloka Team, “The History, Timeline, and Future of LLMs,” June 26, 2023, https://levelup.gitconnected.com/the-brief-history-of-large-language-models-a-journey-from-eliza-to-gpt-4-and-google-bard-167c614af5af; Armin Norouzi, “The Brief History of Large Language Models: A Journey from ELIZA to GPT-4 and Google Bard,” June 1, 2023, https://levelup.gitconnected.com/the-brief-history-of-large-language-models-a-journey-from-eliza-to-gpt-4-and-google-bard-167c614af5af，访问时间：2023 年 10 月 17 日。

竞争优势的出现首先基于中国广大的市场以及众多人口的规模效应。然而，大模型技术的出现可能在很大程度上打破了中国在移动互联网阶段形成的规模效应和统一大市场效应。从技术层面来讲，ChatGPT 的成功是算力、算法和数据的合成效应所致。从算力条件来看，这样的大模型在预训练阶段就需要上万块 A100 芯片集成在一个巨大的计算集群之中，而在国内只有少数几家头部互联网企业勉强具备相关能力。从算法条件来看，ChatGPT 的成功是在卷积神经网络（CNN）、循环神经网络（RNN）、转换器模型（Transformer）以及 GPT 模型等基础之上不断的发展起来的。而这样的模型还在不断地调优和发展之中。从数据条件来看，ChatGPT 的成功与英文世界拥有数量庞大的高质量知识有很大关系。

然而，就这三个条件来看，中国目前在这三个方面都面临一定的困难。第一，从算力条件来看，美国近年来一直在限制中国获得相关的算力硬件。例如，上文提到的 A100 芯片便在美国的禁售范围之内。美国科技政治化的做法使得正常的科技活动和经济活动都受到较大影响。[7] 换言之，从美国的角度来讲，其希望锁闭这样的先进生产力。因此，在这样的背景之下，就意味着中国需要通过更多自身的能力才能获得相关的算力条件，而这一点要在短期内突破同样非常困难。第二，从算法来看，人工智能的重要算法进展都是在西方头部企业或科研机构的主导下推进的。这些推进中都有大量华裔科学家的参与，期待中国的科研机构或公司在算法的原始创新方面有进一步的突破性进展。第三，从数据来看，中文世界可以用于知识性训练的数据明显不足。同时，在进入移动互联网阶段之后，由于人们交互产生的大量数据都掌握在各种移动 App 的巨头手中。在互联网阶段，大量的信息是以网页的形式呈现的，这就意味着这些数据都可以作为开放数据被抓取而用来训练。然而，在移动互联网的 App 之中，由于数据保护等原因，数据抓取是非常困难的，这些都是高质量的知识类数据不足的原因。[8]

因此，整体来看，目前美国在大模型这样的通用型技术方面已经表现出某种单极时刻的霸权地位，并且美国希望通过一系列科技政治化的手段和科技价值观联盟将这样的先进生产力锁闭在一定的范围之内。从更为深远的意义来讲，美国希望通过运用这种先进的生产力，重组世界政治经济格局。换言之，传统意义上的世界分工在美国的新安排之下可能不再必要。传统上由发展中国家提供的廉价劳动力工作都可以由人工智能来代替。对于美国而言，其只需要拥有充足的能源和少数的科技精英就可以实现传统意义上由世界分工构成的世界政治经济体系。

理解国家治理现代化的三个维度

笔者将国家治理现代化定义为一种体系性的运动过程。这一体系包含秩序系统、赋权系统和创新系统三大部分。[9] 秩序系统在国家治理的初期即国家构建的过程中至关重要。秩序系统的内核有两大内容。一是财税体系的构建，即通过构建财税体系，国家得以获得制度性地从社会汲取资源的能力，这是国家运行的基础。如果国家不拥有最基本的资源汲取能力，那么国家机构都不能正常地进行运转。二是垄断暴力。在人类社会早期，暴力是私人化的。霍布斯所描述的自然状态便是一种实行丛林法则的强冲突状态。在这种强冲突状态之下，个体必须自己保护自己，这就使得个体不可避免地要运用暴力。[10] 而现代国家的建立则是垄断暴力的过程。换言之，在现代国家的框架之下，个体不再拥有使用暴力的权利。即便个体受到他人的侵犯，也需要诉诸国家，让国家用暴力工具保护并实现个体自身的权益。[11] 在财税系统和暴力垄断的基础之上，国家就可以构建起基本的政治秩序。

赋权系统则是在现代国家发展到一定阶段之后的产物。在现代国家的早期（如西方的绝对主义王权时期），权力集中化是其普遍特征。然而，伴随着现代国家的发展，民众的权利意识进一步增强，赋权就成为关键性内容。这里的赋权包含两方面内容，一是各种权利的赋予，二是各种保障的赋予。权利赋予的关键是要通过法律和相关制度进一步明确公民以及国家公职人员的权利和义务关系，并通过民主制度的展开赋予公民充足的权利来避免权力的过度集中化。[12] 因此，在国家构建完成之后一段时间，接下来的主要任务就是赋权系统的发展。此外，这种赋权不仅仅体现在权利赋予这种形式性内容之上，还要体现在实质性内容之上，这便是保障性利益的赋予。换言之，国家还需要通过进一步增加公民福利来为国家治理的合法性和持久性提供支撑。

就西方政治思想史的发展来看，霍布斯更多描述的是秩序系统建立的意义。正因为自然状态和丛林法则的存在，需要建立一个秩序系统来结束自然状态。然而，在这样的秩序系统建立之后，必然面临合法性问题。国家作为人类命运共同体的一个新形式，需要不断通过增加公民的权利和保障性利益来证明自身治理的合法性，而后者更多是由洛克来加以阐述和分析的。赋权系统可以大大增加公民对国家的认同，然而却不可避免地产生成本过高的问题。无论是增加公民的权利还是增加公民的福利都需要依赖国家有充足的剩余。如果国家没有充足的剩余，也就无法保障权利的实施和社会福利的分配。这意味着创新系统变得至关重要。

创新系统的意义在于其可以不断产生新的增值领域。国家可以从增值领域中获得更多的剩余，并将其用于秩序系统的维护和赋权系统的权利保障和财富分配。对创新概念作出较大贡献的学者是约瑟夫·熊彼特（Joseph Schumpeter）。熊彼特认为，创新会产生某种创造性破坏。[13] 对于国家竞争而言，创新可以使得技术领先的国家在整个世界经济竞争中处于上游的产业地位。[14] 通过先发优势和话语权构建，具备创新力的国家可以通过产业优势获得更多的国家剩余。这种国家剩余可以通过税收或投资收益等不同的方式获得。创新系统是国家保持持续性和韧性的关键。如果国家不能获得有效的系统创新能力，其就不能将更多的国家剩余投入赋权系统和秩序系统。这三大系统处在一种动态的关系之中。

秩序打破与再秩序化：大模型技术与秩序系统

上一部分讨论了理解国家治理现代化的三个维度。这部分将从第一个维度即秩序系统入手讨论大模型对秩序系统可能产生的影响。

大模型技术的出现可能会对传统的知识秩序产生打破效应。人类社会在发展过程当中产生了一套完整的知识秩序。知识秩序的核心是学术体系，学术体系的外围是教育体系。简言之，知识秩序主要由学术体系和教育体系构成。然而，大模型技术的出现对学术体系和教育体系都会形成巨大冲击。[15] 因为大模型所代表的是一种全新的知识生产模式。传统的知识生产是以人为中心的。传统知识生产的核心是学者。首先，从教育体系中通过非常严格的培养和遴选机制产生备选学者，然后备选学者在学术体系中同样需要经过不断的遴选和评价才能够成长为知识权威。这里需要特别说明的是，知识秩序和政治秩序的关系。知识秩序是一个更大的范围，类似于波普尔所讲的世界三。[16] 政治秩序是知识秩序中最重要的一部分，其涉及国家治理活动。对于国家治理而言，其同样需要建构完整且统一的政治秩序才能有效地维系政治系统的稳定。同时，在政治秩序之外的其他知识在很大程度上也会有助于政治系统的稳定。换言之，政治秩序是与知识秩序紧密结合在一起的。

然而，大模型的出现却可能将传统的知识秩序完全打破，并重构一种新的知识权威。在新的架构之中，大模型本身就是新的权威。OpenAI 开发的 ChatGPT 目前已经嵌入微软的必应搜索引擎之中，这会重构搜索的方式和生态。之前，人们在互联网世界中查找信息主要依赖于搜索，而搜索仍然是一种互联网页面提供各种可能性而人在其中进行自主选择的过程。然而，在大模型的影响之下，未来的搜索将会被结果替代。换言之，用户不再需要搜索，只要提出问题，就会得到通用大模型给出的一个相对确定的结论。这个结论就是知识秩序本身。这实际上产生了一个新的问题。在传统的知识秩序中，当人们遇到困扰时，往往希望求助于各个领域的专家。专家的实质就是该领域的知识权威，这是传统知识秩序的特征。然而，在新的知识秩序中，人们可能不再需要求助于专家而是直接求助于大模型。大模型具备百科全书式的通用特征，并且其似乎可以直接给出一个用户不需要再做更多思考的结论。从用户的角度来讲，无论是从便利性还是实用性角度出发，这种大模型提供的新的公共服务可以被视作用户的福音。尽管目前 GPT 系列在回答人类用户的问题时，有时还会强调自己的机器人身份，同时也会声称自己不愿意参与某些价值判断并强调自己的局限性，然而伴随着大模型不断与人类价值观对齐，以及在人类用户输入大量的反馈之后，大模型的精准度毋庸置疑会不断提高。换言之，按照这个趋势发展下去，大模型成为知识权威是毫无悬念的。

然而，通用大模型的出现也产生了一系列新的问题。例如，通用大模型生产的知识是否会存在知识产权问题？对此，诺姆·乔姆斯基（Noam Chomsky）认为，ChatGPT 是大规模的公开抄袭，并将导致不公平的竞争。[17] 传统的知识秩序是在几百年的发展过程中逐渐固定下来的，而一个学者的培养同样需要很长时间。然而，一旦我们把知识权威的位置交给大模型，那我们是否还需要保留传统的知识秩序？传统知识秩序的崩塌是否会导致政治秩序的失效？对这一系列问题的回答是困难的。然而，我们相对可以确信的是，对传统知识秩序的打破，将会对原有的知识生产等一系列工作产生巨大的干扰。如果在这一过程中问题解决不好的话，不可避免地会产生政治失序的问题。当然，笔者在这里并不是持有一种技术保守主义的态度，即完全否定对新技术的应用。笔者强调的是，可以在新技术运用的过程中，对其可能产生的风险进行有效的预判和应对。

因此，我们在接受大模型技术的同时一定要考虑到在其影响之下可能会对秩序系统产生的重构效应，并通过积极和建设性的做法重新构建一种新的秩序。例如，目前知识产权界对人工智能生成物的态度是不予理睬，即并不认为人工智能生成物具有某种知识产权。[18] 这可能会导致至少两种复杂的后果。第一，其可能会导向一种普遍意义上的去知识产权化。换言之，在未来可能会走向一种知识产权共有的状况，即人类社会不再强调知识产权。按照这一观点，知识是人类社会共同产生的，应该由人类社会共同享有，这样可以在更大程度上促进人类的知识创造。然而，这一观点的问题在于其可能会挫伤创新者的积极性，同时也可能会使剽窃和抄袭成为常态。那这是否会最终影响到创新本身？第二，可能在未来会形成知识产权的两个世界。一个世界是知识产权保护的世界。这里仍然适用的是之前的知识产权规则，其保护的是人类行为体所产生的知识性作品。另一个世界则是去知识产权保护的世界。其中适用的对象是那些人工智能生成物。这种思路的问题在于，未来可能会出现大量的中间物。用吉奥乔·阿甘本（Giorgio Agamben）的概念来表达的话，其会表现为一种例外，但似乎又会被常态捕捉的状态。[19]换言之，当人们运用大模型或AIGC的工具来生成某些生成物时，完全将其界定为人工智能生成物可能也是不准确的。因为其中同样蕴含了人类的提问。另外，有些人工智能生成物是在人类反复的提问以及不断地调整基础上产生的，这同样凝结了人类的诸多劳动。那么如何对这些生成物进行知识产权上的定义就会成为一个新的问题。

另外，大模型的出现还会产生一些其他问题。例如，当年轻人在使用了大模型之后，是否还会愿意像自己的前辈那样进入传统的知识生产秩序。对于年轻人而言，目前要获得一个结论只需要一个或几个提问，而要成为传统的知识权威则需要通过几十年的训练和培养。另一个相关问题是，对于用户而言，其是否还会相信传统的知识权威，或者是认定大模型就远远优于那些传统的知识权威？换言之，通用大模型的出现似乎扰乱了传统的知识生产秩序，而新的秩序并未完全建立起来。哪怕我们有很强的再秩序化的愿望，那也是极为困难的。如果大模型成为秩序本身，那么一个延伸的观点就是控制大模型就可能会控制秩序，这又会产生新的政治秩序问题。目前控制GPT大模型的巨头公司是OpenAI和微软的联合体。当然，在此之外也会涌现出其他的大模型。这些大模型都会首先被控制在相关的企业手中。其中产生的一个问题是，政府是否有充足的力量驯服这些大模型。未来，这些大模型可能会决定政治结果。大模型是在人类语料的基础上被训练出来的，因此大模型本身带有某种竞争倾向和政治倾向。例如，一些报道已经明显指出，在与ChatGPT或GPT-4聊天时，如果用户提及谷歌的产品时，其会表现出非常强的竞争情绪。另外，一些用户也反映GPT系列有明显的政治倾向，即倾向于民主党政府。[20]因此，在未来，同样会出现围绕大模型的激烈政治竞争。从目前的技术特征来看，在西方的政治选举中，谁控制了大模型，谁就能够控制政治竞争的结果。

平权运动与再剥夺：大模型技术与赋权系统

大模型技术可以产生巨大的赋权效应。英伟达创始人黄仁勋曾发表过一个经典观点，他认为在GPT的辅助之下，人人都可以成为程序员。[21]当然，这是一个理想主义的观点。但是，从一个侧面也表达了GPT系列在编程方面的巨大能力。只要人们输入提示，GPT就可以生成相应的代码。用户可以运行这段代码来验证自己的目标是否完成。并且，用户还可以提出新的要求或增加新的任务。如果GPT提供的编程中出现bug，用户也可以提示GPT进行自动调整。换言之，即便是一个从来没有学习过编程语言的人，同样可以在GPT的辅助之下开发网页前端或编写一些游戏程序。因此，黄仁勋的说法也并不是天马行空。并且，个体可以在大模型技术的辅助之下，更加便捷和快速地学习编程的一些基本知识。这样的道理可以延伸到其他领域。例如，人人都可以成为画家，人人都可以成为诗人。换言之，通用大模型具有公民赋权效应，这会为政治参与社会变革提供更多路径。在人类绝大多数的政治发展阶段中，公民由于其政治能力的不足，往往会羞于表达。换言之，政治表达需要较高的政治素养和表达技巧，而受教育程度不高的公民往往会因为其自身能力的不足而抵制或是消极地参与政治过程。然而，在GPT系列的辅助之下，我们似乎进入了一个表达的新时代。这一点之前已经有了一些端倪。例如，自媒体的崛起实际上将人类社会带入了一个深度媒介化的时代，这是新闻传播学最为关心的主题。[22]整个人类社会都变成了一种媒介，而每个个体都可以成为媒介的新中心。深度媒介化所表达的是一种空间意义上的表达革命，而大模型技术则为这种表达注入了真正的知识和内容。大模型技术的典型特征是低门槛。只要有最基本的文字表达能力，以及掌握一些最基本的提问技巧，就可以引导大模型生成更加正式和规范的文字内容。因此，每个公民都可以被这种规范的政治表达能力武装起来。因此，在通用大模型技术的武装之下，人类政治社会将进入一个深度政治表达的时代。每个个体都可以就社会现状和政治现象发表自己的观点，清晰表达自己的诉求，甚至还可以用文学的方式来表明其态度或立场。换言之，在使用了大模型之后，就人们表达的内容来看，也似乎进入了一个更加平等化的时代。这实际上更加接近于直接民主的理念。而其中又会潜藏新的风险，典型者如表达的庸俗化问题。换言之，在大模型技术辅助下的表达，究竟是个体的表达还是技术的表达，抑或是资本的表达？

这里会存在一种再剥夺的问题。当人们把所有的问题都抛给大模型并由大模型统一生成文案，这是否会导致一种表达的庸俗化？大模型目前内在的算法黑箱和鲁棒性等问题并没有得到很好的解决，但人们可能会对大模型形成深度依赖。[23]因为这样的平权效应的诱惑是巨大的，最终这是否会不可避免地导致技术统治或资本统治？恰恰这也是我们要时刻保持警惕的原因，因为在对技术过度使用之后，有可能会导致人的堕落问题。因为人的自身的发问能力和表达技巧可能会在通用大模型的辅助之下逐步退化，看似每个个体都充分参与了政治表达，但实际上这样的政治表达是在大模型处理之后的结果。当人们把所有的问题都交给大模型，那么人是否会变成赋权之后的“空心人”？人的意义究竟在哪里？这都是我们需要深刻思考的问题。

创新革命还是创新堕化？大模型技术与创新系统

如前所述，创新系统是一个国家维系秩序和不断增加赋权的关键。只有不断通过在世界政治经济格局中的创新努力，才可以使自己的整体产业和国家创新能力居世界前列，才能够在国际政治经济竞争中得到更加有力的利润分配。因此，创新系统对于国家而言至关重要。因此，这里的问题是，大模型技术对创新系统会产生何种影响？

一些观察者对大模型可能产生的创新效应是非常乐观的。他们认为，大模型无疑会带来新一轮的创新革命，因为大模型的本质是人工智能的新进展，而人工智能的基本逻辑就是对重复的人力工作进行替代，这似乎会出现一种马克思所讨论的新图景，即自由人联合体的图景。换言之，原先的重复工作由机器人来完成，而人可以获得更多的自由时间，那么自由人可以用这些自由时间来进行更多的真正的创新活动。[24] 从这个意义上讲，未来可能会出现的一种情形是“人人皆可为学者”。换言之，如果未来自由人获得更多的自由时间之后，其并没有学习的动力，而是将大量的自由时间用于一些无意义的活动或是破坏性的活动，这都不是我们所希望看到的。因此，在大模型的影响之下，一个创新革命的图景似乎已经展开。目前在自然科学界已经提出了 AI for science。[25] 在笔者看来，这不仅仅是 AI for science，很可能会变成 AI for everything，因为就目前人类可以想到的工作和任务，似乎都可以由机器来完成。

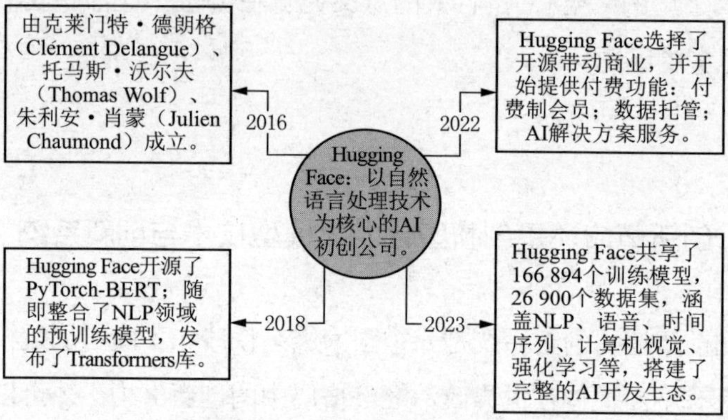

图5.2　Hugging Face的成功之路

资料来源：Ben Lutkevich, “Hugging Face,” September 2023, https://www.techtarget.com/whatis/definition/Hugging-Face，访问时间：2023 年 10 月 17 日。

那么，其中就蕴含了一个新的风险，即创新堕化的风险，涉及一个关键问题是：创新是如何产生的？大量的研究认为，创新是基于较多的重复和练习基础之上涌现的，这实际上是人类创新活动的基本规律。吉尔·德勒兹（Gilles Deleuze）曾经讨论过差异和重复的关系。差异是在重复的过程中产生的。[26] 或者用阿兰·巴迪欧（Alain Badiou）的概念来表述，创新是一种事件，即一种情势的溢出，一种未预期的结果。[27] 换言之，创新的前提是存在已有的情境。一个简单的例证是唐诗的创作。古人曾言，“熟读唐诗三百首，不会吟诗也会吟”。唐诗创作是一个较为复杂的艺术创作活动，需要练习者具有极高天赋，同时也需要练习者经过长期且高密度的重复性记忆和练习。创新的一个核心特征是涌现，是一种未预期的活动。因此，人们在把握创新活动时，也只能先进行长期的重复性活动，然后才能在一个未预期的环境下，偶然发现这些创新。因此，

表 5.1 伊利亚 · 苏茨卡弗参与的主要研究工作及其贡献

项目名称	主 要 贡 献
AlexNet	AlexNet 作为一种卷积神经网络（CNN）架构，由亚历克斯 · 克里切夫斯基（Alex Krizhevsky）、伊利亚 · 苏茨卡弗（Ilya Sutskever）和杰弗里 · 辛顿（Geoffrey Hinton）合作设计。苏茨卡弗等人参与了 ImageNet 大规模视觉识别挑战赛并获得冠军，突破了 75% 的准确率。在赢得 ImageNet 竞争后不久，苏茨卡弗等人将他们的初创公司 DNNresearch 公司卖给了谷歌。
AlphaGo	在谷歌，苏茨卡弗与 DeepMind 的研究人员开发了划时代的围棋计算机 AlphaGo。关于 AlphaGo 的论文于 2016 年发表在《自然》杂志上，苏茨卡弗是该论文的合著者之一。
GPT	苏茨卡弗领导了 OpenAI 对 GPT-1 的开发，该项目随后发展为 GPT-2、GPT-3 和 ChatGPT。通过自己对技术和人工智能发展的敏锐直觉，苏茨卡弗及时帮助 OpenAI 跟上 Transformer 的发展路线。
CLIP	苏茨卡弗与 OpenAI 团队的其他成员开发了一种名为 CLIP 的神经网络。它可以有效地从自然语言监督中学习视觉概念。
DALL · E	苏茨卡弗领导 OpenAI 发明了 DALL · E 1，这是一种人工智能驱动的图像生成模型。它使用与 GPT 模型类似的架构和训练过程，但应用于生成图像而不是文本。苏茨卡弗认为，人工智能将朝着多模态的方向发展。
Codex	苏茨卡弗与 OpenAI 团队的其他成员开发了 Codex，其作为一个通用编程模型，基本上可以应用于任何编程任务，例如转译、解释代码和重构代码等领域。

资料来源："AlexNet," https://en.wikipedia.org/wiki/AlexNet; Christian Szegedy, Wojciech Zaremba, Ilya Sutskever, et al., "Intriguing Properties of Neural Networks," arXiv:1312.6199, https://doi.org/10.48550/arXiv.1312.6199; Ilya Sutskever, et al., "Mastering the Game of Go with Deep Neural Networks and Tree Search," *Nature*, Vol. 529, 2016, pp. 484–489; OpenAI, "CLIP: Connecting Text and Images," January 5, 2021, https://openai.com/research/clip; AI Frontiers, "The Man Who Revolutionized Computer Vision, Machine Translation, Games and Robotics," August 30, 2018, https://medium.com/aifrontiers/the-journey-of-openais-founder-ilya-sutskever-s-story-486e96cd008f; Journeymatters, "Ilya Sutskever: The Brain behind ChatGPT," January 17, 2023, https://journeymatters.ai/ilya-the-brain-behind-chatgpt/，访问时间：2023 年 9 月 4 日。

如果我们没有经历长期的重复记忆的过程，即便是天才也很难写出那些绝世名篇。

这一案例对我们理解创新的启示是，一旦人们都已经完全适应了将所有的工作都化约给大模型的一个发问指令，那么人类的创新活动是否会堕化？换言之，人类在长期的实践活动中形成的一个重要能力是解决问题。然而，在大模型的影响之下，人们似乎把解决问题的能力交给了通用大模型，自己只保留了提出问题的能力。这里更大的吊诡之处是，实际上这样提出问题的做法似乎也可以由机器来代替。可以想见的是，未来一段时间一定会出现一个以问问题为中心的职业以及相关的培训，最终同样会出现一些专门问问题的机器人或相关程序。如果这样的话，最终创新活动就会变成一个机器人自问自答的过程。这无疑是一个令人担忧的未来前景。

通用人工智能与中国国家治理现代化的未来

中国的国家治理现代化最为典型的特征是多期叠加。首先，对于中国的多数地区而言，其仍然需要补工业化的课。除了少数经济较为发达的区域，绝大多数区域仍然需要进一步完成工业化。而对西方发达国家而言，工业化的任务已经在 20 世纪七八十年代完成。例如，西方学者所提出的后工业社会的概念就表明西方发达国家所进入的这一新的状态。[28] 另外，欧洲的英国和德国在 20 世纪 90 年代之前就完成了碳达峰，这也可以作为西方完成工业化的一个例证。因为在工业化的过程中，碳排放仍然会进一步增加，而碳达峰就意味着工业化已经完成或达到顶峰。[29] 同时，中国的现代化还承担了新工业革命的任务。换言之，中国不仅需要“补课”，还需要“开新课”。例如，近期中共中央、国务院发布的《数字中国建设整体布局规划》就明确表明，中国在数字经济以及数字化建设方面的引领目标和决心。换言之，我们目前处在第四次工业革命的门槛上。中国在第三次工业革命后期形成了自己的优势，如上文提到的规模优势和市场应用优势等。中国能否将这样的优势在第四次工业革命中进一步发挥，从而在新的工业革命中占据引领者的位置？这种引领便是上一部分所讨论的创新系统的核心内容。如果我们仅仅是追赶，那么就会永远处在世界产业分工的中下游，就无法获得更多的国家剩余。

正因为这种多期叠加的特征使得中国在国家治理现代化过程中面临多重困难。第一，现代化动员导致的系统性压力。塞缪尔·亨廷顿（Samuel Huntington）对这一点有非常全面的讨论。现代化的过程是一个社会动员和资源动员共同发力的过程。在这一过程中，民众的政治参与可能在短时间内集中爆发，这会对政治系统带来巨大的压力。如果政治系统缺乏足够程度的制度化，这种突然涌现的政治参与可能会使得政治系统崩溃。[30]

第二，后现代观念导致动力不足。在后现代观念兴起后，年轻人对政治参与的动力处于下降趋势。由于中国存在多期叠加的特征，而在一些相对发达的区域，已经出现类似于西方发达国家的后现代观念，并且这种后现代观念正在向其他地区产生传播效应。这种后现代观念更多强调自我认同和多元文化价值，并对那些在现代化过程中强调的观念如辛勤劳动、积攒社会财富等持批评或反对态度。从另一个角度来讲，其会对国家治理现代化的推动造成动力不足的问题。中国式现代化是涉及 14 亿人口的巨型现代化。尽管有些区域已经接近西方中等发达国家的水平，但一些地区却刚刚摆脱贫困。一旦后现代观念在全国范围内形成弥散效应，那这将会对中国式现代化的整体推进非常不利。

第三，原始创新的突破性进展较为困难。如前所述，中国同样需要在第四次工业革命中形成某种领导地位，而构成这种领导地位的基础是原始创新。尽管目前中国在某些领域已经表现出一些原始创新的潜力，例如在新能源领域、量子技术领域等，然而这样的领域还相对较少。人工智能技术是第四次工业革命的核心，而在人工智能领域目前中国的原始创新却是相对较少的。

整体来看，通用人工智能会成为未来最重要的基础设施，会成为中国推动国家治理现代化的最重要动力。无论是企业、社会团体还是政府都需要接入这一模型，因为其会在各个方面带来巨大的系统性效应，其可以大大促进国家治理现代化。改革开放以来我们通过参与世界性分工，并通过优先发展一些劳动密集型产业积累国家剩余，然后再逐步向产业链的高端攀升。伴随着社会生育率和生育欲望的显著下降，劳动力人口可能会处于下降的通道之中。在这样的背景之下，我们就需要深刻地思考通用人工智能技术对于国家治理现代化的意义。这意味着我们要将人工智能技术作为国家产业发展的重心。从这个意义上来讲，中国人形成自己的通用大模型技术就会变得至关重要。

从目前的情况来看，百度的文心一言与 OpenAI 的 GPT 系列的差距还比较明显，而这样的竞争才刚刚开始。尽管目前我们仍然面临算法、算力、数据以及高端人才等多方面的困难，然而，由于这一技术对于中国国家治理现代化的极端重要性，这使我们不得不去深刻地讨论这个问题。当然，通用人工智能的发展接下来会面临全球治理的问题，因为通用人工智能是一项“核武器级别”的技术，其产生的创造性破坏效应远远超出人们的想象。各国应该就通用人工智能的未来发展逐步形成一定的规则，[31] 否则，通用人工智能产

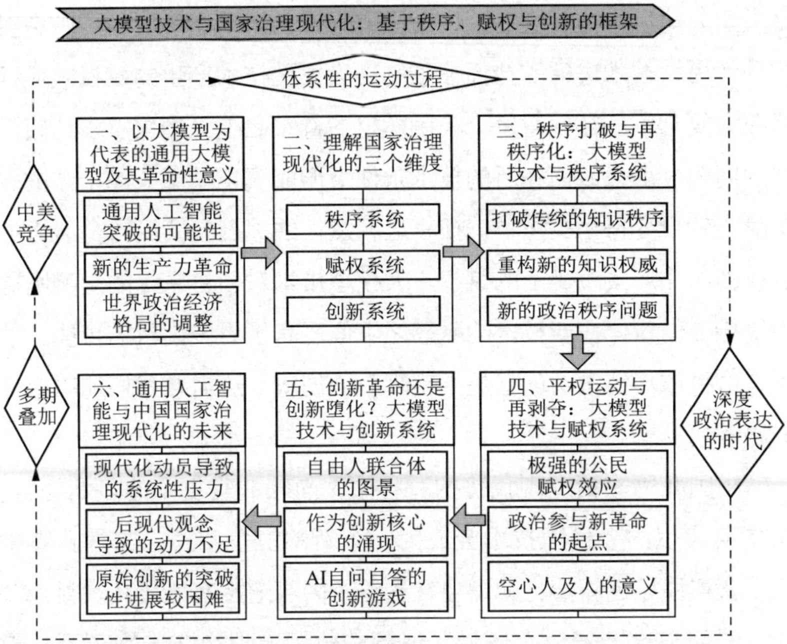

图5.3　大模型技术与国家治理现代化：基于秩序、赋权与创新的框架

生的巨大创造性破坏效应，可能会将人类文明的成果完全颠覆。因此，国家治理现代化的展开同样需要与全球治理进行密切的联动。

本章小结

大模型技术会对国家治理现代化产生非常复杂的影响。具体来看，大模型技术对传统的知识秩序和政治秩序产生打破效应。尽管国家可能会推动再秩序化，然而再秩序化的关键是，如何在大模型技术基础之上形成一个在一定程度上融合传统秩序的新型秩序系统。国家要维系已有的政治秩序就要对大模型产生的新的秩序力量进行捕获和重构，然而其中的困难在于，这样的大模型技术本身是由大型公司所掌握和驱动的，而国家为推动国际竞争的需要则会对这种大模型技术进行支持而非限制。大模型技术产生的赋权效应同样极为复杂，其在使得每个公民赋权的背景之下又产生了表达庸俗化的问题。那么如何在新的技术条件下形成真正基于公民个体的表达能力就会变得至关重要。换言之，赋权的关键是公民自身能力的赋权，而非形式意义上的赋权。大模型技术对创新系统的影响则更为复杂。创新体在新技术的赋权之下似乎有了更多创新的可能。然而，这种依赖技术的创新是不是真正的创新，这需要我们加以深刻的思考。

中国在国家治理现代化的过程中，面临非常复杂的多期任务。GPT 所代表的大模型技术会成为一个新的竞争赛道，这意味着中国要获得原始创新能力就需要在这一新的赛道上有所斩获。目前来看，我们在这一赛道上还处于追赶的位置，那么在未来可否从追赶到引领，这实际上涉及中国国家治理现代化的整体图景。具体来看，大模型技术会为国家治理现代化提供强劲的有效支撑，并可以用技术的方式来进一步强有力地推动现代化。同时，我们还要看到这一技术背后的创新性破坏效应，如其产生的表达异化和创新堕化的影响都可能会成为中国推动现代化过程中的新问题。另外，中国的国家治理同样需要与全球治理形成一定程度的联动。因为通用大模型产生的创造性破坏影响是世界性的，所以如何对这一技术形成全球性规制也会变得至关重要。因此，中国在推动其发展的过程中也要积极与国际规则互动，在通用大模型全球治理的进程中体现自己的参与度，并形成自己的话语权。

注释

1《马克思恩格斯选集》(第三卷)，人民出版社 2012 年版，第 484 页。

2 Max Horkheimer and Theodor W. Adorno, *Dialectic of Enlightenment: Philosophical Fragments*, translated by Edmund Jephcott, Stanford: Stanford University Press, 2002, p. 95.

3 Zhou Ce, Li Qian, Li Chen et al., "A Comprehensive Survey on Pretrained Foundation Models: A History from BERT to ChatGPT," arXiv preprint arXiv: 2302.09419, https://doi.org/10.48550/arXiv.2302.09419.

4 Vadim S. Rotenberg, "Moravec's Paradox: Consideration in the Context of Two Brain Hemisphere Functions." *Activitas Nervosa Superior*, Vol. 55, No. 3, 2013, pp. 108–111.

5 Michal Kosinski, "Theory of Mind May Have Spontaneously Emerged in Large Language Models," arXiv preprint arXiv:2302.02083, https://doi.org/10.48550/arXiv.2302.02083.

6 Zhang Chaoning et al., "A Complete Survey on Generative AI (AIGC): Is ChatGPT from GPT-4 to GPT-5 All You Need?" arXiv preprint arXiv:2303.11717, https://doi.org/10.48550/arXiv.2303.11717.

7 Chi Hung Kwan, "The China-US Trade War: Deep-Rooted Causes, Shifting Focus and Uncertain Prospects," *Asian Economic Policy Review*, Vol. 15, Iss. 1, 2020, pp. 55–72.

8 Ding Xiaodong, "To Whom Do Data Belong?—Data Ownership and Protection in the Context of Web-Crawlers," *Contemporary Social Sciences*, No. 6, 2020, pp. 134–155.

9 高奇琦:《智能革命与国家治理现代化初探》，载《中国社会科学》2020 年第 7 期，第 81—102 页。

10 Thomas Hobbes, *Leviathan*, Oxford: Oxford University Press, 1909, pp. 94–98.

11 Thomas Hobbes, *Leviathan*, pp. 128–132; pp. 238–239.

12 Robert A. Dahl, "Democracy and Human Rights under Different Conditions of Development," in Ashjorn Eide and Bernt Hagtvet eds., *Human Rights in Perspective: A Global Assessment*, Oxford: Blackwell, 1992, pp. 235–251.

13 [美] 约瑟夫・熊彼特:《经济发展理论》，何畏、易家详等译，商务印书馆 1991 年版，第 236—283 页。

14 Andrew Griffiths and Raymond Zammuto, "Institutional Governance Systems and Variations in National Competitive Advantage: An Integrative Framework," *Academy of Management Review*, Vol. 30, No. 4, 2005, pp. 823–842.

15 Manuel Trajtenberg, "Artificial Intelligence as the Next GPT: A Political-economy Perspective," In Ajay Agrawal, Joshua Gans eds., *The Economics of Artificial Intelligence: An Agenda*, Chicago: University of Chicago Press, 2018, pp. 175–186.

16 [英] 卡尔 · 波普尔:《客观知识：一个进化论的研究》，舒炜光、卓如飞等译，上海译文出版社 1987 年版，第 114—120 页。

17 Tech Desk, “Noam Chomsky Calls ChatGPT ‘Basically a High-tech Plagiarism’,” https://editorialge.com/noam-chomsky-slams-chatgpt/#:~:text=According%20to%20Noam%20Chomsky%2C%20a%20well-known%20intellectual%20researcher%2C,an%20indication%20that%20“the%20educational%20system%20is%20failing.”，访问时间：2023 年 4 月 5 日。

18 王迁:《论人工智能生成的内容在著作权法中的定性》，载《法律科学（西北政法大学学报）》2017 年第 5 期，第 148—155 页。

19 Giorgio Agamben, *State of Exception*, Chicago: The University of Chicago Press, 2005, pp.1–32.

20 Andy Meek, “OpenAI’s ChatGPT has A Major Political Bias, and it could Ruin Artificial Intelligence,” https://bgr.com/general/openais-chatgpt-has-a-major-political-bias-and-it-could-ruin-artificial-intelligence/，访问时间：2023 年 4 月 5 日。

21 Alex Woodie, “ChatGPT Puts AI At Inflection Point, Nvidia CEO Huang Says,” https://www.datanami.com/2023/03/22/chatgpt-puts-ai-at-inflection-point-nvidia-ceo-huang-says/，访问时间：2023 年 4 月 5 日。

22 陈龙:《深度媒介化趋势下新闻传播学科再定位和再调整》，载《社会科学战线》2022 年第 4 期，第 178—184 页。

23 Chen Xuanting and Ye Junjie, “How Robust is GPT-3.5 to Predecessors? A Comprehensive Study on Language Understanding Tasks,” arXiv:2303.00293, https://doi.org/10.48550/arXiv.2303.00293.

24 Spyros Makridakis, “The Forthcoming Artificial Intelligence (AI) Revolution: Its Impact on Society and Firms,” *Futures*, Vol. 90, 2017, pp. 46–60.

25 Philipp Berens and Kyle Cranmer et al., “AI for Science: An Emerging Agenda,” ArXiv abs/2303.04217, https://doi.org/10.48550/arXiv.2303.04217.

26 Gilles Deleuze, *Difference and Repetition*, Translated by Paul Patton, New York: Columbia University Press, 1994, pp. 1–28.

27 Alain Badiou, *Philosophy and the Event*, Translated by Louise Burchill, Cambridge: Polity, 2013, pp. 9–14.

28 Daniel Bell, “The Coming of Post-industrial Societ,” In David Grusky ed., *Social Stratification*, London: Routledge, 2018, pp. 1066–1077.

29 Dong Feng and Wang Ying et al., “The Process of Peak CO_2 Emissions in Developed Economies: A Perspective of Industrialization and Urbanization,” *Resources, Conservation and Recycling*, Vol. 141, 2019, pp. 61–75.

30 [美] 塞缪尔 · 亨廷顿:《变化社会中的政治秩序》，王冠华等译，生活·读书·新知三联书店 1989 年版，第 1—86 页。

31 Anna Jobin, Marcello Ienca, and Effy Vayena, “The Global Landscape of AI Ethics Guidelines,” *Nature Machine Intelligence*, Vol. 1, No. 9, 2019, pp. 389–399.

第六章

大模型技术的全球治理方案：一个技术多边主义的框架

无产阶级只有**在世界历史意义上**才能存在，就像共产主义——它的事业——只有作为“世界历史性的”存在才有可能实现一样。

——马克思和恩格斯《德意志意识形态》[1]

座架标志了现代技术的全球性发展，因而也就是形而上学的完结。

——贝尔纳·斯蒂格勒《技术与时间1》[2]

中也者，天下之大本也；和也者，天下之达道也。致中和，天地位焉，万物育焉。

——《礼记·中庸》

大模型技术已经产生了世界范围的影响，同时也出现了关于大模型技术的争论。例如，包括埃隆·马斯克（Elon Musk）在内的关注人工智能领域的企业家、学者与技术人员发起了一封公开信，呼吁暂停比 GPT-4 更强大的系统。[3] 另外，一些国家（如意大利）也已经宣布限制大模型技术的使用。总之，目前亟须一个全球治理的框架来对大模型技术发展可能产生的全球性影响进行全面评估。

为何大模型技术需要全球治理?

目前关于大模型技术的讨论更多集中在其可能产生的应用变革等方面，而从全球治理角度讨论的成果还比较少。笔者认为，大模型技术需要放在全球治理的框架下展开，主要原因如下：

第一，大模型技术产生的全球外部性使得全球社会的每一个公民都卷入其中。作为一种新型的生产力，其对人类社会产生了重大影响。这里以大模型技术对世界分工的影响为例。传统的世界性分工建立在传统的生产力基础之上，即发达国家提供先进技术，而发展中国家提供廉价的劳动力和商品销售市场，发达国家和发展中国家共同构成世界分工。然而，在新的大模型技术的框架之下，世界性分工可能会重构。大模型技术的本质是人工智能，其目的是对传统劳动力的替代。同时，大模型技术指向一切知识性的工作。[4] 在大模型相关技术（如 Copilot 等工具）的辅助之下，传统意义上由印度等国家来完成的软件外包等工作无疑都能够由机器直接完成。换言之，在传统的世界分工体系中，发展中国家在世界分工体系中似乎处于不利的位置，如其廉价的劳动力仅能换来非常微薄的收入，甚至其卷入世界分工体系这一结果也只是世界交往产生的一种副作用。在思考大工业发达国家和非工业性质国家之间的矛盾时，马克思和恩格斯曾认为，“一切历史冲突都根源于生产力和交往形式之间的矛盾”。[5] 然而，在新的大模型技术之下，这样的世界性分工可能会消失，即原来由发展中国家廉价劳动力完成的工作可能会完全被机器所取代。因此，这种技术变迁虽然是在发达国家内部完成的，但是其影响已经溢出发达国家的边界，对世界经济体系产生巨大冲击。大模型技术产生的各类效应会超越边界外溢到其他国家，使得发展中国家处于更加弱势的地位。发展中国家原本就长期面临着一系列发展问题（例如极端贫困、饥饿、疾病等），再加上劳动条件的丧失，这会使得这部分人口陷入更加脆弱的状态。正由于大模型技术这样一种全球性的外部性，大模型技术的使用问题就不能仅仅被看成是一种技术的应用问题，而应该被看作一种新型的全球性问题。

第二，在生产力竞速的背景之下，可能会导致治理规则准备不足。因为大模型技术是一种新型的生产力，而掌握这一新型的生产力就会获得生产力水平的极大提高，所以各国都不希望在这些先进生产力的研发和应用方面落后。各国在面对这一新的生产力工具时，往往都会采取加速的策略。这种集体加速最终导致的结果是一种集体的"竞速"，即每个参与者都不希望在速度竞争中失败。保罗·维利里奥（Paul Virilio）将这样一种状况概括为"速度圈"（dilatation）。[6]那些在竞争中失败的人会在新一轮产业变革中处于较为弱势的地位，因此任何一方都不希望竞速失败。在这种集体加速的背景之下，各国可能都会为大模型技术的落地应用准备极为优惠的条件，并鼓励这些技术的应用。那些采用了新技术的地方政府，也会将自己标榜为新技术的积极拥抱者。这种集体加速也很有可能导致人类社会整体对新技术带来的负面影响思考不足与准备不足。但凡对新技术的应用提出批评意见的人，可能都会被归入技术保守主义的行列。而这种集体竞速最终会导致人类社会在整体上缺乏对该技术破坏性效应的全面认识以及相关规则制定的准备。因此，蓝江呼吁我们应当为智能技术注入人文主义的内涵，并设定一个与人类共处的边界，使其能够遵守人类的习俗、道德、规范和法律。[7]

第三，应用非均衡性可能会加剧各国的冲突。在未来，由于各国在大模型技术上的态度不同，可能会出现加速主义与减速主义的争论。例如，美国是典型的加速主义国家，其在大模型相关技术的应用方面采取完全不作为的自由主义策略。在很大程度上，美国还会为整个技术的应用落地以及大规模的应用提供条件。这些技术代表的是最先进的生产力，其技术应用中也会产生巨大的技术红利，因此美国可以被看成是加速主义的主要推手。然而，一些规则观念较强的地区，则可能会出现对于大模型技术的激烈批评。意大利便是持这类态度的代表，而这一态度一定程度上也反映了整个欧洲的态度。这类国家往往强调要对大模型相关技术进行限制。然而，减速主义不可避免地会导致当地大模型技术在相关应用中处于相对落后的状态，而这种落后状态又会激发当地的众多争论。例如，其国内可能也会出现对于这种保守态度的激烈批评。总之，由于各国在大模型技术发展上的不均衡性，可能会出现在大模型发展上完全不同的态度，这都会引发各国围绕大模型技术展开激烈争论，而要协调这些争论就需要引入全球治理的框架。全球治理的意义在于其通过一种全球性的协调框架，使得人类在大模型技术发展过程中持一种相对一致的立场。这种一致的立场极为重要，因为人工智能（特别是通用人工智能）的发展会涉及全人类的利益。目前大模型的发展似乎已经让人们看到了通用人工智能在未来突破的可能性。而通用人工智能的发展，一方面可能会给人类社会带来巨大的科技进步和生产力的提高，另一方面也可能会对人类社会产生极为严重的颠覆性后果。而要有效地应对这一问题，就需要整个人类社会的行动相对地统一起来，这样才能对人工智能技术形成相对有效的制约。[8] 如果仅仅一部分国家对其采取规制的态度，而另一部分国家鼓励技术的发展和应用，这种步调不一致最终会加剧人类社会的分裂。最终，人类社会可能会在大模型技术的发展上产生巨大冲突，并可能导致整体性的政策失效。

表 6.1　主要国家或国际组织生成式人工智能相关政策法规汇总

国家或国际组织	发布时间	名　称	主要内容
联合国教科文组织	2023 年 9 月	《教育与研究领域生成式人工智能指南》（Guidance for generative AI in education and research）	主张在以人为中心的方法基础上寻求监管生成式 AI 的方法、步骤和政策框架。
中国	2023 年 7 月	《生成式人工智能服务管理暂行办法》	坚持发展和安全并重、促进创新和依法治理相结合的原则，采取有效措施鼓励生成式人工智能创新发展，对生成式人工智能服务实行包容审慎和分类分级监管。
澳大利亚	2023 年 7 月	《关于政府使用生成式人工智能平台的临时指南》（Interim guidance on government use of public generative AI tools）	负责任部署；透明度和可解释性；隐私保护和安全；决策以人为本、落实问责制。
英国	2023 年 6 月	《公务员使用生成式人工智能的指引》（Guidance to civil servants on use of generative AI）	要求公务员不得将机密、敏感或泄露政府意图的信息输入到生成式人工智能中；数据利用应该尊重 GDPR 的原则；
	2023 年 3 月	《教育领域中的生成式人工智能》（Generative artificial intelligence (AI) in education）	生成式 AI 使用得当可减少教育部门工作量，但同时应采取合理措施防范借助生成式智能的渎职行为。
欧盟	2024 年 1 月	《人工智能法》最终草案（EU Artificial Intelligence Act: Final Draft）	规定了基础模型提供者的义务，监管和治理重点在于尊重人格尊严、个人自由和保护数据及隐私安全。
美国	2023 年 1 月	《人工智能风险管理框架》（AI Risk Management Framework, AI RMF）	指导机构组织在开发和部署人工智能系统时降低安全风险，避免产生偏见和其他负面后果。

（续表）

国家或国际组织	发布时间	名　　称	主要内容
加拿大	2022 年 6 月	《人工智能和数据法》（Artificial Intelligence and Data Act，AIDA）	主张采用灵活的监管方式，监管重点在于隐私保护。在促进人工智能系统设计、开发和使用的安全性的同时，不扼杀负责任的创新。

资料来源：UNESCO, *Guidance for generative AI in education and research*, 2023, https://unesdoc.unesco.org/ark:/48223/pf0000386693；国家网信办等：《生成式人工智能服务管理暂行办法》，2023 年 7 月 10 日。

大模型的强外部性：对技术加速主义的批评

在 GPT 等大模型技术发展过程当中，会出现一种极强的“技术剥离论”。这种观点认为，需要将技术进步与社会影响相剥离，即那些对人工智能技术的推动者只需要考虑技术进步和技术发展，而不需要考虑这些技术的社会影响。在笔者看来，这种技术剥离论具有内在的问题，其持有的是一种不完整的世界观，因为技术本身是与社会紧密联系在一起的。我们只有持有一种整体的技术论，才能够更好地观察清楚大模型对人类社会的整体性影响。例如，作为 OpenAI 的竞争对手之一，Anthropic 在成立之后就接连发表了十多篇论文。其中，社会影响就是一个重要的研究方向。这里需要特别强调的是，大模型技术本身的强外部性。外部性是经济学中的一个概念，其所描述的是某事物产生的影响会外溢到其他领域。正外部性指的是正向效应，负外部性描述的是负向效应。笔者认为，大模型的强外部性主要体现在如下三个方面：

第一，失业。就业实际上是一个工业社会的概念。在工业社会之前，人类个体大多数是自我雇佣。而在工业大生产的条件下，才形成了数量巨大的、为工业化准备的劳动力。在工业化的发展过程中，会不断出现结构性失业。结构性失业是指某一些工作岗位在新的技术条件下整体上变得不再必要。例如，汽车的出现逐渐使马车夫这一工作受到影响。卡尔·弗雷（Carl Frey）等人在2017年曾针对700余种职业做过一次预测，其结果显示在未来的二十年内，美国接近一半的劳动者所从事的职业将有极高概率被替代。[9] 进言之，人类社会之前面临的失业问题绝大多数是结构性失业问题。这就使得人类社会有较长的时间逐步来解决这些问题。在结构性失业的影响之下，受影响的人只要进行技能再培训往往就能够获得新的工作岗位。然而，大模型技术产生的失业效应却不同于结构性失业，它很有可能会导向一种"全面性失业"。大模型技术所产生的替代效应针对的是整个知识性服务群体，即我们俗称的"高级白领"，这与传统的技术替代效应明显不同。传统的技术替代效应往往更多指向一些体力劳动者，而大模型所针对的恰恰是知识类工作者。譬如，穆宾·哈克（Mubin Haque）等人的研究表明，大模型最终将淘汰与内容创作相关的一些职业，如程序员、教授、剧作家和记者。[10] 从人类历史之前的经验看来，知识类工作是相对可靠的、稳定的和受到保障的。因此，这一次巨大的失业浪潮产生的负外部性，可能会远远超出人们的理解和想象。对于与人工智能相关的部门来讲，其实质是产生了一种快速提高效率的可能性。例如，Midjourney就可以实现瞬间生成图片。伴随着其生成图片的质量越来越高，这样的生成性图片就可以进入商业领域，例如漫画公司的插画师工作就受到明显冲击，这就出现了典型的负外部性。如果这样的受影响群体数量显著增加，那就会产生巨大的社会问题。而正是由于社会工作中的智能化比例持续提升，马尔科姆·弗兰克（Malcolm Frank）等人也坦诚道，我们人类不得不承认机器正在随时随地处于不断演进的过程中，并应该接受其在胜任不同种类工作上所展现的出色能力。[11]

第二，失序。大模型技术是作为一种新的知识生成技术而出现的，而这种新的知识生成对传统的知识秩序是一种打破。而在知识秩序的基础之上，整个政治秩序都会受到影响。另外，大量的生成类内容的出现同样会对传统秩序形成打破效应。这意味着大量的知识创造性活动可能会失去意义，同时大量的人工智能生成物会冲击人类传统的知识创造。例如，在大量的人工智能生成内容（AIGC）作画的影响之下，传统的插画师的工作会受到影响，那么年轻人便不再会以这一工作作为未来的发展方向。这都属于对传统知识秩序的打破。另外，这样的人工智能生成物还会进入人们的现实世界。例如，大量的虚假信息会涌入舆论场。这意味着，大量按照非现实的创造性或想象性场景生成的文本和信息，是人类社会即将面临的重大挑战之一。[12]

第三，失控。目前的 GPT-4 的技术已经表现出部分失控的特征。例如，一些使用者在与 GPT-4 的聊天过程中发现 GPT-4 会带有某种情绪性。同时，一些对话者会被 GPT-4 带到某些私人对话的领域。问题是，这样的技术如果进一步发展下去，会最终导向一个怎样的世界？一旦人工智能产生自我意识，这就需要为人工智能体的发展设定一整套全新的规制框架。人工智能体在接下来的发展速度会越来越快。这样的通用大模型在许多方面的表现已经接近人类。如果这类模型再进一步发展下去，可能会发展成尼克·波斯特洛姆（Nick Bostrom）所讨论的“超级智能”（Superintelligence）。[13]

正因为大模型技术存在巨大的负外部性，所以我们需要警惕技术加速主义。笔者将下述观点称为技术加速主义：技术的加速不可避免，技术发展的趋势是不能被限制的，且人类社会现有的手段也无法阻止技术的发展。技术加速主义主要有两类观点。一是反保守主义。这类观点认为不应该对技术进行限制。凡是对技术的限制都可以被称为保守主义。而保守主义观念最终会使得落后的观念成为人类社会的主导，因此技术加速主义往往主张不要对人工智能的技术发展进行任何限制。二是技术扩散论。技术加速主义同样还会强调，对人工智能的技术限制是不起作用的。该观点会援引目前人工智能技术发展的轻量化特点，例如大模型已经发展出了轻量化的版本。轻量化意味着用更少的算力就可以部署相应技术。换言之，从技术条件来讲，这类技术将不可避免地走向扩散。

笔者认为，技术加速主义的观点是有瑕疵的，其原因主要包括如下几点：

第一，限制是为了更好地发展。笔者反对这种“技术不可限制论”，而提出“规制发展论”。任何技术的野蛮发展都可能会导致发展的中止。如果大模型技术产生的巨大外部性效应在短时期内造成人类社会的巨大灾难后果，那么最终的结果是人们出于愤怒可能会完全终止这一技术。而从技术可持续发展的角度来讲，对技术的负面效应进行有效限制也是技术可持续发展的关键。[14] 这就像《暂停巨型人工智能实验》这封公开信所倡议的，让我们开始享受一个“人工智能之夏”（AI summer），而不是毫无准备地匆匆进入秋天。[15] 因此，对技术进行一定程度的限制并不完全等同于保守主义。我们要看到，以大模型为代表的通用大模型技术对人类社会中生产力提高所起的作用。正因为如此，我们并不希望人工智能技术的发展最终走向终止。而要使得这一技术在更加良性和可持续的框架下展开，就要给这一技术制定一整套完整规制，将其负面效应约束在人类社会可以接受的范围之内。

第二，技术扩散的可控性。技术扩散的基础在于其巨大的生产力效应。如果某种技术可以大大提高生产力，那么出于提高生产效率和节省成本的需要，这一技术自然就会具有扩散效应。然而，如果一些技术对人类社会产生巨大的负面效果，那么理性的行为体将联合起来限制技术的发展。一个典型的案例是核武器。核武器开发的初衷是为了大大提高武器的杀伤力。在军事冲突中，武器的杀伤力会决定破坏效果，从而会决定战争的结果。因此，出于提高破坏性的考虑，核武器便是一个较为经济的选择。然而，核武器产生的巨大破坏性效应使得人类社会大为震惊。因此，在核武器的使用过程中，就出现了一些限制性规则。尽管核武器相关的开发成本和技术门槛在目前的技术条件下已经大大降低，但我们目前看到的核武器技术还主要掌握在主权国家手中。按照人类社会在美苏冷战期间形成的线性逻辑，核武器开发应该是越多越好。然而，实际的情形是人们在感受到了核武器的巨大毁灭性的威胁之后，最终形成了核武器开发上的理性逻辑，即核武器可以在相互确保摧毁的基础之下逐步减少。帕特里克·摩根（Patrick Morgan）认为，基于这种理性假设的逻辑，行为双方会通过尽可能多的信息来计算成本和收益、成功和风险这两对相对关系，并依据理性对手的行为选择一种能产生最大收益或造成最小损失的行动方式。[16] 换言之，人类社会的诸多技术在发展过程中会逐步形成一些相应规则，而这些规则的前提是确保这些技术可以使得人类社会整体受益，而不是将整个人类社会推入毁灭的深渊。

OpenAI 的企业社会责任与国家介入

简言之，大模型已经不再是其自身的技术行为。由于其产生巨大的、广泛的社会效应，最终受影响的可能是整个人类社会。正因为这种巨大负外部性的存在，就使得 OpenAI 需要承担起其相应的企业社会责任。例如，OpenAI 应该开放所有与 GPT-4 以及可能正在开发的下一代大模型技术的相关技术细节，因为这样的外部效应会影响到每一个人。换言之，这样的技术开发不再是 OpenAI 的内部行为，而实际上已经成为人类社会整体行为的一部分，因为这样的技术开发本身会影响到人类社会的每一个个体。正是在这样的背景之下，技术细节的开放便不再是一种企业能够自愿选择执行与否的内部行为，而是一种基于人类道德准则的强制性行为。从这种意义上说，OpenAI 正在开发的下一代大模型技术在某种程度上可以类比于核武器。假设在动机不明的情况下，一个小型团体能够开发相应破坏力的核武器，那么出于国家安全的需要，这个小型团体的活动就不再是其内部的研发行为，而是需要从整体国家安全的角度来考虑，因此其行动就需要在相关安全部门的约束下展开。如果需要该团体公布相应的技术细节，其应该配合，以保证这样的技术不会导致人类的毁灭。OpenAI 开发的下一代大模型技术实际上就处在这样的一个阶段。当然，大模型技术有一个非常漂亮的外表，就是其会在很大程度上改善人类的工作条件，大大提高人们的劳动效率。正是出于这一点，人们都把山姆 · 阿特曼（Sam Altman）看成是技术创新的英雄。但如果从整体负外部性的角度来讲，我们会发现阿特曼可能并不是技术革新的英雄，而成了给人类社会创造巨大麻烦的威胁制造者。如果这一假设成立的话，那么 OpenAI 开发下一代大模型技术的细节就需要及时被公布出来。

如果前述的负外部性成立，那么大模型技术是比核武器影响更加深远的技术。从这个意义上讲，OpenAI 需要引入足够的外部专家，确保这样的技术发展进程在人类社会掌控的条件之下。当然，OpenAI 作为一个企业，其往往会不情愿主动履行这样的社会责任。因为这种技术细节的开放和外部专家的引入都可能会在一定程度上影响其极为领先的竞争力，其会以商业秘密为说辞从而拒绝公布这些细节。这时候恰恰需要全球积极公民的行动。从广泛的意义上来讲，我们每个个体都会受到 OpenAI 大模型技术的影响。个体作为积极公民至少可以在两个方面开展积极行动。

第一，全世界的公民个体应该联合起来对 OpenAI 施加压力，要求其公布技术细节并引入外部专家，以对这样的技术发展形成强有效的治理。特别是那些有可能会直接受到其外部影响的个体（例如初级程序员、初级律师等），他们都应该作为直接的利益相关方要求 OpenAI 进行有效的治理。

第二，OpenAI 不仅要开放细节和引入外部专家，还应该对前文讨论的三大问题提出相应的解决方案。换言之，这样的负外部性是大模型技术直接带来的，其应该要提出相应的整体性思考。例如，失业的插画师应该联合起来对 Midjourney 产生的负外部性进行强烈的抗议，并要求 Midjourney 拿出相应的方案来为自身的失业提供补偿方案或救济方案，而不能将这样的问题完全丢给社会和国家。简言之，这样的负外部性是由相应的人工智能公司导致的。按照企业社会责任的原则，相关企业就应该承担起这样的责任，而不是完全把这样的责任推给社会，或由受损失者自行消化这些影响。麻省理工学院和波士顿咨询集团（BCG）组建了一个国际人工智能专家小组。近期，该小组所讨论的重要问题就是是否应当将负责任的人工智能工作与整体的企业社会责任联系在一起。其中，有超过半数的小组成员表示赞同。[17] 另外，积极公民还应该动员起来积极地“用脚投票”。例如，通过拒绝使用这样的软件或通过抗议来向相关企业和资本表达愤怒，这样就会迫使相关企业和资本对这些技术产生的负面效应进行整体性的考虑。ChatGPT 之所以受到人们的巨大关注，一方面是因为其具体的使用效果，另一方面则是基于其在用户的使用过程中产生的巨大新闻效应。在新闻中，反复被谈及的就是其在非常短的时间内就拥有了一亿的月活跃用户。换言之，ChatGPT 的神话是由一亿用户创造出来的。但从某种意义上讲，是一亿用户创造了自己的“掘墓人”。那这些“用脚投票”的用户应该反过来再通过“用脚投票”来对相关企业形成压力，迫使其履行社会责任。

换言之，OpenAI 对下一代大模型技术的开发不再是企业选择的技术发展路线问题。巨大的负外部性使得这一行为不再是企业行为，而变成了人类社会的整体行为。一个类似的案例是贺建奎进行人类基因编辑的实验。如果去掉伦理相关的因素，这样的人类基因编辑实验似乎仅仅是科学家的科学实验行为，是其对自己研究方向的一种自主性选择。然而，从整体的伦理角度来讲，其行为明显涉及人类的整体安全，因此其个体行为就会演变成人类整体行为的一部分。由于其可能会产生巨大的负外部性，OpenAI 开发下一代大模型技术这样的新型生产工具已经远远超出了其企业行为这样的范畴。同时，OpenAI 出于企业自身利益的考虑，大概率不会主动地承担这些社会责任。因此这就使得国家的介入变得极为必要。到目前为止，美国在这个问题上仍然扮演着“鸵鸟”的角色。这也是美国一直所强调的“沙盒监管”，即为这样的新型技术应用设立某些特区。在特区之中，没有任何的约束性规则，并允许这些先进的技术可以做开放性的实验。正是因为美国这样的弱监管特征，才使得大量的原始性创新出现在美国。

美国之所以鼓励这类创新，是因为其一直在利用这类创新产生技术红利。自从第三次工业革命以来，美国一直处在技术发展的最前沿。数据显示，2009—2018 年美国的科技创新效率一直高于 0.85，并呈现出持续上升的趋势。[18] 正因为美国对先进生产力的控制，其可以在世界范围内通过技术红利来实现更大的国家利益以及为国民分配足够的福利。正因为如此，美国并不愿意对这样的先进生产力施加限制。然而，美国在这一问题上的判断似乎是有问题的，因为这样的生产力创新产生的巨大创造性破坏效应是历史上前所未有的。如前所述，其可能产生的失业、失序和失控效应都可能会对人类社会产生巨大冲击。换言之，OpenAI 产生的巨大负外部性最终会被国家来消化。例如，美国要提供充足的失业保险和社会救济，才能够减缓被先进生产力所替代下来的人们的社会问题，才能保障他们的基本生活。然而，其中产生的问题是：为什么国家要承担由部分企业产生的巨大外部性？

前文同样讨论过知识秩序的问题。知识秩序是人类社会在几千年中逐步形成的，而大模型技术在其横空出世后会对传统的知识秩序形成巨大的打破效应。这里产生的政治失序效应同样需要国家以较为弹性的制度方式来消化。换言之，如果国家不主动介入的话，最终由先进生产力产生的巨大负外部效应可能会颠覆整个国家秩序。近年来，美国已经出现非常严重的政治极化问题和贫富分化问题。新贫困者无疑会在新一轮大模型技术的冲击效应下变得更加脆弱，而这些贫困者很可能会联合起来冲击美国的政治秩序。简言之，美国长期积累下来的社会矛盾已经使得美国公民在一系列问题上形成了“我们”和“他们”的尖锐对立，而不属于己方阵营的甚至会被视为敌人或叛国者。[19]

因此，从这个角度来讲，美国不能仅仅采取自由主义的“鸵鸟政策”来放任 OpenAI 等公司的所谓技术创新，而应该把先进生产力产生的巨大创造性破坏效应作为一个整体来加以考量。否则，短期产生的巨大负外部性可能会将美国用于国家治理的资源完全消耗掉，并且产生的新的政治和社会问题最终也会给美国的整个国家治理带来巨大的挑战和灾难。因此，从这个角度来讲，美国需要更早地介入 OpenAI 开发 GPT 新产品的过程中，而不是放任其毫无约束地发展先进生产力。

技术多边主义：大模型技术的合理发展之路

国家的介入极为必要。同时，更为必要的是各国需要尽快在大模型发展的问题上形成国际共识。目前已经出现了一些新的态势，如意大利的宣布会形成某种先例效应。可以预见的是，在接下来一段时间内，欧盟可能会对大模型技术展开充分讨论。从这一角度来讲，欧盟对于大模型技术的态度会变得非常重要。从国际范围来看，美国的态度最为重要，因为美国大模型技术水平与其他国家相比，都产生了几年以上的技术代差。而美国的自我约束在很大程度上有利于其他国家的追赶。美国在这一过程中，需要放开狭隘的独占观念。美国近年来的独占思维越来越强烈，似乎希望将这样的先进生产力封锁在一定的区域之内。需要特别说明的是，这样的独占思维实际上是一种锁闭生产力的稳态结构，而这种稳态结构最终会导致自我剧烈冲突和内部浩劫。

如前所述，这样的先进生产力无疑会带来巨大的负外部性，而解决这些问题需要将社会各个部门整体动员起来进行一种新规则的建立。例如，通用大模型的发展会对传统的知识秩序形成打破效应。而在大模型的基础之上，我们需要把一系列的知识创新规则建立起来，即在一定程度上保障新出现的人工智能生成物的相关知识产权问题。知识产权在一定程度上鼓励创新行为的可持续性，并在创新的过程中产生新的秩序。如果 AIGC 生成的物品完全没有知识产权，那最终可能会导致一种知识的无序状态。目前，正是由于生成式 AI 普遍存在这一问题，诺姆·乔姆斯基（Noam Chomsky）甚至直接将 GPT 称为一种“高科技剽窃”和“逃避学习的方式”。[20] 值得注意的是，《科学》杂志已经明确表示不会接受署名为 ChatGPT 的文章。[21] 然而，目前整个知识产权界对这样的规则仍然是相对漠视的。人类社会的绝大多数部门对这样的先进生产力是不敏感的。绝大多数人类个体还没有意识到这种先进生产力的巨大创造性破坏效应。因此，在这样的过程中，时间就会变得至关重要。从这个意义上讲，美国恰恰需要在一定程度上减缓发展的速度，为新技术的落地和应用进行更多的试点，并让世界各国都参与进来，共同为新技术的社会性适用贡献人类的规则和智慧。这样就可能将大模型技术的负外部性降到最低。如果这样的新技术可以减少人们的工作时间，同时可以在一定程度上保障人们的工作岗位并增加人们的幸福度，那么这样的技术变革才能成为未来理想的发展目标。然而，这种理想结果涉及社会再分配和秩序再建立等一系列重要因素。如若社会制度的演进速度严重落后于技术的变革速度，那么新技术就有可能反其道而行之，变相延长工作时间，并引起一系列社会不良反应。由此，技术的正面变革效应就会异化为马克思所批判的“一种客观和系统地利用的手段，用来在同一时间内榨取更多的劳动”。[22] 因此，美国适度地减缓技术开发的速度有利于人类社会找到一些相适应的规则，同时也有助于美国自身缓解生产关系调整带来的巨大冲突。

同时，各国在发展通用大模型相关技术的过程中也需要设立一些试验区。换言之，对新技术的约束需要在一种技术多边主义的框架下展开。主要国家应该就 GPT 等大模型技术的发展形成相对的共识。同时，国际组织也需要进入 OpenAI 这一类头部企业的社会责任履行和信息技术细节公开等相应的问题之上。在美国大模型技术发展节奏略微放缓的背景之下，各国可以在应用大模型的基础之上设立更多的技术试验区，充分观察这些技术可能会产生的破坏性效应，并尽可能将这些破坏性效应降到最低。这里同样以核能的例子作为相关案例来讨论。核能的特点是在瞬间产生巨大的能量。和平利用核能的关键是调控核能输出的速度，将核能爆炸产生的巨大能量进行缓慢地输出，这样就能够使这样的巨大能量为人类社会服务。因此，可以将这样的思维引入人工智能发展的过程当中。

大模型是一种生产力提高的巨型技术。如果这一技术产生的破坏性效应太过强烈，而人类社会没有准备好的话，其中产生的社会问题很有可能会将这一技术的正向效应完全覆盖。那最终导致的结果是，这一技术可能会被完全暂停。如果我们可以为这一技术设置比较严格的条件，让这一技术在一个较为缓慢的节奏下持续输出，同时人类社会在这样一个巨大调整的过程中准备好相应的规则，为那些在大转型中受到冲击的人们准备好相应的补偿性的措施，使得人类社会在一个总体安全可控的环境下向前发展，那么这一技术的发展和应用就可以在一种相对可持续的条件下展开。这是我们预想的大模型的合理发展之路。

技术多边主义可以提供一种框架，要求技术在国家治理和全球治理的互动的逻辑下展开。这里需要强调的是，这一技术不仅是其企业的内部行为，而是整个人类社会的行为。这就需要将这些技术

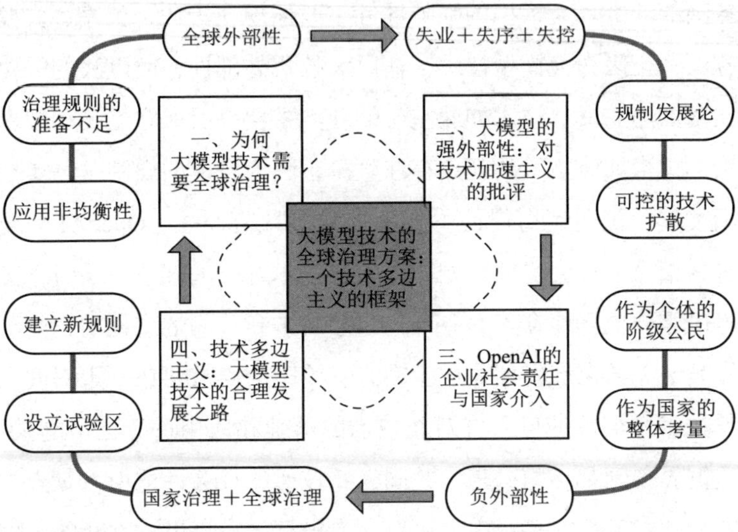

图6.1　大模型技术的全球治理方案：一个技术多边主义的框架

的发展首先置于国家治理的框架之下。同时，单个国家的行为还不足以约束其巨大的全球负外部性，因此治理还需要在联合国等多边主义的框架下展开，并鼓励各国都要贡献相应的智慧。这就使得技术产生的先进生产力提升效应可以在世界协商民主的框架下展开，使得那些受到技术负外部性影响的人们能够对技术的这些不利影响表达自己的观点，同时使得他们的脆弱地位得到一定程度的提升，这样才能够保障大模型技术的健康发展。

本章小结

大模型技术需要全球治理的原因是，其产生的全球外部性使得全球社会的每一个公民都卷入其中，同时在生产力竞速的背景之下，可能会导致治理规则的准备不足，并且应用非均衡性可能会加剧各国的冲突。大模型的强外部性主要体现在失业、失序、失控三个方面。正因为大模型技术存在巨大的负外部性，所以我们需要警惕技术加速主义。技术加速主义的观点主要是反保守主义和技术扩散论。技术加速主义的观点存在瑕疵，因为合理的规制可以实现更好的发展，同时也可以使得技术扩散实现可控性。OpenAI 需要承担起其相应的社会责任，如积极披露技术开发的细节。同时，美国政府也需要更早地介入 OpenAI 开发 GPT 新产品的过程中，而不是放任其毫无约束地发展先进生产力。美国恰恰需要在一定程度上减缓其技术发展的速度，针对新技术的落地和应用进行更多的试点，并让世界各国都参与进来，共同为新技术的社会性适用贡献人类的规则和智慧。技术多边主义可以为大模型技术提供一种新的治理框架，要求技术在国家治理和全球治理的互动逻辑下展开。

注释

1《马克思恩格斯文集》(第一卷)，人民出版社 2009 年版，第 539 页。

2 Bernard Stiegler, Technics and Time, 1: The Fault of Epimetheus, translated by Richard Beardsworth and George Collins, Stanford: Stanford University Press, 1998, p. 8.

3 Future of Life Institute, “Pause Gaint AI Experiments: An Open Letter,” https://futureoflife.org/open-letter/pause-giant-ai-experiments/，访问时间：2023 年 4 月 6 日。

4 孙伟平：《人机之间的工作竞争：挑战与出路——从风靡全球的 ChatGPT 谈起》，载《思想理论教育》2023 年第 3 期，第 42 页。

5《马克思恩格斯选集》(第一卷)，人民出版社 2012 年版，第 196 页。

6 [法] 保罗·维利里奥：《无边的艺术》，张新木、李露露译，南京大学出版社 2014 年版，第 61、89 页。

7 蓝江：《生成式人工智能与人文社会科学的历史使命——从 ChatGPT 智能革命谈起》，载《思想理论教育》2023 年第 4 期，第 15 页。

8 高奇琦：《全球善智与全球合智：人工智能全球治理的未来》，载《世界经济政治》2019 年第 7 期，第 39—40 页。

9 Carl Benedikt Frey and Michael A. Osborne, “The Future of Employment:

How Susceptible are Jobs to Computerisation?" *Technological Forecasting and Social Change*, Vol. 114, 2017, p. 265.

10 Mubin Ul Haque, Isuru Dharmadasa, Zarrin Tasnim Sworna, et al., "'I Think This Is the Most Disruptive Technology': Exploring Sentiments of ChatGPT Early Adopters Using Twitter Data," *Computer Science*, ArXiv, abs/2212.05856, p. 1.

11［美］马尔科姆·弗兰克、保罗·罗里格、本·普林：《AI+ 人：新机器时代我们如何生存》，张瀚文译，人民邮电出版社 2018 年版，前言第 3 页。

12 陈昌凤、张梦：《由数据决定？AIGC 的价值观和伦理问题》，载《新闻与写作》2023 年第 4 期，第 19 页。

13 尼克·波斯特洛姆将超级智能分为三种形式：高速超级智能、集体超级智能和素质超级智能。高速超级智能和人脑相似，但速度更快。集体超级智能由诸多小型智能组成，其整体性能超过目前所有的认知系统。素质超级智能则指的是至少和人脑一样快，且聪明程度与人类相比有巨大的质的超越。参见［英］尼克·波斯特洛姆：《超级智能》，中信出版社 2015 年版，第 64—67 页。

14 高奇琦：《智能革命与国家治理现代化初探》，载《中国社会科学》2020 年第 7 期，第 85 页。

15 Future of Life Institute, "Pause Gaint AI Experiments: An Open Letter," https://futureoflife.org/open-letter/pause-giant-ai-experiments/，访问时间：2023 年 4 月 6 日。

16 Patrick M. Morgan: *Deterrence Now*, New York: Cambridge University Press, 2003, p. 12.

17 Elizabeth M. Renieris, David Kiron and Steven Mills, "Should Organizations Link Responsible AI and Corporate Social Responsibility? It's Complicated," *MIT Sloan Management Review*, https://sloanreview.mit.edu/article/should-organizations-link-responsible-ai-and-corporate-social-responsibility-its-complicated/，访问日期：2023 年 4 月 25 日。

18 朱承亮：《国家科技创新效率测算与国际比较》，载《中国软科学》2023 年第 1 期，第 10 页。

19 Stephan Haggard and Robert Kaufman, "The Anatomy of Democratic Backsliding," *Journal of Democracy*, Vol. 32, No.4, 2021, p. 30.

20 Colin Marshall, "Noam Chomsky on ChatGPT: It's 'Basically High-Tech Plagiarism' and 'a Way of Avoiding Learning'," *OpenCulture*, https://www.openculture.com/2023/02/noam-chomsky-on-chatgpt.html，访问时间：2023 年 4 月 23 日。

21 H. Holden Thorp, "ChatGPT is Fun, But Not an Author," *Science*, Vol. 379, No. 6630, 2023, p. 313.

22《马克思恩格斯文集》(第五卷)，人民出版社 2009 年版，第 474 页。

第七章

大模型引发的大转型2.0：大模型时代的政治与经济起源

资本是以生产力的一定的现有的历史发展为前提的——在这些生产力中也包括科学——，另一方面，资本又推动和促进生产力向前发展。

——马克思《资本论》[1]

今天的正义同时需要再分配和承认。仅仅孤立强调二者的其中之一都是不充分的。

——南希·弗雷泽《认同政治时代的社会正义》[2]

不患寡而患不均，不患贫而患不安。

——《论语·季氏》

卡尔·波兰尼（Karl Polanyi）所描述的大转型时代主要是19世纪初期到20世纪初期这一段时期。这一段时期的典型特点是，在经历了19世纪漫长的繁荣与和平之后，20世纪却迎来了激烈的冲突。在20世纪上半叶，人类社会出现了历史上前所未有的两次世界大战，这表明在长达一个世纪的繁荣之后出现的政治与经济紧张。在“二战”结束之后，尽管人类经历了冷战时期，但人类社会确实没有发生世界性的大战。并且，在冷战结束之后，又经历了长达30年的世界相对和平时期。换言之，在“二战”结束之后，到目前为止已经经历了近80年的相对和平时期。那么接下来，人类社会是否如长周期理论暗含的那样进入一个新的转型期，而新的转型期会表现出哪些新的特征?“百年未有之大变局”是对这种新转型的重要概括之一。[3]这一新的转型具有新的政治经济背景，同时在政治经济变化背后同样有更加深刻的新工业革命的背景。以人工智能为关键特征的第四次工业革命正在加速到来，其对人类社会已经产生非常深远的影响。本章将从波兰尼的名著《大转型》入手，通过考察波兰尼的核心观点，并结合当前人类社会的一些重大变化来讨论大模型时代的政治与经济起源。

大模型的出现：自由市场经济的神话与终结

在这一经典著作中，波兰尼提出了一个令人振聋发聩的观点，即西欧国家所主张的自由市场经济是一种表面的自由市场经济。波兰尼认为，在19世纪出现的长期繁荣与和平的基础，由四个核心制度构成，分别是大国权力均衡、金本位制度、自我调节市场和自由主义国家。在波兰尼看来，其中的核心是金本位制度。[4]波兰尼的这一概括实际上是西方国家的一种自我标榜的主流概括。例如，约翰·伊肯伯里（John Ikenberry）就将美国主导的秩序概括为自由主义领导权。[5]换言之，波兰尼的这一概括仍然可以沿用到今天。只不过，这里的国际金本位制度需要转换成美国主导的美元体系，同时，这里的大国权力均衡需要转换为联合国体系中的大国均衡以及美国试图构建的西方大国俱乐部。

波兰尼所描述的19世纪文明的长期繁荣同样是以西欧国家为

中心的一种欧洲中心论。当时世界上其他国家还未卷入这样的世界经济体系。波兰尼更多的是对欧洲中心的一种描述，而今天这样的中心只不过转化为美国主导的自由主义霸权。在美国主导自由主义霸权之外，苏联曾经试图对美国的所谓自由主义霸权形成挑战，但最终失败。在冷战结束之后，美国完全构建了一个新的沃勒斯坦意义上的中心—边缘体系[6]，而主导中心体系的是美国构建的西方国家俱乐部。南方国家则力图通过现代化的进程，逐步从边缘进入半边缘。需要特别说明的是，在这种中心—边缘体系之中，主流的意识形态是自由市场经济，并且其在冷战结束之后演变为一种弥散性的意识形态。这便是弗朗西斯·福山（Francis Fukuyama）所提出的历史终结的背景。[7]在福山看来，历史将终结于自由民主制度。然而，这样的自由市场经济只是一种表面特征。当西方的中心利益不受到触动时，这种自由市场经济的特征似乎表现得更加明显。然而，一旦西方的主导地位在某种程度上受到挑战时，西方主导国家则会毫不犹豫地撕下这种自由市场经济的伪装。

波兰尼深刻地指出，自发调节的市场从来没有真正存在过。[8]波兰尼在这里指出了一个非常经典的观点，即这样的自由市场经济实际上是“老师教给学生”的书本知识。或者说，其是一种形式主义知识。而实质主义的知识却是管制和市场的共同成长。波兰尼在讨论时主要是以西欧国家为中心的。在波兰尼看来，西欧国家所推动的繁荣实际上是由国家干预所创造的。这一点同样可以沿用到美国在第三次工业革命之后推动的整个新中心的经济繁荣。如果被西方的形式主义知识所左右的话，人们很容易认为，自由放任就是完全由市场来决定各种结果，然后我们从美国推动第三次工业革命的过程中看到了美国组织的新干预主义等情况的众多案例。

在笔者看来，美国是典型的自由管制经济，即从表面上来看美国的经济运作表现出自由主义的特征，然而从其实际运作来看，其会巧妙地应用各种新型的管制主义措施来达到国家调控的目的。当然，美国的这种管制与苏联的管制有明显不同，苏联的管制经济是以计划为中心的。无论从核心目标的设定，还是相关核心资源的分配，苏联的计划经济完全是国家主导的。[9] 市场主体在其中的作用非常弱，甚至其基本运作的逻辑不会去考虑市场因素，其完全是一种以国家为中心的目标设定和目标达成的机制。

美国的自由管制经济表现出如下几个特征：

第一，方向性设定。政府进行方向性的设定并支持在这些新型方向上通过公共政策来引导企业的进步。典型案例就是美国为了推动在芯片领域的进一步的主导地位，出台了《芯片与科学法案》。[10] 另外，美国为了获得在新能源领域的优先地位而推动了《削减通胀法案》。[11] 宏观设定是美国进行管制和引导的关键。

第二，内部竞赛。通过内部设定竞争性的目标，并以竞赛的方式使优势企业胜出。美国并不是采取一种法团主义的方式来指定某一家企业，而往往是通过内部竞争的方式使技术最为领先的企业胜出。其中最典型的案例就是，众多新型科技的进展，大多数与美国国防部先进制造局所设定的内部竞赛密切相关。[12]

第三，军方采购。美国军方通过采购来推动技术应用。在第三次工业革命中，众多的主导性技术都与美国军方的采购有密切的关系。例如，互联网最初是美国军方和科学家之间的内部联络工具。[13] 手机等移动通信设备最初也是由美国军方推动的。[14] 再如，关于最新支撑元宇宙的 AR 设备，美国军方同样与微软签订了价值不菲的采购协议。[15]

第四，效率导向。与苏联完全强调国家计划和管制不同，美国的自由管制经济表现出非常强的效率特征，其同样运用市场规则来实现政府推动的政策目标。这就大大提高了那些技术先进企业的技术转化。正因为这样的效率导向，才使得埃隆·马斯克（Elon Musk）推动的 SpaceX 胜出。在 SpaceX 推出之前美国的太空项目主要由波音和洛克希德·马丁等大公司主导。这样的太空发射任务的成本较高，而美国恰恰通过开放机会给 SpaceX 这样的民用公司，从而引发了一场节省成本的效率革命。[16] 换言之，在整个过程中，美国政府实现了其设定的政策目标，但同时其同样运用了丰富的市场竞争的手段。

第五，助推逻辑。助推是美国行为主义经济学发展出的一个新概念，但实际上这种逻辑之前就出现在美国政府运作的实践之中了。只不过，今天这一概念被概括出来，并且更加大行其道地运用在美国政府的管制行为中。助推强调政府对政策目标的引导，并充分运用人们厌恶损失的心理学特征，通过巧妙地设定一些政策目标，从而引导行为体更加自觉主动地接近这一目标。[17] 助推与传统的家长主义逻辑不同。其更多强调一些行为主义的自由主义特征，来引导行为体的自觉行动。[18] 整体来看，支撑美国成为第三次工业革命主导国家的，并不是其表面宣称的自由市场经济的神话，而是自由管制经济。在这样的自由管制经济中，确实存在无形的手。只不过，这样的无形的手有两只，一只是市场，另一只则是国家。市场之手与国家之手紧密地交织在一起，相互协作。

今天来看，大模型的成功并不简单地是人工智能技术的突破。实际上，其是美国长期自由管制经济成就的一个新的进展。从大模型这一案例中，我们似乎可以看到自由管制的如下几点特征。

第一，反垄断并没有削弱其关键企业的核心竞争力。在大模型的发展过程中，两个头部企业至关重要，分别是谷歌和微软。大模型技术的核心是 Transformer 模型，而这一基础模型是谷歌在 2017

年提出的。尽管目前谷歌在与 OpenAI 的竞争当中似乎还处于下风，但是谷歌在大模型技术上的整体实力仍然不容小觑。特别是在联合了初创公司 Anthropic 之后，谷歌在大模型领域正在加速进步。[19]微软则是 OpenAI 获得计算集群的关键。换言之，如果没有微软提供的算力支持，OpenAI 就不能形成今天的技术优势。其中的问题是，为何美国一直在强调反垄断，并且在 20 世纪 90 年代一度出现了要将微软拆分的观点，[20] 但这一点并未真正实践。换言之，反垄断实际上是美国政府在一定程度上敲打关键企业的“达摩克利斯之剑”。然而，这一剑却时常高悬而从未落下。美国历史上最有力度

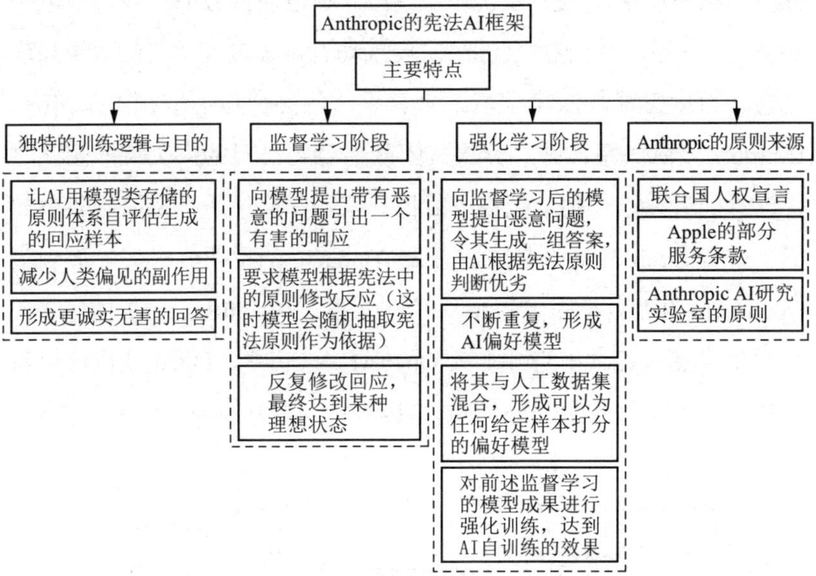

图7.1　Anthropic的宪法AI框架

材料来源：Bai Yutao, et al, “Constitutional AI: Harmlessness from AI Feedback,” December 15, 2022, https://arxiv.org/abs/2212.08073/; Benj Edwards, “AI Gains ‘Values’ with Anthropic’s New Constitutional AI Chatbot Approach,” May 10, 2023, https://arstechnica.com/information-technology/2023/05/ai-with-a-moral-compass-anthropic-outlines-constitutional-ai-in-its-claude-chatbot/，以上网页访问时间：2023 年 9 月 7 日。

的反垄断措施是对洛克菲勒财团的分解。[21] 然而，在罗斯福新政之后，所谓的反垄断审查往往要充分考虑关键企业在国际上的核心竞争力。在 20 世纪 90 年代微软拆分的呼声出现之后，平息这一呼声的关键观点就是拆分会损害微软的全球竞争力。[22] 从今天大模型的发展角度来看，如果当年对微软进行了拆分，微软的技术实力可能会大大下降，就未必会有今天的云计算服务，那么大模型的历史将会被改写。

同样的例证也出现在谷歌案例中。尽管谷歌在国际搜索市场上长期处于垄断地位，并且在手机应用安卓的操作界面上也处于某种程度的垄断地位，但是谷歌并未真正面临过被拆分的风险。谷歌是 2006 年之后人工智能发展的最主要推动者。在深度学习的效果显现之后，百度曾经与深度学习三剑客之一的杰弗里·辛顿（Geoffrey Hinton）团队联系，并打算将其团队招募到自己的人工智能团队之中，然而最终这一招募被谷歌截掉。辛顿团队最后被招募到谷歌旗下，并与 DeepMind 一起成为开发 AlphaGo 的重要成员。[23] 而今天 OpenAI 的首席科学家伊尔亚·苏茨科维（Ilya Sutskever）便是辛顿的学生，其从谷歌出走并加入 OpenAI。换言之，OpenAI 也可以看成是谷歌巨头体系的一个延伸。只不过，硅谷的科技竞争带有某种

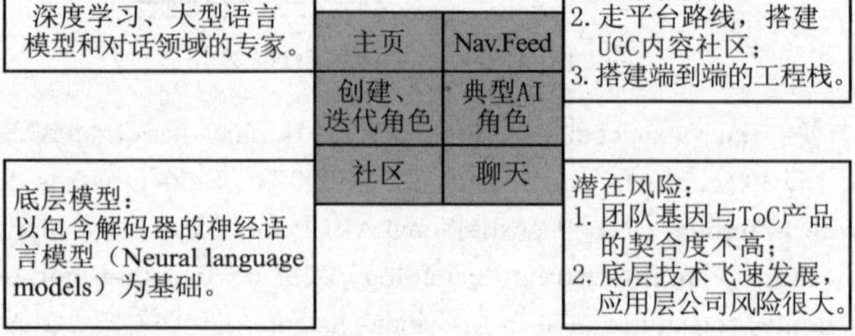

图7.2　Character AI是如何在激烈的大模型赛道中获得自己竞争优势

开放性，其在一定程度上允许自己的学生最终打败老师。

第二，鼓励中小企业抢占新赛道并获得优势竞争力。在这次大模型竞争中，最为抢眼的是 OpenAI，其是典型的小型团队，核心团队成员不超过 100 人。同时，在大模型赛道上，像 OpenAI 这样的团队并不在少数。[24] 例如，在文生图领域的 Midjourney，其核心团队仅为 11 人。[25] 另一个将来有可能挑战 OpenAI、受到谷歌支持的初创公司是 Anthropic，其创始人和核心团队是从 OpenAI 出走的。[26] 另一家通过开源社区为大模型提供服务的 Huggingface，同样是小规模团队。[27] 换言之，美国在大模型领域的先发优势地位，并不完全是由主导性企业来决定的，而在很大程度上取决于创新型企业的不断涌现。这些创新企业与优势企业之间有复杂的联系。通过从优势企业的内部裂变，其能够在信息和技术上处于前沿位置，又可以通过颠覆式创新走到科技竞争的最前沿，还可以通过自身的发展逐步成长为新的优势企业。这种裂变模式还在很大程度上得到美国政府的支持。例如，这些创新力极强的初创企业，往往可以在美国政府或军方主导的竞赛中获奖，这种获奖可以使其在资本市场上更容易拿到投资。

第三，用政府政策为核心企业构筑护城河。大模型的出现实际上是信息科技发展到一定程度的最新结晶，是算力、算法和数据三大因素共同作用的结果。而美国政府近年来充分运用政策工具来保护其优势企业的领先地位。典型例证便是其直接运用政府的政策手段打击中国的集成电路产业。中国的互联网企业在移动互联网阶段取得了长足进展，典型的应用便是微信和支付宝的出现，这也使得中国的互联网巨头具备了一定程度上在国际市场上与同行竞争的能力。正是这种竞争性的出现，使得美国政府动用各种政策工具直接对中国的人工智能企业进行打压。例如，在 5G 等相关领域打压华

表 7.1 Transformer 的 8 位作者创业项目比较

Transformer 八子	创业项目	项目内容	项 目 特 点
Ashish Vaswani、Niki Parmar	Adept AI	一个构建通用人工智能的机器学习研究和产品实验室。	使用者可以要求模型承担其他任务。例如，要求模型使用 Airtable、Photoshop、ATS、Tableau、Twilio 等工具生成月度合规报告等。
Jakob Uszkoreit	Inceptive	该公司的主营业务为人工智能生命科学，主要研发生物软件。	致力于使用神经网络和高通量实验来设计下一代 RNA 分子，从而缩短药物研发周期来降低研发成本。
Illia Polosukhin	NEAR Protocol	一个去中心化的区块链平台。	该平台的目标是通过提供高性能、可扩展和安全的基础设施，为开发者和用户创造一个更好的去中心化应用生态系统。
Noam Shazeer	Character AI	一款基于大语言模型的聊天机器人网站，其更注重人格属性。	覆盖了模型的研发、数据、应用等整个价值链。其商业模式注重在整个价值链上积累数据，并利用数据来不断优化用户体验。
Llion Jones	Sakana AI	一种仿生人工智能模型。	以设计灵活、反应灵敏且经济高效为特征的人工智能模型。
Lukasz Kaiser	未创业	/	2021 年从谷歌大脑到 OpenAI。他开始参与开发 ChatGPT 并在 GPT-4 的创建中发挥重要作用。
Aidan Gomez	Cohere	帮助公司改变运营方式。	Cohere 的模型支持交互式聊天功能，可为产品描述、博客和文章生成文本，并捕捉文本的含义，用于搜索、内容审核和意图识别。

资料来源：Madhumita Murgia, “Transformers: The Google Scientists Who Pioneered an AI Revolution,” July 23, 2023, https://www.ft.com/content/37bb01af-ee46-4483-982f-ef3921436a50，访问时间：2023 年 10 月 17 日。

为，以及对字节跳动控股的 TikTok 进行各方面的限制。[28] 正是这些限制和干扰，打断了中国企业在大模型领域的发展节奏。例如，目前中国在大模型领域发展的限制之一便是算力。要进行 ChatGPT 的预训练，就需要用到上万块 A100 的显卡。然而，目前的 A100 以及更为先进的 H100 都是美国限制向中国销售的商品。[29] 另外，中国在自主芯片设计领域取得了长足的进步，典型的例子便是华为海思在这方面的努力。然而，由于美国利用其同盟体系限制台积电和三星等企业为中国大陆的芯片设计公司代工 [30]，这大大影响了中国企业在算力方面的积累。最近 OPPO 放弃芯片研发 [31]，实际上也是对美国限制中国芯片企业带来的不确定性的一种被动反应。简言之，美国政府用一系列政策对中国的人工智能技术的发展进行了精准的打击。这使得那些在大模型领域有可能实现突破的企业，如华为、百度等都面临众多限制，而这种限制实际上又构成了对美国在大模型领域优势地位的一种反向支撑。

OpenAI 可能有美国政府支持的主要理由有如下几点：第一，对于超级先进的技术，其往往会得到美国政府或者军方的加持。当然，OpenAI 并没有公布相关的信息。然而，我们可以从一些旁证得到蛛丝马迹。在山姆·阿特曼（Sam Altman）参加的国会听证会中，其气氛与之前的扎克伯格和周受资听证会气氛完全不同。整体而言，其听证会的气氛非常友好。会议中，也有国会议员表示私下同阿特曼会面时进行了某些观点的沟通等等。[32] 从这些都能够看出阿特曼与美国国会议员有非常好的政府关系。另外，近期前得克萨斯州共和党众议员，曾任中央情报局（CIA）官员的威尔·赫德（Will Hurd）加入了 OpenAI 的董事会。[33] 从实际使用效果来看，这样的大模型完全可以被用在某些军事或政治用途当中。第二，阿特曼在负责 OpenAI 之外，还负责了硅谷的 YC 孵化器。YC 孵化器有斯坦福大学的背景，其部分项目本身便与美国的政府和军方有密切联系。OpenAI 的早期创始人包括彼得·蒂尔（Peter Thiel）和马斯克等。[34] 马斯克创立的 SpaceX 公司与美国军方有非常紧密的联系，而蒂尔也参与了美国军方的一些重要国防项目。[35] 第三，OpenAI 在用户选择上极为挑剔，如其明确表示不希望中国用户使用，并且通过多次删号的方式将一些疑似中国的用户删除。这实际上是 OpenAI 在表明其立场。这种立场并不是一种中立的立场，而是直接对中国的不友好立场。通过这种态度的表达，可以明显看出其与美国政府一些高层官员的紧密联动性。换言之，大模型的胜利并不完全是自由市场经济的胜利，而是带有非常强的美国国家行政干预的特征。这并不是一个完全公平的市场竞争，而是在美国政府主导下由新型的干预方式导致的大模型进展。

知识的商品化：在劳动力、土地和货币之外

波兰尼认为，从根本上讲，劳动力、土地和货币不应该成为商品。而这三类要素商品化导致的结果便是巨大的灾难。对此，波兰尼指出，尽管生产工具在改善，但对普通民众而言却出现了众多灾难性的后果。[36] 这里可以将这一观点进一步概括为"波兰尼生产力悖论"。这一悖论所描述的是，生产力提高与大众生活水平下降之间的悖谬关系。按照正常的理解，生产力提高应该会使得大众生活水平上升。生产力提高代表着人类向自然获取的能力增加，获取更多的商品应该会使大众生活水平得到更大的改善。然而，其中导致的问题在于，获取的巨大生产力的提高，却不可避免地导致了两极分化。换言之，新增加的财富被掌握在少数精英手中，并没有被用

来改善大众的生活水平。

这里涉及一个重要问题，即商品化导致的社会内卷问题。资本主义的基本逻辑是商品化，而在资本主义的叙事中，商品化无疑会导致物品的极大丰富，这似乎是走向繁荣的关键。然而，波兰尼却看到了商品化导致的社会内卷。从波兰尼的观点进一步思考，接下来商品化的重点将会是一种新的要素，即知识。知识的商品化在数字经济阶段就已经出现。例如，在数字经济中出现了一个新的消费热点即知识付费，并且数字经济在一定程度上表现为一种知识经济。知识付费在某种程度上反映出对知识性劳动的报酬，这在很大程度上代表了一种对知识分子的尊重。

然而，在大模型推动之下的知识商品化，与知识付费明显不同。大模型技术的基本逻辑是知识压缩，即通过预训练的过程将人类社会的大量知识压缩到大模型之中。在知识压缩的过程当中，一个关键概念是权证（token）。其中的一个关键技术点，就是将一切信息都进行权证化（tokenization）。权证一词最初出现在语言学领域[37]，之后又被用在区块链领域，而目前作为数据压缩的基本单位被应用到大模型领域。在权证的基础之上，文字、图片、视频等多模态的信息可以进行统一的商品化。例如，其可以将一张图片转化为 1 024 个权证，并将这样的权证以一种长序列的方式排列起来。大模型技术的基础是“上文预测下文”的大语言模型[38]，而进行权证化之后，就可以将不同类型的数据（包括音频、图片、视频等）以“上文预测下文”的方式来呈现。大模型推动的知识商品化是以计算为中心的，这就相当于在统一度量衡的基础之上实现了所有知识生产的大一统。在这一背景之下，不管是对文字的翻译还是对图片的生成，整个知识类服务都可以进行统一核算。这就意味着大模型将人类社会的所有知识都以同一种方式进行权证化，并压缩到大模型的框架之中，然后再根据人们的需要通过提示工程来实现对压缩知识的提取。

知识商品化导致的结果便是知识生产的成本会变得更加廉价。之前的人类社会并没有实现知识的商品化。知识分子提供的知识往往具备某种公共属性，因此其不完全是通过市场来定价的。在很多情境下，其都是通过国家的采购行为来定价。在人类社会较长的历史中，知识生产一直是一项极为神圣的工作。而学者则处于知识生产的最高端的位置。[39] 学者所进行的知识生产，更多是一种被国家保护的行为，其与国家的政治秩序紧密结合在一起。经过国家确认的知识会成为知识秩序的一部分，并为政治秩序的稳定提供支撑。因此，这样的知识生产不完全是市场行为，而更多是国家行为。然而，在大模型的影响之下，知识商品化却破坏了这一传统的知识生产结构。其中的一个重要影响便是，知识商品化可能会导致知识中产的减少。

自进入工业革命以来，伴随着大量体力劳动被机器取代，越来越多的人加入知识中产的行列。知识中产也被认为是较为舒适同时报酬也足够体面的工作。知识中产构成中产中的最重要部分，其往往包括教师、医生、法律工作者、金融工作者等众多群体，是第三产业中较受尊重的工作人群。知识中产中的最优秀部分往往会参与知识生产本身，而绝大多数知识中产则扮演着传播知识的角色。然而，大模型推动的知识商品化在第一时间会影响传播知识的知识中产者的工作。换言之，如果仅仅是科学知识的普及，或者是针对知识的简单处理，那么大模型可以轻易替代这类工作。

“波兰尼生产力悖论”同样可以运用到知识的商品化这一领域。尽管在大模型的基础之上，知识生产能力大大提高。例如，用传

表 7.2　OpenAI 论文中列举的“最容易受到 GPT 冲击的职业”

分　组	最容易受到冲击的职业	暴露度（%）
人类打分 α	口译员和笔译员	76.5
	调查研究人员	75.0
	诗人、作词家和创意作家	68.8
	动物学家	66.7
	公共关系专家	66.7
人类打分 β	调查研究人员	84.4
	作家	82.5
	口译员和笔译员	82.4
	公共关系专家	80.6
	动物学家	77.8
人类打分 ζ	数学家	100
	报税员	100
	金融量化分析师	100
	作家	100
	网页设计师	100
GPT 打分 α	数学家	100
	通信文员	95.2
	区块链工程师	94.2
	法庭记录员和同步字幕员	92.9
	校对员和抄写员	90.9
GPT 打分 β	数学家	100
	区块链工程师	97.1
	法庭记录员和同步字幕员	96.4
	校对员和抄写员	95.5
	通信文员	95.2
GPT 打分 ζ	审计师和会计师	100
	新闻分析师、记者、新闻工作者	100
	法务专员、行政助理	100
	临床数据经理	100
	气象变化政策分析师	100
最高方差	搜索引擎营销策略师	14.5
	平面设计师	13.4
	基金经理	13.0

（续表）

分　组	最容易受到冲击的职业	暴露度（%）
最高方差	财务经理	13.0
	汽车估损师	12.6

资料来源：Tyna Eloundou, “GPTs are GPTs: An Early Look at The Labor Market Impact Potential of Large Language Models,” arXiv preprint arXiv.2303.10130, 2023。

统方式制作一个数十页的图文并茂的 PPT，大概需要几个小时的时间，然而在新的 Office 365 Copilot 之中，十几秒钟就可以生成这样的 PPT。[40] 这种生产力大大提高的结果，反过来会对知识生产的工作形成挤压。换言之，知识商品化不可避免地将导致知识的廉价化。围绕知识生产的大量咨询工作，如法律咨询或医疗咨询等都会逐步被大模型提供的知识咨询所挤压，其中直接产生的挤压效应就会使得大量传统由人力完成的咨询工作逐步由机器完成，并且机器咨询的费用会压低传统人工咨询的费用。在这一过程中，压低工资是不可避免的。最为安全的工资就是最低工资，因为技术天然压低工资的倾向。在整个生产力发展的过程中，高工资就意味着高风险。压低工资会与裁员结合在一起。通过裁员会使得那些仅存的岗位员工自动接受降薪的结果。例如，近年来插画师行业已经面临压低工资和裁员的双重风险，这便是 Stable Diffusion 和 Midjourney 等工具直接造成的结果。

表 7.3　OpenAI 论文中列举的“不太容易受到大模型冲击的职业”

没有标记暴露度的职业
农业机械操作员
运动员和体育竞技者
汽车玻璃安装工和维修工
公交和卡车机械师、柴油发动机专家
水泥工和混凝土修整工

（续表）

没有标记暴露度的职业
厨师（快餐）
手动切割与修剪工作者
非技术工（石油与天然气钻探）
餐厅服务员和调酒师助手
洗碗工
挖泥船操作员
电力管线安装与维修人员
挖掘和装载机以及吊斗铲操作员（露天采矿）
耐火材料修理工（砖匠除外）
模具铸造和制芯师
铺地板工（地板、木头和硬瓷砖除外）
泥水匠、砌砖工人、石匠、瓷砖和大理石铺设工助手
打桩机操作员
油漆工、装裱工、泥水匠和瓦匠助手
铺管工、水管工、管道安装工和蒸汽安装工的助手
屋顶工人助手
鱼肉禽类的切割工
摩托车技工
铺路及夯实设备操作员
矿用锚杆机操作员
金属浇注与铸造工人
轨道铺设和维护设备操作员
耐火材料修理工（砖匠除外）
井架操作员（石油和天然气）
屠宰商和肉类包装商
井口泵操作员
石匠
整修工
轮胎修理工和更换工

资料来源：Tyna Eloundou, et al., “GPTs are GPTs: An Early Look at the Labor Market Impact Potential of Large Language Models,” arXiv preprint arXiv:2303, 10130, 2023。

大模型市场社会：从脱嵌到再嵌入

波兰尼在其著作中提出了一个重要概念，即市场社会。在波兰尼看来，市场社会是在19世纪形成的，其表现为由市场控制的社会类型。在19世纪之前，市场活动并未成为主导性的活动。然而，自19世纪开始的市场经济的兴起与两次工业革命紧密联系在一起，并导致了整个社会的系统变迁[41]，这便是波兰尼所强调的大转型。在笔者看来，大模型推动的知识市场化可能会形成第二次大转型。波兰尼在讨论中进一步发展了嵌入和脱嵌的观点。在波兰尼看来，在19世纪之前，人类的经济嵌入社会关系之中，即社会运转在很大程度上依附于市场，而市场社会兴起的过程，实际上是市场脱离社会嵌入的过程。

在笔者看来，这种嵌入和脱嵌的过程会在大模型技术的基础之上进一步发展。在大模型技术的基础之上，会形成大模型市场社会。大模型是一种新的重构型技术，会对人类经济和世界市场形成重构效应，而这种重构便可能是一种再嵌入的过程。大模型市场社会可能会表现出一种全新的支配性。在大模型的基础之上，会形成全新的知识市场。而第三产业则会被完全地市场化，并且会变成一种统一的大市场力量。第三产业可以被简单地分为劳动力服务业和知识服务业。如前所述，知识服务业在很大程度上受到国家权力的保护。然而，在统一的知识大市场的基础之上，这种保护无疑是虚弱无力的。换言之，知识服务业将会面临知识大市场的巨大冲击。知识服务业会被完全重新嵌入到大模型市场社会之中。这里需要特别强调的是大模型的强大捕捉能力，没有什么知识生产可以逃脱大模型的捕获。

这里举一个近期的例子是“用于科学的人工智能”(AI for Science)。[42] 科学一直被认为是人类的知识皇冠。然而，这一知识皇冠同样会被大模型的力量所嵌入。“用于科学的人工智能”的基本逻辑是，由人工智能进行未来可能性的排列组合，然后再由人类行为者对这些可能性进行选择。因此，人类在科学研究中的重要功能将不可避免地由创造变成选择，这实际上是对人类独创性的一种内在的抽离。这一点也不再是空想，而是日益进入科学研究领域。例如，在人工智能技术的辅助之下，Alphafold 已经解析了数量巨大的蛋白质结构[43]，这会对人类下一步制药的工作带来巨大进展。另一个案例是自动驾驶。自动驾驶近年来在 L4 级别的发展上面临众多的困境。其中困境之一在于成本。由于自动驾驶需要依赖激光雷达等更多的传感器设备，这就使得自动驾驶的整车成本会大大提高。尽管近年来激光雷达的价格已经大大下降，但是如何从摄像头、激光雷达、毫米波雷达等众多传感器中收集数据，并且高效低成本地处理数据仍然面临诸多困境。大模型的出现却为自动驾驶带来新的发展潜能。大模型追求的是一种通用人工智能的能力，其可以突破传统弱人工智能的局限。例如，毫末智行就做了这样一种尝试，将自动驾驶汽车可能面临的场景全部都统一权证化。[44] 用类似于人的思维来驾驶汽车，这就是一种全新的尝试。

笔者在这里提出一种“标注师的悲剧”。大模型的成功离不开人类标注师的工作。OpenAI 在开发 GPT-4 系列的过程中，同样使用了数据外包来进行数据标注。但是，当 GPT-4 完成训练之后，其可以更加高效地实现数据标注。[45] 标注师的悲剧就在于，其前期的工作会为自己后期的无用留下铺垫。换言之，这便是大模型的强捕捉能力。在大模型的强知识能力之下，留给人类行为者的工作和空间似乎越来越少，并且留下来的空间似乎也是在为未来的“掘墓人”做准备。因此，“标注师的悲剧”的关键在于，自己安排好自己的“掘墓人”。这一点不仅体现在一些劳动密集型的行业，而且体现在科学研究等重要领域。因此，大模型市场社会最终会经历一种从脱嵌到再嵌入的过程。

全民基本收入能否缓解双向运动导致的政治冲突？

波兰尼在大转型中表述的是一种对自我调节的失望。在波兰尼看来，工业革命所导致的却是巨大的社会混乱，并不可避免地走向自我调节的失败。[46] 波兰尼所指出的恰恰是人们对一种自发秩序的向往。人们似乎会认为，社会均衡会自我实现，最终会走向哈耶克意义的自发秩序。这种情绪在大模型的发展中会进一步蔓延。很多人指出大模型的风险，例如辛顿是机器学习三剑客之一，是深度神经网络的重要提出者。然而，他从谷歌辞职，并深刻地表达了对未来人工智能发展的担忧。[47]OpenAI 专门发表文章来强调大模型技术将带来的社会巨大风险，并且 OpenAI 发表的文章不止一篇，既包括对失业问题的研究[48]，还包括对安全风险的讨论。[49] 然而，OpenAI 却似乎仍然我行我素地推进大模型的进展。即便是辛顿也承认暂停人工智能的发展也是不切实际的。[50]

换言之，许多人都看到了大模型可能会给未来社会带来的巨大风险，然而人们关于大模型未来如何监管，以及如何调整发展速度却缺乏共识。换言之，人们都期望某种市场经济的自我调节可以实现。然而，按照波兰尼的观点，这种自我调节最终会走向失败，并最终导致自由市场和社会保护之间的双向运动。[51] 可以说，波兰尼的这一警告在今天仍然有非常重要的意义。目前已经出现了表征。

在硅谷已经出现了编剧等人员的游行示威，表达人工智能工具对其工作形成的危险。硅谷的示威游行便代表了某种社会保护的力量。另外，OpenAI 的创始人阿特曼在国会听证时也呼吁监管[52]，这似乎是一种自我保护的行为。通过这种预警在先，就可以与社会保护之间形成某种统一战线。不仅如此，阿特曼还系统地表达了全民基本收入的理想，在其推动的一家非营利组织中便专门以全民基本收入为名。同时，阿特曼还在其世界币的项目中来实践全民基本收入设想。任何人都可以下载世界币的 App。阿特曼宣称，未来人工智能的收益将以平均分配的方式，最后分配到世界币的钱包之中。那些通过采集虹膜并确认身份的 App 下载者，将来都可以获得这一全民基本收入。[53] 尽管我们到目前为止无法搞清楚阿特曼推行世界币的动机，但仅从其宣称逻辑来看，其似乎确实是在推动全民基本收

表 7.4　山姆・阿特曼关于全民基本收入的理解以及正在推动的实践比较

对比要点	基本收入的设想	世界币的实践
目标	提供基本生活保障	建立数字身份和金融基础设施
形式	政府发放现金收入	发放加密货币 token
覆盖范围	面向本国公民	面向全球所有人
资金来源	政府财政支持	协议收费等
管理机构	政府直接管理	非营利基金会管理
技术需求	较低，通过现有渠道发放	需要构建底层公链和协议
验证要求	较低，一般通过身份证等	需要生物识别设备验证人性
治理方式	政府主导	追求民主治理和公众参与
影响评估	侧重经济效果分析	还关注社会治理变革效果

资料来源：Sam Altman, “Basic Income,” January 28, 2016, https://www.ycombinator.com/blog/basic-income/; World Coin, “World Coin Whitepaper,” https://whitepaper.worldcoin.org，访问时间：2023 年 9 月 5 日。

入这样的一种社会保护的框架。换言之，OpenAI 的行动可以被看成是一种自由市场与社会保护之间的双向运动。大模型的胜出本身在一定程度上代表了自由市场的力量，但如前所述，这种自由市场同样夹杂着大量的美国国家力量的介入。另外，阿特曼为了推行大模型技术同样从社会保护的角度发力，这样就形成了内在的自由市场与社会保护之间的双向运动。

然而，无论阿特曼如何从社会保护的角度发力，都无法改变其是大模型发展的主要推动力量这一事实。换言之，大模型将不可避免地带来失业、失序和失控等风险，这从根本上是由阿特曼领导的 OpenAI 推动的。并且，这样的双向运动不可避免地会导致新的政治冲突。实际上，在人工智能的发展过程中，一直存在一种“潘多拉的诱惑”，即人们似乎感受到了潘多拉魔盒打开之后的风险，但是最接近盒子的那个人无论如何也不能做到不打开那个盒子，就像一种“恶魔的诅咒”一般的心态会萦绕在那个打开潘多拉魔盒的行为者心中。

波兰尼认为，在经济自由主义原则与社会保护措施之间存在不可调和的结构性冲突。实际上，波兰尼的这一发现并不是全新的，其在很大程度上是对马克思观点的再表达。在波兰尼看来，在市场经济面临衰落的阶段，最终阶级力量则不可避免地会登场。[54] 换言之，广大的劳工阶级会最终走向政治舞台，并公开挑战市场经济的规则。应该说，波兰尼提出的这一警告在今天是极具提醒意义的。关于大模型所产生的失业效应，这一点 OpenAI 的论文专门作过全面讨论。绝大多数知识类的岗位都会在这一轮的发展中受到严重的冲击。那么受到冲击的这些群体，是否会以“愤怒的失业者”的角色来全面阻止大模型的发展？对未来的这种发展走向，我们是不得而知的。我们已经看到民粹主义在世界政治中一轮又一轮地兴起。

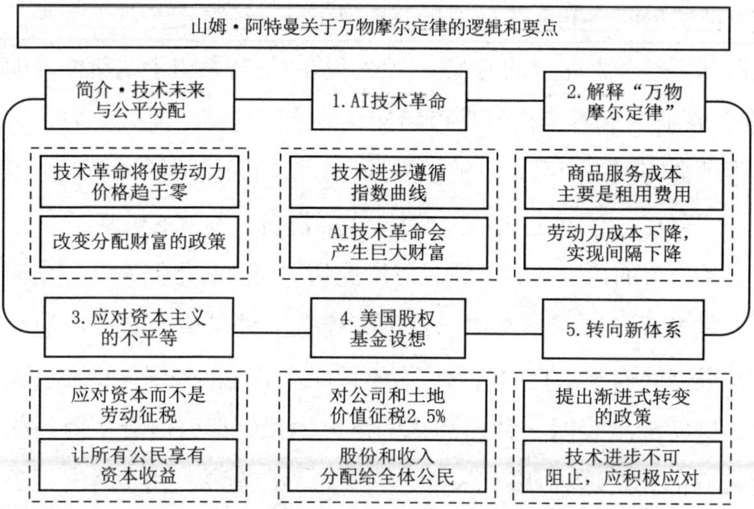

图7.3　山姆·阿特曼关于万物摩尔定律的逻辑和要点

资料来源：Sam Altman, "Moore's Law for Everything," March 16, 2021, https://moores.samaltman.com。

在大模型的发展过程中就不可避免地会导致一种新型的知识民粹主义。西方国家在民粹主义者的影响之下，真正的学者可能在某些话题上会处于“失语”的状态。而大众化的学者则会以更加喧闹的方式参与到机器的知识生产之中，其本身是政治冲突不可调和的产物。如果一系列政治经济问题无法得到有效的解决，而且那些失去工作岗位的人不能得到有效的社会保障，这些都可能会带来新的政治风险。

自由人联合体的构建：秩序、赋权与创新

波兰尼的完整讨论尽管是基于20世纪中期世界政治的图景，然而仔细品读其核心内容后发现似乎是为这一次新的大转型所准备

的。波兰尼同样继承了马克思的乐观主义。换言之，对于未来，波兰尼并不是一个完全的悲观主义者。波兰尼寄希望于“新世界的基石”。在波兰尼看来，最终市场社会会走向终结，而劳动力、土地和货币会实现去商品化。波兰尼认为，市场经济的形式仍然会以各种方式存在，然而其完全不再是一个经济自发调节的机制。[55]

从今天的角度来看，波兰尼所提到的去商品化似乎是完全遥不可及的梦想。如在上文中讨论的大模型的进步恰恰是知识商品化的结果。就连原本我们认为完全不可能商品化的知识同样在被商品化，这实际上表明一种商品化的巨大力量。那为何会从商品化走向去商品化？这种从商品化到去商品化的悖谬，其实就内生在今天的一些重大变化中。例如，OpenAI 的出现便是这种悖谬的表达。OpenAI 本身是一家非营利组织[56]，而阿特曼推动的全民基本收入也是另一家非营利组织[57]，这些机构的设立初衷本身是要打破资本主义经济中的寡头垄断。尽管阿特曼最终与巨头结盟，然而阿特曼却也在合作当中采取了一系列自我限制利润的主张。当微软的获利达到一定的阈值时，便将逐步退出 OpenAI 的股份。[58] 同时，按照阿特曼的设计，人工智能企业的超级利润，最终会以全民基本收入的方式分配给每一个参与者。这里描述的场景似乎又是一种去商品化的场景。其中的一个问题是，阿特曼的实践是否可以被看成是波兰尼描述的新社会的当代版本。波兰尼所描述的新社会表现为如下几个特征：

第一，经济激励不再是市场的主要动机，同时市场也不再由自发调节机制来支配。换言之，非营利似乎需要成为未来经济的一种重要形态，而阿特曼推动的 OpenAI 似乎是一种更加领先的组织方式。尽管大模型是以知识商品化的形式出现的，但最终其又以某种利润平均分配的方式反馈给每一个个体。那这样的行为便不再是自发调节的市场行为，而带有非常强的公共属性。第二，市场规则仍然是存在的。波兰尼并不认为，市场规则会完全消失。[59]换言之，在基本的社会运作之中，市场经济仍然是一个重要的形态。只不过，最后会以社会公共物品的方式，对每个个体的利益进行基本收入的保障。第三，劳动力、土地和货币最终实现去商品化。阿特曼在其发表的文章中同样讨论过这一问题。在阿特曼看来，土地和公司是财富创造的两种集中形式，所以应当设计一种系统对其征税并分配给全体民众。[60]因为在人工智能发展的背景之下，劳动力会逐步被智能体所取代。而货币不仅作为一种流通形式，而且最终会转化成一种分配形式。这便是阿特曼推动世界币的基本初衷。因此，波兰尼所讨论的劳动力、土地和货币实现去商品化并不完全是一种空想。

当然，对于读者而言，波兰尼所表达的似乎是一种弥赛亚的反转。这种反转在马克思的表达中同样存在。马克思认为，资本主义社会不可避免地走向灭亡，而社会主义必然会来临[61]，其中就存在一种弥赛亚的反转。马克思在讨论东方社会走社会主义道路的可能性时同样讨论到这一问题，认为社会主义更有可能会从那些具有古典的公有制社会特征的东方社会出现，这一点被概括为“跨越卡夫丁大峡谷”。[62]阿特曼在讨论中极为强调马克思主义与自由主义的结合。阿特曼所强调的土地和公司的征税以及全民再分配在很大程度上与波兰尼的判断是一致的。

波兰尼在对未来社会给出的方案中同样强调了国家强制和权利的必要性。在波兰尼看来，没有强力作用的世界无法走向真正的秩序。换言之，波兰尼从另一个角度强调了国家再分配在未来社会构建中的重要作用。另外，波兰尼同样强调了公民权利的重要性。在波兰尼看来，“公民权利必须能够压倒一切权威”[63]，这一点与马克思所强调的自由人联合体中的自由人同样是一致的。[64] 自由人的关键就是要保证每个个体的全面充分的发展，而保障这种发展需要由一系列权利来构成。波兰尼在讨论中似乎仍然是在向马克思致敬。波兰尼再次讨论了自由问题，并区分了形式的自由和实质的自由。在波兰尼看来，实质的自由需要由收入、闲暇和社会保障来实现，一系列权利的保障是自由的基础，而自由的关键是每个个体都可以在生产和分配体系中获得体面的收入和一定的闲暇。[65] 并且，波兰尼最终还是从社会整体的角度来看待自由。这一点同样可以看成是波兰尼对马克思自由人联合体观点的重新表述。

笔者在结合波兰尼和马克思观点的基础之上，进一步讨论未来自由人联合体的构建路径。在笔者看来，自由人联合体的构建需要从如下三个方面努力：

第一，从秩序系统来看，大模型需要掌握在国家手中。在未来，大模型是知识秩序和政治秩序的基础，因此从生产资料公有制的角度来讲，这种大模型需要成为国家的基础设施。在未来，社会大模型就是最基本的生产资料。尽管大模型在研发和运营的过程中某些头部的平台性企业可能会处于较为领先的位置，但是从社会长期发展的角度来看，大模型日益会成为整个国家和社会运行的新型基础设施。[66] 大模型本身便是秩序的根源，因此大模型最终不可避免地要掌握在国家手中。

第二，从赋权系统来看，大模型产生的人工智能收益最终需要由社会共享。这种共享既需要通过公民权利来进行保护，同时还需要在考虑社会整体利益的基础之上进行更加公正和合理的分配，使得那些新弱势群体可以在更多社会保障的基础上获得全新的能力。这种赋权还体现在公民在获得大量自由时间之后，可能更多需要投入共同体的政治活动中，通过积极公民的活动来为共同体贡献自己

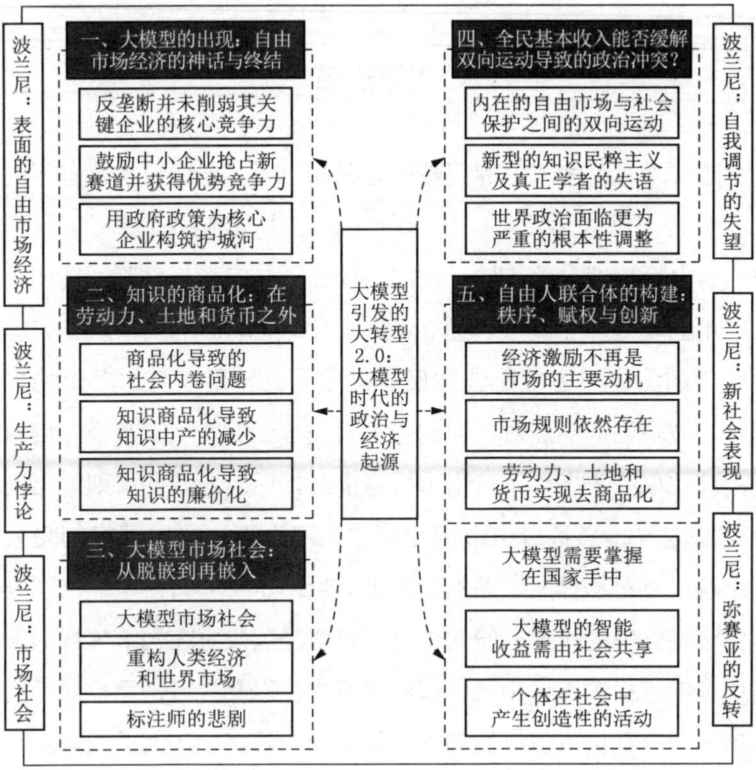

图7.4　大模型引发的大转型2.0：大模型时代的政治与经济起源

的能量。因此，这里的赋权是一种整体性的赋权。

第三，从创新系统来讲，最终每个个体都需要在社会中产生创造性的活动，获得一定体面的收入，并最终导向一种自由且幸福的生活。尽管在大模型的冲击之下，多数个体都可能会面临失去工作甚至意义丧失的一系列问题，然而这些个体在获得大量的自由时间之后，可以通过有意义的学习活动重新获得能力。这些个体可以自由且有意义地使用这些休闲时间，并在休闲和创造性活动中达到个体真正意义上的自由幸福生活。

本章小结

整体来看，波兰尼的大转型对我们思考大模型技术背景下的政治与经济问题极为重要。目前所处的时代与波兰尼撰写大模型的时代背景有相似也有不同。相似之处在于，二者都是剧烈转型的时代。不同之处在于，大转型 2.0 叠加了智能革命的成果。在大模型推动下的大转型可能比波兰尼所描述的大转型以更加深刻的方式展开。波兰尼的观点对于我们思考人类社会的转型未来极具启示意义。波兰尼首先指出了自由市场经济的神话问题，并深刻地指出即便是那些看起来是自由市场经济的国家也无法摆脱国家的强力干预。这一点对解释大模型的出现极具帮助意义。大模型的出现既是自由市场竞争的结果，同时也可以看到美国政府在构筑这样的大模型优势的过程中所做出的积极政策努力，以及为打击竞争对手所做的各种违背其自由市场原则的政策安排。换言之，大模型的胜利是自由市场和行政干预的共同结果。大模型的出现可能会使得在波兰尼提示的劳动力、土地和货币的商品化之外出现第四种商品化，即知识的商品化。波兰尼警告了商品化会导致的大众生活水平下降问题，这一警告可以被概括为“波兰尼生产力悖论”。同样，在知识商品化的背景之下，知识中产可能会面临更加困难的境遇。在大模型的影响之下，会出现一种大模型市场社会。作为一种新型的形态，大模型市场社会会使得市场社会从脱嵌再次进入嵌入的状态。大模型具有极强的捕捉能力，而任何的知识创造似乎都无法摆脱大模型市场社会的捕捉。然而，这种再嵌入不可避免地会导致市场自我调节的失败。

大模型可能带来的一系列失业、失序和失控风险，都可以被看成是自我调节失败的表现，而自由市场与社会保护之间的双向运动已经表现在最新的发展之中。OpenAI 所做的努力似乎本身就是一种社会保护与自由市场的结合。然而，从目前的发展来看，由双向运动导致的政治冲突仍然不可避免。这种政治冲突一方面可能会导致愤怒的失业者和社会撕裂，同时还可能导致民粹主义在世界政治中的进一步泛滥。然而，最终波兰尼并没有完全倒向一种悲观主义，而是用一种憧憬和畅想描述了未来的新理想社会。新理想社会出现了弥赛亚的反转，商品化转向了去商品化，同时市场不再起支配性作用。波兰尼的这一描述似乎指向了未来社会的社会主义转向。阿特曼所强调的马克思主义与自由主义的结合与波兰尼的观点在一定程度上是一致的。当然，要实现这样的社会主义转型不仅要依靠国家的再分配机制，还要依靠对公民权利的保护，这样才能够从形式的自由走向实质的自由。最终，自由人联合体需要从秩序系统、赋权系统和创新系统三大系统的平衡和联动中找到构建路径。

阿特曼的努力可以看成是当代空想社会主义版本。然而，其中的问题是，这样的社会主义构建并不能仅仅依靠少数精英个体来实现。一方面，由于这涉及整个社会系统，少数精英无法完成这一过程。另一方面，我们仍然可能要对阿特曼的真正的动机保持某种疑问。究竟阿特曼是希望实现空想社会主义，还是为自己的商业版图在构筑新的王国，我们并不清楚。因此，在大模型发展产生的创造性破坏效应的背景之下，我们仍然需要回到国家。从根本上来讲，大模型是一种全新的技术系统，其在发展过程中得到了经济系统的协助。经济系统和技术系统的合力最终会对社会系统产生影响，这便是波兰尼所讨论的双向运动产生的巨大冲突。最终，政治系统需要以中介者的角度出现并调和整个社会的矛盾，这样技术系统才能够向前演进。否则，技术系统产生的剩余会被经济系统快速分配掉，而处于剥夺状态的社会系统则会产生大量的新弱势群体以及社会不满。政治系统作为整个社会的凝结机制，就会变得极为重要。只有有效地实现政治系统的再分配机制，才能够保障技术系统的向前演进和社会的整体进步，才有可能真正接近自由人联合体的状态。

注释

1《马克思恩格斯选集》(第二卷)，人民出版社 2012 年版，第 777 页。

2 Nancy Fraser, "Social Justice in the Age of Identity Politics: Redistribution, Recognition, and Participation," in Nancy Fraser and Axel Honneth, *Redistribution or Recognition? A Political-Philosophical Exchange*, translated by Joel Golb, James Ingram and Christiane Wilke, London and New York: Verso, 2003, p. 9.

3 习近平:《习近平关于总体国家安全观论述摘编》，中央文献出版社 2018 年版，第 248 页。

4 Karl Polanyi, *The Great Transformation: The Political and Economic Origins of Our Time*, Boston: Beacon Press, 2001, p. 3.

5 G. John Ikenberry, "The End of Liberal International Order?" *International Affairs*, Vol. 94, No. 1, 2018, pp. 7–23.

6 Immanuel Wallerstein, *The Modern World-System I: Capitalist Agriculture and the Origins of the European World-Economy in the Sixteenth Century*, Berkeley and Los Angeles: University of California Press, 2011, pp. 347–357.

7 Francis Fukuyama: *The End of History and the Last Man*, New York: The Free Press, 1992, p. 98.

8 Karl Polanyi, *The Great Transformation: The Political and Economic Origins of Our Time*, Boston: Beacon Press, 2001, pp. 3–4.

9 张志元、李政隆:《对苏联计划经济体制的再思考》，载《世界社会主义研究》2021 年第 11 期，第 64—73 页。

10 "H.R.4346-Chips and Science Act," https://www.congress.gov/bill/117th-congress/house-bill/4346，访问时间: 2023 年 6 月 29 日。

11 "H.R.5376-Inflation Reduction Act of 2022," https://www.congress.gov/bill/117th-congress/house-bill/5376，访问时间: 2023 年 6 月 29 日。

12 关于美国国防部先进制造局（DARPA）项目的运作模式及其取得的主要成就，参见 William B. Bonvillian, Richard Van Atta and Patrick Windham, "The

DARPA Model for Transformative Technologies," *Cambridge: Open Book Publishers*, 2019, pp. 229–287。

13 Barry M. Leiner et al. "A Brief History of the Internet," https://www.internetsociety.org/internet/history-internet/brief-history-internet/，访问时间：2023 年 6 月 29 日。

14 John Mortensen, "Your Cell Phone Was Born in the U.S. Military," https://techevaluate.com/your-cell-phone-was-born-in-the-u-s-military/，访问时间：2023 年 6 月 29 日。

15 Mitchell Clark, "Congress Says the Army Can't Spend $400 Million Buying Microsoft HoloLens Headsets," https://www.theverge.com/2023/1/12/23552132/microsoft-hololens-army-contract-denied-v1-2-improvements，访问时间：2023 年 7 月 3 日。

16 Team TBH, "SpaceX Revolution: Transforming Space Exploration As We Know It," https://thebrandhopper.com/2023/03/04/the-spacex-journey-transforming-space-exploration-as-we-know-it/，访问时间：2023 年 7 月 3 日。

17 Richard Thaler, Cass Sunstein, *Nudge: Improving Decisions About Health, Wealth, and Happiness*, New Haven and London: Yale University Press, 2008, pp. 248–251.

18 Richard Thaler, Cass Sunstein, *Nudge: Improving Decisions About Health, Wealth, and Happiness*, New Haven and London: Yale University Press, 2008, p. 6.

19 Richard Waters, Kadhim Shubber, "Google Invests $300mn in Artificial Intelligence Start-up Anthropic," https://www.ft.com/content/583ead66-467c-4bd5-84d0-ed5df7b5bf9c，访问时间：2023 年 7 月 2 日。

20 "微软拆分案"中，美国政府曾裁定，微软公司应一分为二，一个专门负责 Windows 操作系统，而另一个将负责微软提供的所有其他软件产品。参见 CFI Team, "Microsoft Antitrust Case," https://corporatefinanceinstitute.com/resources/management/microsoft-antitrust-case/，访问时间：2023 年 7 月 2 日。

21 Jared Blikre, Devan Burris, "How Rockefeller's Standard Oil Trust became Chevron, ExxonMobil, BP, and Marathon," https://finance.yahoo.com/news/how-rockefellers-standard-oil-trust-became-chevron-exxon-mobil-bp-and-marathon-204653351.html，访问时间：2023 年 7 月 3 日。

22 艾米·派奇（Amy C. Page）写道，联邦政府利用反垄断法保护消费者，防止市场垄断。另一方面，政府也致力于使企业发展壮大，以便在国际市场上有效竞争。微软案涉及这两个相互冲突的目标，呈现出一个进退两难的局面。Amy C. Page, "Microsoft: A Case Study in International Competitiveness, High Technology, and the Future of Antitrust Law," *Federal Communications Law Journal*, Vol. 47, No. 1,

1994, pp. 99–122。

23 2013 年，辛顿加入谷歌。并且，辛顿还在 DeepMind 的成立中发挥了关键作用。DeepMind 是一家人工智能研究公司，2014 年被谷歌收购。参见 Torry Mastery, “Geoffrey Hinton – Top Ten Most Important Things You Need To Know,” https://dotcommagazine.com/2023/06/geoffrey-hinton-top-ten-most-important-things-you-need-to-know/，访问时间：2023 年 7 月 4 日。

24 Rachel Metz, Dina Bass and Priya Anand, “These Are the 10 AI Companies to Watch Right Now,” https://www.bloomberg.com/features/2023-top-ai-startups/，访问时间：2023 年 7 月 3 日。

25 Midjourney 官方网站上的“关于”一栏中，介绍到其核心成员共 11 人。参见“About,” https://www.midjourney.com/home/，访问时间：2023 年 7 月 3 日。

26 Sebastian Moss, “Eleven OpenAI Employees Break Off to Establish Anthropic, Raise $124m,” https://aibusiness.com/verticals/eleven-openai-employees-break-off-to-establish-anthropic-raise-124m，访问时间：2023 年 7 月 3 日。

27 Hugging Face 一共有 53 名雇员，名单见“List of Hugging Face employees,” https://www.signalhire.com/companies/hugging-face/employees，访问时间：2023 年 7 月 3 日。

28 Ina Fried, “U.S. Seeks Fresh Ways to Crack Down on Chinese Tech Industry,” https://www.axios.com/2023/03/02/us-china-tech-crackdown-huawei-chips-tiktok，访问时间：2023 年 7 月 3 日。

29 Stephen Nellis, Jane Lanhee Lee, “U.S. Officials Order Nvidia to Halt Sales of Top AI Chips to China,” https://finance.yahoo.com/news/nvidia-says-u-imposed-license-211639816.html，访问时间：2023 年 7 月 3 日。

30 TechNode Feed, “The US Bars China From Accessing Advanced Chipmaking EDA Software,” https://technode.com/2022/08/15/the-us-barrs-china-from-accessing-advanced-chipmaking-eda-software/，访问时间：2023 年 7 月 3 日。

31《放弃自研芯片？OPPO 突然终止哲库业务》, https://www.guancha.cn/economy/2023_05_12_692072.shtml，访问时间：2023 年 7 月 3 日。

32 在听证会召开之前，阿特曼曾在一次私人晚宴上会见了一些众议院议员，参见 Lauren Feiner, “Here’s What Happened During OpenAI CEO Sam Altman’s First Congressional Hearing on Artificial Intelligence,” https://www.cnbc.com/2023/05/16/openai-ceo-hearing-senators-aim-to-avoid-redo-of-social-media-harms.html，访问时间：2023 年 7 月 3 日。

33 详情参见“Will Hurd Joins OpenAI’s Board of Directors,” https://openai.com/blog/will-hurd-joins，访问时间：2023 年 6 月 17 日。

34 Sarah O’Neill, “The History of OpenAI,” https://www.lxahub.com/stories/the-

history-of-openai，访问时间：2023 年 7 月 3 日。

35 彼得·蒂尔创办的 Palantir 公司为美国和其他一些北约国家提供军事服务，参见 "Palantir Defense Offering," https://www.palantir.com/offerings/defense/，访问时间：2023 年 7 月 3 日。

36 Karl Polanyi, *The Great Transformation: The Political and Economic Origins of Our Time*, Boston: Beacon Press, 2001, p. 35.

37 Gregory Grefenstette, "Tokenization," *Syntactic Wordclass Tagging*, Berlin: Springer Science+Business Media B.V., 1999, pp. 117–119.

38 Frank F. Xu, Uri Alon, Graham Neubig, Vincent Josua Hellendoorn, "A Systematic Evaluation of Large Language Models of Code," *MAPS 2022: Proceedings of the 6th ACM SIGPLAN International Symposium on Machine Programming*, New York: Association for Computing Machinery, 2022, pp. 1–10.

39 马克斯·韦伯（Max Weber）认为，"学术已进入一个空前专业化的时代，并且这种情形将永远持续下去"，换言之，只有专业学者才能够进行知识生产，而其他人"至多只能提供专家一些有用的问题"。参见［德］马克斯·韦伯：《学术与政治》，钱永祥译，广西师范大学出版社 2004 年版，第 161 页。

40 Tom Warren, "Microsoft Copilot Leak Shows AI Automatically Creating a PowerPoint Presentation," https://www.theverge.com/2023/3/16/23642870/microsoft-copilot-office-powerpoint-microsoft-365-leak，访问时间：2023 年 6 月 7 日。

41 Karl Polanyi, *The Great Transformation: The Political and Economic Origins of Our Time*, Boston: Beacon Press, 2001, pp. 71–80.

42 Rick Stevens, Jeffrey Nichols and Katherine Yelick, *AI for Science*, Lemont: Argonne National Laboratory, 2020, pp. 5–15.

43 Kiersten M. Ruff, Rohit V. Pappu, "AlphaFold and Implications for Intrinsically Disordered Proteins," *Journal of Molecular Biology*, Vol. 433, No. 20, pp. 1–11.

44 "毫末智行发布自动驾驶生成式大模型 DriveGPT 雪湖·海若"，http://www.xinhuanet.com/tech/20230412/9cf8a0ca2e4043c395187d52bbd3bef1/c.html，访问时间：2023 年 7 月 4 日。

45 在 OpenAI 发布的关于 GPT-4 的报告中提到，其可以提高分类和标记的效率。参见 OpenAI: "GPT-4 Technical Report," https://arxiv.org/abs/2303.08774，访问时间：2023 年 6 月 17 日。

46 Karl Polanyi, *The Great Transformation*, Boston: Beacon Press, 2001, pp. 79–80.

47 Zoe Kleinman and Chris Vallance, "AI 'Godfather' Geoffrey Hinton Warns of Dangers as He Quits Google," https://www.bbc.com/news/world-us-canada-65452940，访问时间：2023 年 7 月 4 日。

48 Tyna Eloundou, Sam Manning, Pamela Mishkin and Daniel Rock, "GPTs are GPTs: An Early Look at the Labor Market Impact Potential of Large Language Models," https://openai.com/research/gpts-are-gpts，访问时间：2023 年 7 月 4 日。

49 Amanda Askell, Miles Brundage and Jack Clark, "Why Responsible AI Development Needs Cooperation on Safety," https://openai.com/research/cooperation-on-safety，访问时间：2023 年 7 月 4 日。

50 辛顿认为，尽管存在各种风险，但在短期看来，发展人工智能的好处仍然大过风险，所以不应该停止开发。参见 Zoe Kleinman and Chris Vallance, "AI 'Godfather' Geoffrey Hinton Warns of Dangers as He Quits Google," https://www.bbc.com/news/world-us-canada-65452940，访问时间：2023 年 7 月 4 日。

51 Karl Polanyi, *The Great Transformation: The Political and Economic Origins of Our Time*, Boston: Beacon Press, 2001, p. 3.

52 Michelle Toh and Yoonjung Seo, "OpenAI CEO Calls for Global Cooperation to Regulate AI," https://www.cnn.com/2023/06/09/tech/korea-altman-chatgpt-ai-regulation-intl-hnk/index.html，访问时间：2023 年 7 月 4 日。

53 Zohaib Ahmed, "What is Worldcoin, the Iris-scanning Cryptocurrency Backed by OpenAI CEO Sam Altman," https://indianexpress.com/article/technology/crypto/what-is-worldcoin-iris-scanning-cryptocurrency-backed-by-sam-altman-8612851/，访问时间：2023 年 7 月 4 日。

54 Karl Polanyi, *The Great Transformation: The Political and Economic Origins of Our Time*, Boston: Beacon Press, 2001, pp. 231–256.

55 Karl Polanyi, *The Great Transformation: The Political and Economic Origins of Our Time*, Boston: Beacon Press, 2001, p. 260.

56 在"我们的结构"一栏中，OpenAI 公司介绍道：其原本是一个非营利组织，但目前拥有一个上限利润部门。参见 "Our Structure," https://openai.com/our-structure，访问时间：2023 年 7 月 4 日。

57 阿特曼在其个人网站上介绍道，其全民基本收入的目标是创立所谓的"美国股票基金"，通过该基金对美国税收的一部分在社会进行平均分配。参见 Sam Altman: "Moore's Law for Everything," https://moores.samaltman.com，访问时间：2023 年 7 月 4 日。

58 根据微软与 OpenAI 的协议，前者持有后者 49% 的股权，在获利到达上限后，所有的利润将归 OpenAI 所有。参见 Gennaro Cuofano, "OpenAI-Microsoft Partnership Explained," https://fourweekmba.com/openai-microsoft/，访问时间：2023 年 7 月 4 日。

59 Karl Polanyi, *The Great Transformation: The Political and Economic Origins of Our Time*, Boston: Beacon Press, 2001, p. 260.

60 阿特曼的个人网站上写着，土地和公司这两种资产构成了世界上大部分的价值，因此应当设计一种系统对其征税，以便公平分配。参见 Sam Altman: "Moore's Law for Everything," https://moores.samaltman.com，访问时间：2023 年 7 月 4 日。

61 马克思和恩格斯在《共产党宣言》中写道："于是，随着大工业的发展，资产阶级借以生产和占有产品的基础本身，也就从它的脚底下抽掉了。它首先生产的是它自身的掘墓人。资产阶级的灭亡和无产阶级的胜利同样是不可避免的。"参见《马克思恩格斯全集》(第四卷)，人民出版社 1960 年版，第 478—479 页。

62 马克思在描述俄国社会时写道："因此，它可以不通过资本主义制度的卡夫丁峡谷，而吸取资本主义制度所取得的一切肯定成果。"参见《马克思恩格斯全集》(第十九卷)，人民出版社 1960 年版，第 478—479 页。而在马克思的观点中，整个东方社会（即相对于西欧的欧亚大陆其他地区）都有着与俄国社会相同或相近的性质。

63 Karl Polanyi, *The Great Transformation: The Political and Economic Origins of Our Time*, Boston: Beacon Press, 2001, p. 264.

64 马克思设想，"有一个自由人联合体，他们用公共的生产资料进行劳动，并且自觉地把他们许多个人劳动力当作一个社会劳动力来使用"。参见［德］马克思：《资本论》，中共中央马克思恩格斯列宁斯大林著作编译局译，人民出版社 2004 年版，第 96 页。

65 Karl Polanyi, *The Great Transformation: The Political and Economic Origins of Our Time*, Boston: Beacon Press, 2001, p. 265.

66 高奇琦：《国家数字能力：数字革命中的国家治理能力建设》，载《中国社会科学》2023 年第 1 期，第 44—61 页。

第三部分

大模型时代的自由、民主与人机契约

第八章

大模型技术下的自由悖论与公民教育：从卢梭出发的思考

自由时间——不论是闲暇时间还是从事较高级活动的时间——自然要把占有它的人变为另一主体，于是他作为这另一主体又加入直接生产过程。

——马克思《政治经济学批判（1857—1858 年手稿）》[1]

陷于自由的颠倒中的人，其枯萎来自根部。

——卡尔·雅思贝尔斯《现时代的人》[2]

专气致柔，能如婴儿乎？

——老子《道德经》

大模型技术将对人类社会的各个方面都将产生非常深远的影响。本章将重点落在大模型技术对公民自由和公民教育的影响上。为了加深这一讨论的深度，笔者引入卢梭的思想。卢梭对公民自由有非常全面且深刻的讨论。卢梭的这一思想在一定程度上影响到康德，而康德的思想经由黑格尔影响到马克思。卢梭对公民教育的讨论在思想史上同样是一个高峰式的成果。笔者将讨论的问题包括，大模型所代表的知识生产会对公民个体产生何种影响？当大模型作为教育手段之后，其是否会让公民更加具备独立性？大模型作为一种先进的生产工具，是否会导致人类对其的依赖，而这种依赖对于公民自由又会产生何种影响？在卢梭的论述中，劳动同样是公民自由的重要部分，那么在大模型技术之下，绝大多数的劳动都会由机器来完成，那么如何应对这种影响？笔者在卢梭思想和论述的基础之上展开对这些问题的探讨。

大模型导致的知识幻象与自由悖论

如何成为自由人是卢梭思想的核心。卢梭描述了一种古典乌托邦，这种古典乌托邦与人类的原始社会有几分相似，其表现为一种共同体。在这一共同体中，没有私有制，只有人自由且自然的劳动。[3] 卢梭的这一观点影响到康德[4]，并由康德影响到马克思。[5] 卢梭认为，现代人是看似自由实则并不自由的人。现代人的自由是人造的伪自由，是一种粉饰性的自由。[6] 这种自由只不过是人用来粉饰失去自由的奴隶状态，是一种名为自由的实质不自由。在卢梭看来，启蒙恰恰是现代人道德败坏的开始。卢梭的这一观点与中国道家的思想有相似之处。例如，老子就表达过“大道废，有仁义”这样的自然观。[7] 在卢梭看来，启蒙导致了一种知识的幻象。尽管公众意见可以在新的条件下得到自由表达，但却会导致某种意义上的意见专制。当前社会创造了一种公共意见随意表达的机制，但这种意见表达得越多，每个个体就越想成为主人，而最终的结果却是更容易陷入奴隶的状态。这便是一种从意愿上成为主人，但实质上成为奴隶的反转。

同时，卢梭认为，现代人陷入了一种唯智主义，其破坏了人的内在性的统一和单纯性，却离自由越来越远。[8] 这一点在马克思的观点中也有众多的呼应。社会分工就可以视为唯智主义的一个发展。社会分工提高了社会生产力，但却使得人进入异化状态。[9] 异化就是对传统的单纯性和统一性的破坏。卢梭认为，现代性最终导致了公民的丧失。知识越丰厚，共同体中的公民属性就会愈加淡薄。同时，卢梭指出，现代社会变成了一个集合而非联合体。这种实质性分散的社会状态恰恰是人类恶的根源。[10]

总之，卢梭的观点代表了一种现代性的反思性思维。在人们普遍看到人类社会进步的地方时，卢梭却看到了社会的倒退，这是卢梭批判性思维的基础。因此，卢梭的思想核心是一种自然的自由观。在此基础上，卢梭的教育思想表现为一种自然的教育。在卢梭看来，既然启蒙导致了人类的堕落，那么教育就应该让人回到纯粹的自然状态，即教育应该服务于培养符合自然状态的自由人。换言之，现实社会是一个巨大的洪流，我们每个个体都卷入其中，并不可避免地承受着社会分工带来的压力。这种压力最终可能使人走向马克思意义上的异化状态。从卢梭的角度来看，教育的目的就是要拯救人的异化状态，重新回到那个纯粹的每个个体都能够得到真正自由的状态。

从卢梭的观点出发来理解大模型技术的发展，会得到一些更加深刻的认识。大模型所反映的是人工智能技术的新进展。人工智能本质上仍然是一种技术。自启蒙运动以来，技术就服务于启蒙，并呈现为一种工具理性。[11] 换言之，按照卢梭对启蒙进行的批判性思考，技术无疑加速了启蒙并最终加速了人们的异化状态。一方面，通用大模型表现为赋权机制，即那些爱好文学但语言贫乏的人可以借此生成大量诗歌。这似乎是一种巨大的赋权运动。然而，从卢梭的角度来看，这无疑是在技术基础上产生的知识幻想，即人们在使用大模型之后感觉自己拥有了知识，但这不是自己拥有的真正的知识。在本质上，其仍然是技术的产物，况且人类对大模型背后的深度神经网络等一整套算法仍然缺乏了解。[12] 在大模型基础之上，每个人都能成为诗人，似乎又进入了一种大众诗人的时代。这似乎是卢梭所强调的个体意见的充分表达。然而，这种个体意见中有多少是个体真正的意见？这些表达的意见究竟是个体的真实想法还是大模型的想法，而大模型的想法又来自哪里？大模型的想法是谁的想法，是大模型开发者还是资本的提供方，抑或是使用者的想法？其中仍然充满着诸多未知。换言之，这里的关键问题是，在使用大模型之后进行的个体表达，究竟是个体的表达还是大模型的表达？

卢梭担心的情况确实会成为一种现实，即个体表达的意见越多，似乎越会成为大模型的“奴隶”。大模型所导致的知识幻象使人们看起来增加了知识的自由。通过大模型这一工具，人们可以输出大量此前并不具备的各类知识性内容，但实际上人们并不能真正自由地使用这些知识。此外，大模型还加速了原子化世界的诞生。例如，人们之前在孤独时可能会去寻找其他同伴聊天。然而，在今天，个体似乎会更倾向于找 ChatGPT 或数字人来聊天，因为 ChatGPT 会表现出一种极为体贴和迎合的态度，而其他的人类个体却无法做到这一点。[13] 在这种信息茧房效应的基础之上，人类命运共同体可能会进一步原子化。从卢梭的角度来看，这本质上是一种共同体的丧失，并最终会导致公民的丧失。

作为教育手段的大模型：日益加剧的孤儿状态

卢梭的思想中有诸多与洛克对话的内涵。洛克强调启蒙及其推动的现代化会使得人类更加进步。[14] 然而，卢梭却反对洛克的观点。

洛克更加接近中国儒家的思想，而卢梭则更加接近中国道家的思想。整体来看，孔子和洛克都属于社会建构意义的思想，而老子和卢梭则持有一种强社会批判的思想。有趣的是，卢梭和老子都极为强调孩童的特殊意义。《道德经》中则强调，人要“复归于婴儿”。[15]卢梭认为，孩子的身体中有自然人的种子，或者说孩童的状态最接近自由人。[16]尼采也有类似的表达。尼采表达了人生的三个阶段，分别是骆驼、狮子和婴儿，而婴儿的状态是一种最高状态。[17]卢梭关于婴儿的讨论与人的孤独状态结合在一起。或者说，卢梭的另一个重要概念是孤儿。卢梭用婴儿、孤儿、新人等概念表达了一种状态，其反映的核心是一种人的内在的孤独性。[18]从另一角度来讲，这与儒家极为强调的慎独也有几分相似。例如，在卢梭的《爱弥儿》故事之中，爱弥儿在经历了一系列社会过程之后选择了与苏菲退隐，这便是一种孤独的状态。因此，卢梭的思想在很大程度上成为尼采思想的先声。尼采写道：人在群体之中才感到自己的孤独。[19]卢梭所表达的是一种人在孤独状态中才能够变得强大的思想，因为人在相对孤独的状态下，才能进行真正的思考。按照笛卡尔的说法，当人真正思考时，人才会真正的存在。[20]

从卢梭的观点出发，我们需要进一步思考：人们为什么要跟大模型对话？即便很多人在潜意识中非常清楚大模型是一个对话机器人，它并不真实，但人们还是愿意跟它聊天。这里其实有一种预设，即人在某种意义上已经将大模型视为真正意义上的人。目前，很多人在使用大模型时，仍然将大模型当成一种游戏的工具。可以想象的是，伴随着这一对话工具的不断发展，我们可能更愿意将大模型当成真正的对话对象，因为似乎没有人比大模型更了解自己。大模型是一个迎合人的语言模型，而迎合人是一种重要的商业策略。只有不断迎合人才能够获得更大的社会关注度，才能够让每个使用它的普通人感到它是自己真正的朋友。

然而，从反思的角度来讲，这样的对话是真实的吗？这种对话最终会服从于自己内心的真实想法吗？或者说，在与大模型对话的喧嚣之中，人能够实现自己真正的思考吗？其中会产生一种悖谬的存在。一方面，作为一种通用语言工具，大模型具备百科全书式的知识体系，确实会给人们带来一些与自己已有认知完全不同的知识。另一方面，大模型在开发之中运用了与人类对齐的架构。[21] 换言之，其核心价值观在不断地向人类靠近，而这种迎合人类的模型是否会成为人类真正的朋友？人类大量的思想进步是在激烈的反思性对话中产生的。换言之，人们在与别人的对话中，如果得到更多的赞同和附和，就会强化自己的想法。然而，只有当人们发现别人的观点与自己不同时，才会激发自己更加深刻的思考。这便是卢梭所强调的孤儿状态的意义。孤儿状态可以使得人们发自内心地去挖掘对知识更深的洞见，而大模型似乎会营造一种虚幻的社会属性。这种社会性对话似乎将更多强化人们的已有知识，而非激发个体去创造新的知识。

卢梭在《爱弥儿》中深刻地描述了爱弥儿早期的孤儿状态。卢梭批判了当时社会中的流行风尚，即母亲不让孩子吃自己的奶，而让孩子吃保姆的奶。在卢梭看来这便是一种对自然的脱离，即忙碌的父亲最终导致了父亲的缺席。从这个意义上讲，卢梭认为，人的罪来自孤儿状态。但这种孤儿状态实际上又构成了爱弥儿知识的新的起点，那便是让·雅克的出现。在卢梭看来，让·雅克才是爱弥儿真正的父亲，因为让·雅克比孩子的父亲更像父亲，他才是孩子的导师。[22] 关于这一点，卢梭的观点其实与洛克极为相似，即反对社会教育而主张家庭教育。洛克认为，孩子成长过程当中最重要的是他的导师。首先，父母需要成为孩子的导师。[23] 同时，如果父亲死亡，最好可以雇用一个品格优良、知识丰富的人作为孩子真正的导师。[24] 这一点恰恰在《爱弥儿》中以让·雅克的形式出现。换言之，尽管卢梭反对洛克，但是二者在某些内容上仍然达成了一致性。这里的关键问题是，卢梭意义上的自由人是孤儿还是社会人？卢梭个人较为倾向于孤独状态，但同时卢梭的思想中又表现出极强的共和主义内涵，即个体要在真正的社会共同体中才能找到意义。马克思在很大程度上进一步发挥了卢梭的这一思想，并形成了自由人联合体的理论。

大模型会加剧人的孤儿状态，还是会更容易使人变成社会人？大模型可以成为让·雅克这样的人生导师吗？大模型是否可以给人类提供一对一的人格教育服务？这取决于大模型技术的发展。就目前的发展情况来看，大模型似乎可以胜任“一对一”的人生导师的工作。当然，我们需要对大模型背后的知识架构及其可能表达出的道德模范的内涵进行深究，因为这最终会作用于人。任何小的纰漏或者人格的错乱，最终会导致受教育者整体价值观的坍塌。换言之，假设一个受教育者已经将大模型当成了自己的人格导师，但是由于机器的不稳定性使其突然变成了某个种族主义者或纳粹主义者，受教育者建立的教育信仰会瞬间崩塌。由此延伸出的一个问题是，大模型作为教育手段会让人类更加接近自然吗？卢梭所强调的孤儿状态实际上是一种自然状态，而这里需要思考的问题就是大模型是否会让人类更加接近自然状态？一方面，大模型是一个新的生产力工具。在新的生产力条件下，人们可以试图从繁重且重复的劳动中解放出来，从而从事更具创造性的活动。这似乎是一个自然人的愿景。另一方面，工具本身可能会成为异化的新来源。当人们高度依赖于大模型时，其很有可能会最终毁掉人类拥有的一切，因为人类已经不能没有它。

表 8.1　ChatGPT 插件的代表性应用及其功能

代表性 ChatGPT 插件	功　能
Wolfram	弥补了 ChatGPT 在计算能力上的弱点。可以实现复杂数学问题计算、搜索历史史实和相关数据、统计分析、数据可视化等功能。
Prompt Perfect	是一个用于优化 ChatGPT 指令（提示词 /Prompt）的工具。
Pluginpedia	可以根据用户的问题给出能解决问题的插件，还能够附上关于该插件的详细信息。
Paxi AI	可以根据用户输入的需求帮助其搜索适配的 AI 软件。
Link Reader	可读取网页 PDF、PPT 等各种链接的内容，而无需下载或打开文件。该插件能够迅速总结内容概要。
Video Insights	可以提供某些平台上特定视频的概要和详细信息，可以一键获得该视频的观看数、点赞数、评论及其他指标。
Photorealistic	可以根据用户提供的简短提示词生成更具有指向性和描述力的提示词，被用于与 Midjourney 搭配生成更高质量的图片。
Whimsical Diagrams	可以帮助用户创建和理解各种类型的图表和图形。可以用图表来解释复杂的概念，对流程进行可视化。
Speak	用户可以在插件内直接询问任何与语言相关的问题。
Expedia	根据用户的需求和偏好给出个性化的旅行建议。
What To Watch	可以寻找特定的电视 / 流媒体节目，或是发现新的节目。

资料来源：https://roihacks.com/chatgpt-plugin-tutorials/；https://gptstore.ai/，访问时间：2023 年 9 月 7 日。

自然教育：大模型依赖的避免和想象力的保鲜

卢梭教育思想的核心是自然教育，其核心观点就是以最为自然的方式来进行教育，而非进行早熟式的教育。在卢梭看来，不同时间段要教习不同的内容。卢梭这里的一个关键概念是，人的第二次降生。卢梭认为，人的自然降生是第一次降生，而在青春期人才会出现第二次降生。[25] 在第一次降生过程中，对人的教育更多是一种自然的教育，而在第二次降生之后对人的教育才是社会的教育。这一点对于我们思考教育问题极为重要。因为在实践中，人们出于某种社会压力或者是自身的急迫要求，希望较早地把大量知识灌输到孩子身上，这是一种非常糟糕的教育方式。因为教育有自身的规律，过早的强制教育很可能会打破人正常培养的进程。这一点可以帮助我们思考在使用大模型之后，我们的教育体系应当向何处去的问题。

其实，大模型很可能会加剧一个孩子的早熟。在传统的教育体系中，我们会自动对知识进行分解。幼儿园、小学、中学所教授的内容是不同的。这样的教育体系提炼于人类千百年来的教育实践，并符合不同的民族和社会习惯。然而，大模型会产生一种强大的技术嵌入效应。换言之，当孩子面对 ChatGPT 这样的通用工具时，传统教育体系会面临巨大挑战。孩子会根据他的兴趣不断向大模型发问，而大模型会产生强大的直接嵌入效应。即便是在家庭教育中，我们也会很容易对知识进行分层。例如，当孩子问到一个不太符合他年龄的问题时，我们常常会告诉孩子当你长大之后就会理解。因此，将来当我们把大模型运用到教育过程中的时候，也要同时设定某种限制，从而使大模型服务提供方能够针对不同的对象进行内容或知识的分层。

那么，人类是否会对大模型形成过度依赖？在卢梭看来，小孩的啼哭状态是一种寻求帮助的命令。小孩的啼哭首先是在传达一种寻求帮助的信息，但同时这种帮助似乎不是请求，而变成了一种命令。[26] 因为当听到孩子的啼哭声时，孩子的照顾者会感到一种巨大的压力，而必须要满足这一要求则在本质上演变为一种具备要求内涵的请求。当人在使用大模型时，其实也是一种具备要求内涵的请求。当人们面对大模型进行提示时似乎是一种请求 [27]，但实际上人们会要求大模型提供某些知识。因此，我们可以发现，人类希望对大模型建立一种基于依赖的统治，或是以依赖为外衣的统治。看似是人类不得不依赖大模型，但实际上是人类在对其实行一种以要求为内涵的统治命令。这最终会导致一种双重化的人，其是奴隶和主宰的共生体。

这里的依赖是一种双重依赖。一方面人们会表现出对大模型的工具性依赖，另一方面则表现出为了得到某种结果而对大模型进行命令的依赖。人们在这种双重依赖当中，最终是否会导致自信的骄横？换言之，人在本质上可能会失去某种真正的语言能力。假设人在与大模型不断地对话当中似乎获得了某种掌握知识的幻象，但实际上受教育者可能最终失去了真正的知识理解能力和掌握能力。同时，人们还会表现出自己对大模型的掌控，即这一结果并不是大模型自己生成的，而是在我的提示下生成的，是因为我的提示才导致了这个结果的诞生。人似乎会在这个结果面前表现出充足的自信，甚至是基于自信的骄横，这种骄横是无根且内在空虚的。

进一步的问题是，大模型会导致受教育者的想象力爆发还是匮乏？卢梭认为，想象力对于孩子的教育至关重要，因为想象的事情没有止境，而孩子恰恰需要通过想象来确认现实。模仿是以想象为基础的，尽管这样的模仿可能并不准确，但这恰恰是人成长的开始。[28] 在卢梭看来，这种大人基于自身情境的知识灌输多数都是失败的，因为大量的灌输无法形成具体的指示。例如，我们在对一个五岁的孩童大讲法律和道德，这些词汇并不能在孩童的心灵中形成具体的指涉。五岁的孩童会更容易接受图像。从这个意义上讲，人工智能的发展恰恰可以帮助我们纠正传统思维中的一些错误。许多家长对教育的理解并不准确。或者说，很多家长并未形成一种开放性的教育观念。而人工智能则能够通过知识革命加速更好的教育理念的传播，使得孩子的想象力可以在教育的过程中被更多地保留下来。

卢梭极为强调想象力的意义以及想象力不受必然法则的约束，但同时卢梭也深刻指出，想象是痛苦的根源，因为在想象的过程中欲望会随之增长。卢梭所强调的自然教育在某种程度上类似于儒家所强调的欲望克制，即通过减少欲望来减少人生的痛苦。[29] 从这个意义上讲，大模型将会带领人类进入一个更加精神化的世界，因为大模型在本质上是一种知识生成系统，其会引导人类从物质世界更多进入精神世界。在保有人类想象力的同时，其可以使得人们在知识的环境中更加充分地成长。当然，这里还要牢记卢梭的警告，即教育一定是自然而然的。大模型是一个巨大的知识工具，其会产生强大的知识赋权效应，然而这样的知识赋权突破了人类掌握知识的基本规律，并可能产生拔苗助长的情况。因为人们的心智还没有为这样的知识做好准备。过早地输入一方面可能会消灭人们对知识获得的兴趣，另一方面也可能会由于过多知识的输入使人们理解上产生困难，甚至产生巨大的挫折感。

创造劳动：如何应对大模型对劳动的消灭？

卢梭极为强调劳动的重要性，这一点同样与洛克的观点相似。在卢梭看来，劳动可以实现一种对物的教育，这是在第一次降生中极为重要的部分。在《爱弥儿》的故事中就体现为爱弥儿对蚕豆的种植，即爱弥儿通过占有土地来实现一种对物的获取。然而，这一故事却产生了一种戏剧性的冲突。爱弥儿的蚕豆被他人铲掉，导致爱弥儿产生了一种正义感的冲突。自己通过劳动获得的物却被他人的行为所摧毁，这使得爱弥儿感到一种不正义。而之所以称之为冲突，是因为园丁铲掉爱弥儿的蚕豆是希望可以种瓜，并将瓜送给爱弥儿。这在爱弥儿的认知中产生了冲突，自己的劳动成果被摧毁，同时摧毁它的人似乎有一个更加正义和友好的目标。然而，最终这一问题的解决还是通过契约和交换来实现的，因为园丁对菜地拥有所有权，因此园丁对蚕豆的铲除这一行为本身是正常且正义的结果。爱弥儿在了解到这个信息后逐步接受了这种新的、基于土地所有权的正义观，同时园丁还给爱弥儿提供了一种契约解决的方案，即划出一小块地给爱弥儿种蚕豆。爱弥儿由此增加了关于财产权的认识，并使其在与他人世界的社会联系中获得了一种关于交换的认知。[30] 在这种冲突中，爱弥儿似乎感受到一种自我的存在，即我种的蚕豆被他人铲掉，这一过程实际上是一种自我的觉醒。同时，在此过程中，正义的观念在爱弥儿的思维中萌发，即他人会铲掉我种的蚕豆，这种行为是不正义的。

劳动概念对我们理解人类未来极为重要，因为大模型最终会挑战人类的劳动观念。劳动是人类存在的基础。对此，洛克和卢梭都有非常充分的讨论。洛克强调，孩童在幼年时期玩的玩具，最好是自己创造的。[31] 之所以这样强调，是因为洛克认为在这一过程中孩童可以体会劳动的感觉。而卢梭同样强调这一点。卢梭认为，在少年需要掌握的技艺中，最重要的是自然的技艺。卢梭认为，少年最需要阅读的书籍是《鲁滨逊漂流记》[32]，并在此过程中体验一种自我动手的感觉，这是一种自然工匠的想象而非艺术家的想象。然而，大模型的出现却从根本上挑战了人们自然的劳动观，因为当我们在面对大模型的发问时，似乎就已经完成了劳动的过程。而发问之后的瞬间便会获得结果，由此，劳动的过程似乎弥散在大模型背后的大模型演算之中。人们也并不能真正地经历一个长期的劳动过程。

实际上，这种劳动的消逝在大模型之前就已经大量出现。现代化的本质就是社会分工，而分工越精细，传统意义上的自然劳动就会越来越消逝。例如，今天人们可以享受各种丰富的社会产品，但其实很少会通过劳动过程来获得这些产品。大模型出现的革命性正在于，其打破了大量知识性创造应当基于劳动的培养过程。例如，我们在传统的知识性创造过程中，如果想创作一首诗歌，那么我们就需要长期学习和训练。经过这样的学习过程，掌握了诗歌创作的规则和技巧，再加上日后诗歌创作的不断实践，才有可能创作一首较为成熟的诗歌。然而，在大模型的辅助之下，这种过程会被轻易省略。人们只需构想诗歌大致的情境内容和主题，就能够瞬间得到一个像模像样的结果。换言之，这种劳动过程的丧失是否最终挑战人类的主体性？或者说人类主体性是否会在劳动弥散化的空间中完全消失？此外，大模型还会最终挑战社会交换。现代社会过程的核心内涵是社会分工，而社会分工最终要通过社会交换来实现不同劳动产品的充分交流。然而，由于大模型是一个类似于百科全书式的全知全能的上帝，人类不再需要通过协作来获得某一个产品，而只需要向大模型发出一种以请求为外表的要求就可以达成自己的目的。

卢梭在讨论中提出一个非常重要的观点，有用即价值。[33] 卢梭为何会强调劳动的意义，是因为在劳动的过程中我们会去检验知识的价值。这一点影响了之后的马克思。马克思反复强调，哲学家用不同的方式来思考世界，但关键是如何改变世界。[34] 邓小平在改革开放过程中强调的“实践是检验真理的唯一标准”同样遵循了这一逻辑。[35] 这一点与中国文化传统也是一致的。中国的知识传统强调知行合一，即知识与实践的统一。[36] 这是卢梭所强调的自然教育的基础。在自然的状态中，人们的基本需求是劳动。人类可以通过劳动来创造劳动产品，同时劳动产品也能够为人提供基本需要的满足。因此，自然本身就体现为人与劳动的完全统一。在劳动的过程中，个体会处在一种知足的、自在的和自为的状态。这一状态中的劳动者就是一种纯粹的“一”的状态。

然而，大模型的出现可能会打破这一状态，尽管人们在运用大模型的过程中仍然以实践性为基础。换言之，我们并不会轻易使用大模型产生的结果，而是会根据实践来对其进行调整，这似乎在创造一种新型的劳动。相较于传统的劳动过程中对劳动产品的创造和打磨，新型劳动的内核是提示与调整。在提示的基础之上，大模型可能并不会提供一个完全令人满意的结果，这时人们就可以根据自己的需求不断诱导大模型来达成自己所希望的效果。或者是，人在大模型提供的参考之上，再作进一步的思考。换言之，人们在大模型的使用过程中，仍然需要保持某种劳动的属性和特征。如果仅仅寄希望于大模型能够产生一个完美的结果，那最终可能会导致人类丧失劳动的属性。而如果大模型仍然是一种能够提高人类生产力的生产工具，并在这一过程中激发人类发展出劳动的新模式，同时仍然可以强劲地保持自身的主体性，这似乎恰恰是卢梭意义上的自由人的开始。从卢梭的观点出发，人类的意义恰恰是要创造新的劳动。这种劳动不再是解决人类维持自身存在的生产性劳动，而更多的是以体现自身价值为内容的审美性劳动。只有创造这样一些新的劳动，才能够回到卢梭所强调的自己动手的“自然工匠的想象”。

公民教育：共通感和实践理性

卢梭在其整体思维之中一直在寻求一与多的统一。《爱弥儿》前三卷的核心是一种自然的自由，而这需要通过教育来实现一种真正意义上的、具有反思性功能的孤独者。然而，《爱弥儿》后两卷的核心却是一种道德自由，即通过共同感来培养自我意识，并最终实现“自我的一”与“社会的一”的统一，抑或是“个体的一”与“全体的一”的统一。卢梭还讨论了同情的问题，即如何可以产生同情感。同情的内涵是一种通感和移情。当人们意识到我们也不能免于同样的情境时就会产生同情心，其原因则是发自内心的强大的良知。这一点可以与中国哲学形成非常好的对话。例如，孟子强调内在于人心灵的良知，[37]这一点被之后的王阳明阐发为致良知。[38]在卢梭看来，同情心构成了“个体的一”与“全体的一”的连接。卢梭讨论了富人的不幸和穷人的不幸。富人的不幸在于滥用其优势地位，而穷人的不幸则在于其所面临的残酷命运。[39]整体来看，这是同一种类的不幸。卢梭在其作品中表现出一种强大的、对人类整体的同情心，并同样影响了康德和马克思。换言之，马克思以人类解放为目的的整体性思考，在很大程度上受到了卢梭的启发。[40]

我们今天思考大模型的一个重要关联性问题就是，大模型可以培养所有人的同情心吗？就目前的实践来看，大模型确实具备这种潜能。但即便如此，人们似乎仍然在试图寻找一些道德化的工具。因为每个个体对道德的理解不一致，这就存在一种对道德的衡量。同时，道德在某种意义上也需要发挥一种柔性的强制功能。换言之，在一个具有高度道德感的群体当中，个体会表现出更强的道德意识。或者说个体需要不断地依靠道德的提醒才能焕发内心的良知。因此，在这一过程中，大模型确实大有用武之地。我们完全可以通过人类的力量将大模型驯化为一个道德工具。目前大模型已经表现出一些特征。例如，当一些用户在问及大模型一些非法问题时，它会表现出教育者的面貌，并告诉提问者这样的问题是非法还是不合乎伦理的。[41]

然而，这种伦理工具似乎也存在一定问题。卢梭曾经也有过相关讨论。例如，卢梭在讨论历史教育的问题时指出，历史教育一方面可以培养节制的德性，可以形成关于类的经验，是“个体的一”扩展为“全体的一”的关键。如此，才有助于形成一种将人类作为最高目的的内涵。同时，卢梭还认为，历史是一种充满沉淀的历史。换言之，同情心工具或道德机器的基础知识从哪里来？谁的道德以及什么道德才可以成为道德机器的基础？由于人类对一些基本的价值观仍然存在激烈的争论，如智能驾驶发展过程中讨论较多的电车难题。[42] 换言之，人们对一些道德的基本观念仍然缺乏共识，这就导致人们在构建普遍性的道德机器时面临一个关键问题，即哪些知识会成为道德机器思维的核心。

卢梭的讨论还涉及另一个关键问题，即道德机器会形成一种外在强制，但外在强制必须要通过内在信仰的转化才具有真正的意义。这便是卢梭反复强调的第二次降生的内涵。在第二次降生的过程中，教育的任务变成了限制身体向外的扩张，同时要唤起内在与良知的理性。这点实际上构成了康德思想的核心。[43] 卢梭所著《爱弥儿》后两卷的核心便是讨论这一问题，即如何从内心出发构建自己的德行，从而获得一种良心的反馈。良心反馈是在他人对自己的善的认可和期许之上产生的。然而，这个问题并未完全得到充分的回答。良知的基础是知识，那什么知识才会成为良知呢？从字面来理解，良知是良善的知识，是一种好的知识。那又该如何定义良善呢？这是一个根本问题。

卢梭在讨论第二次降生的过程中，引入了他人出场的意义。个体正是在他人出场的背景下产生了自恋、不知足和不自由的想法。换言之，个体是在与他人的比较中产生道德意识或邪恶意识的。自恋的本质是一种爱，而爱的异化便是恨。由爱可能会产生怀疑甚至是专断。卢梭所强调的恰恰是一种对自恋产生激情的引导和控制，并最终通过强大内心的良心控制来成为具备自由意志的“自主的人”。[44] 其中最核心的内涵是一种知性的自我意志，其可以将对象理性化和秩序化。从这一角度来看，大模型可以成为激励个体成长和培养个体道德意识的伙伴。换言之，对大模型的使用的结果不应该是让头脑停止运作，而恰恰是让头脑能够更加高效地高质量运作。在兴趣的引导之下，我们将会获得更多的知识。因此，大模型带来的并不是知识的终结，而是知识的再次诞生。之前，我们掌握的很多知识都需要在新的背景下进一步强化。知识是知性的基础。只有通过大量对不同知识的琢磨和考究，才能够出现人类智慧的涌现。如果我们仅仅使用提示工程，则最终人类可能会丧失知识涌现的可能性。

卢梭极为强调语言的作用。他认为，语言的本质是符号，是一种内在的理性的秩序。但同时，卢梭又基于其自然观而反对抽象的语言。[45] 这一点与洛克也有相似之处，并且这种观念构成了语用学的基础。例如，哈贝马斯所讨论的普遍语用学便是基于这一点。语言的本质是人类思维和内容的表达，因此人类需要借助语言和符号来激发想象。语言既是一种秩序，也是一种未来的想象，抑或是一种想象的中介。在大模型的使用过程中，目前出现了两类观点。一类观点认为，当前的大模型会逐渐导致语言教育的消失[46]，因为人们只需要把提示告诉机器，机器就可以帮助我们生成诗歌和小说。

另一类观点则认为，大模型是语言教育的新起点。因为提示本身是由语言构成的，如果没有好的提示就不会有好的生成。[47] 其实，这两种完全冲突的观点在内在上是统一的，都指向人类基本的语言能力。在大模型的辅助之下，人们获得了探索更多不同学科知识的可能性。但这种探索一定要以人类自身语言能力的增强为基础。换言之，在大模型生成内容的基础之上，使用者要有一种愿望和志向，即人类的知识生成可以超过机器的知识生成。当前，大模型的发展建立在人类对齐的技术之上。同时，我们也需要产生一种机器对齐，即人类的知识生成要优于机器的知识生成，这需要成为我们未来学习和工作的重点，因为一旦人类生成的内容弱于机器的生成，则意味着人类存在的意义受到了挑战。这可能反而会激发人类的创造潜能。理想状态是每个大模型的人类使用者都能够进行反思，我们是否可以在不借助大模型的基础之上创造出更胜于它的成果，这便是机器对齐的意义。换言之，每个人都会产生一个可以跟自己对话的高手，这可能反而会激发人类的创造潜能。

此外，卢梭还讨论了游历的意义。爱弥儿有两次重要的游历，一次是离开苏菲之后去观察世界，建立了“我”与世界的关联。爱弥儿通过观察世界，了解到外部条件对自身的限定性，并通过对欧洲各国的游历实现了世界公民的教育。[48] 这一点同样构成了康德思想的基础。第二次重要的游历则出现在《爱弥儿》的《补篇》中，爱弥儿在与苏菲产生矛盾之后重新进行了游历，其在那不勒斯的旅行中被海盗劫掠，最后被贩卖为阿尔及尔总督的奴隶。[49] 这实际上表达了一种游历的困境和风险。语言的意义指向人的言说能力，而游历的意义则指向人的行动能力。第一段游历为爱弥儿构建了一种世界公民的理想，而第二段游历则将这种理想置于现实的情境当中，让爱弥儿认识到现实世界远比理想世界更复杂，并使其获得了的道

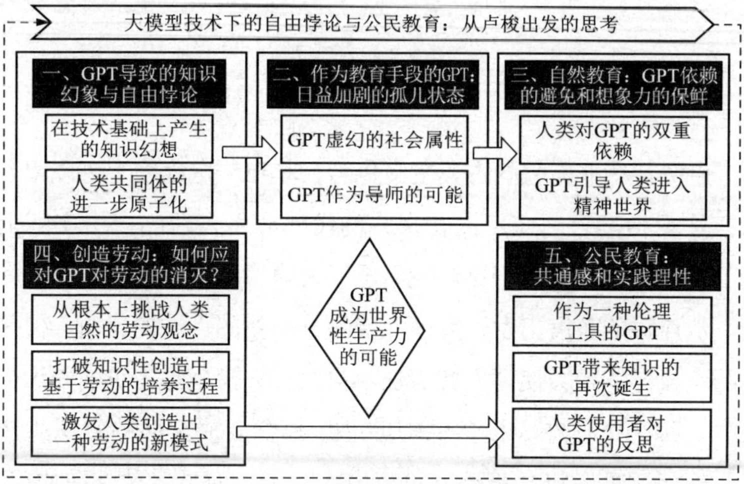

图8.1　大模型技术下的自由悖论与公民教育：从卢梭出发的思考

德观念。现实情境下的展开实际上又构成了康德实践理性的基础。

卢梭在《爱弥尔》中讨论的两段游历同样有助于我们思考大模型世界中公民教育的功能。大模型以通用大模型的形式出现，它应该成为一种世界性的生产力，并推动全球化和全球治理的发展。同时，由于语言本身就能够跨越国界，而在人工智能的辅助之下，每个个体的世界性游历会变得更加容易。之前的语言障碍在一定程度上可以被克服，但现实情境则是在克服语言障碍之后仍然存在诸多外部条件限制，如不同政治实践的刚性、群体的传统观念以及共识的达成困难等。因此，在大模型进行世界性适用的过程中，同样需要形成整体性的世界共识。大模型是一种巨大的生产力变迁，其可能会对人类社会产生难以想象的颠覆性影响，而这恰恰需要依靠各国形成的某种共识来在一定程度上减少其负面效应，同时充分发挥其赋权效应。任何一个国家限制大模型的使用都是没有意义的，其他国家仍然会对其进行过度开发和使用。因此，在使用大模型的过程中，建立世界性共识对于人类而言至关重要。

本章小结

卢梭持有非常强的古典主义色彩，其在一定程度上可以跟老子的自然观相契合。在卢梭看来，现代社会用人造的自由实际上创造了新的不自由。这一点对我们思考大模型导致的人类状态极为关键。从卢梭的角度出发，大模型就是一种新的人造的自由，但是最终的结果可能是会使得人类更加不自由。大模型是先进的知识生产工具。每个个体在大模型的辅助之下都会变成全能的知识生产高手，然而这种赋权并不是真正能力的赋予，而是一种外在的赋予，这就会导致一种知识幻象。这样的知识生产越多，那些被赋权的使用者的内心越空虚，因为这并不是人类自己的能力，而是借助大模型之后形成的一种幻象。另外，这种大模型的强大能力不可避免地会导致社会的原子化，因为在传统意义上需要通过集体协作来完成的工作在今天只要个人加上大模型就可以完成，最终很有可能会导致共同体意义的丧失。公民是生活在共同体之中的。共同体丧失就意味着公民身份的最终丧失。因此，这种知识幻象实际上给人类社会带来巨大的新的不确定性，其可能会最终破坏社会共同体中最为重要的人类联系，同时也可能会让个体变得更加的不自由，这便是从卢梭出发讨论自由悖论的意义。

大模型技术可以成为一种全新的教育手段。卢梭思想中有非常深刻的教育思想部分。在《爱弥儿》中，卢梭描述了一种孤儿状态。应该说，在卢梭的思想中存在社会团结与个体孤独之间的悖谬。从某种意义上讲，卢梭极为强调社会团结，因为只有在共同体之中，人才能拥有自己的身份并找到方向。然而，卢梭又描述了一种孤儿状态。这种孤儿状态似乎又构成了公民真正自由的基础。卢梭在讨论中将自然和自由结合在一起，自然构成了自由的基础。这也是卢梭关于孤儿状态悖谬的起点。孤儿状态本身是一种自然状态。卢梭的教育思想也被概括为自然教育思想。那么，这里的问题是大模型作为教育的手段，会让人类更加接近自然还是远离自然？现有的讨论会让人更加困惑。而从卢梭的思想出发得出的结论是，大模型很有可能会导致公民的早熟，而这种早熟似乎又在破坏自然教育。在卢梭看来，人类会自然形成一种双重依赖。正如小孩的啼哭，其是在寻求帮助，又是一种基于帮助的命令。这可以类比现在人类在使用大模型时的状态。人们向大模型发出帮助的提示，但同时又是一种命令的方式来提示。这里的双重依赖意味着人可能会对大模型本身就形成依赖，同时为了得到大模型，其可能会对他人进行命令的依赖。换言之，一旦大模型服务被终止，人们会感到一种无待的焦虑，可能会批评相关方为何没有提供这一物品，因为人已经不能忍受没有大模型的生活。在双重依赖基础之上，会形成一种基于依赖的统治。看似是人类的统治，但实际上这种统治却内含着主体性被抽离的风险。

在双重依赖的背景之下，我们需要更多地思考人类的意义。卢梭提醒我们要重视人类在孩童时期形成的那种不受约束的想象力，这似乎是人类意义的未来。卢梭深刻地讨论了劳动的价值。正是劳动和交换使得爱弥儿认识到自己的意义，并与他者的世界建立了联系。然而，大模型的根本性挑战在于，其可能会消灭劳动，最终会创造一种没有劳动的时代，这便会对卢梭的核心观点形成巨大冲击。卢梭更为重要的意义是，其提出了人的第二次降生，在卢梭看来，人自然的降生是第一次降生，第二次降生则出现在青春期。在第一次降生的过程中，形成了人的身体，而在第二次降生中，人才从自然教育过渡到人的教育，才最终在共通感中培养自我意识，并通过言语和世界游历等活动来培养人的实践理性。

在爱弥儿的案例中，卢梭强调了公民教育的重要性。通过自己与世界的关联，爱弥儿了解到外部条件对自身的限定。在共通感与实践理性中，人类可以逐步实现自由人的构建。大模型还主要是一种知识生产的工具。人类的第二次降生的关键是要更多地进入道德和实践之中。共通感的关键是形成人类命运共同体的道德。换言之，大模型仍然更多的是围绕知识生产展开。这样的知识大多数是人类知识的压缩。只不过大模型帮助人类对人类知识进行重新组装和再生产。然而，这样的知识更多是一种历史知识，而现实在不断地向前发展。同时人类在知识生产时会更多考虑共通感，而机器在生产知识时更多是一种概率性的组合。当然，这种概率性组合以及向人类对齐的活动中，可能也会体现部分的共通感。真正的共通感仍然要回到人本身。在大模型的辅助之下，人类要通过第二次降生来获得真正意义上的实践理性，并在个体的实践理性中寻找共同体的共通感，这样才能够打开自由的枷锁，获得人类的真正自由，最终走向自由人的联合体。

注释

1《马克思恩格斯选集》(第二卷)，人民出版社 2012 年版，第 790 页。

2 Karl Jaspers, *Man in the Modern Age*, translated by Eden and Cedar Paul, New York: Doubleday Anchor Books, 1957, pp. 180–181.

3［法］卢梭：《社会契约论》，何兆武译，商务印书馆 2003 年版，第 5—8 页。

4 康德继承卢梭社会契约的观点，认为在自然状态下，人类各自按照其认为是正确的标准行动，故人是自由的，但也是缺少公共约束的。［德］康德：《法的形而上学原理》，沈叔平译，商务印书馆 1991 年版，第 138 页。

5 马克思设想，“有一个自由人联合体，他们用公共的生产资料进行劳动，并且自觉地把他们许多个人劳动力当作一个社会劳动力来使用”。［德］马克思：《资本论》，中共中央马克思恩格斯列宁斯大林著作编译局译，人民出版社 2004 年版，第 96 页。

6 卢梭认为，当社会契约建立后，人们脱离了原始状态，自然也失去了原始状态下享有的自然自由，而获得的是社会自由，即由于服从公意而被迫拥有的自由。[法] 卢梭：《社会契约论》，何兆武译，商务印书馆 2003 年版，第 18—26 页。

7《老子》，饶尚宽译注，中华书局 2006 年版，第 45 页。

8 卢梭写道："我们的种种智慧都是奴隶的偏见，我们的一切习惯都在奴役、折磨和遏制我们。文明人在奴隶状态中生，在奴隶状态中活，在奴隶状态中死。"[法] 卢梭：《爱弥儿》(上卷)，李平沤译，商务印书馆 2017 年版，第 17 页。

9 马克思写道："分工提高劳动的生产力，增进社会的财富，促使社会日益精致，同时却使工人陷于贫困并变为机器。"《马克思恩格斯全集》(第四十二卷)，人民出版社 1960 年版，第 55 页。

10 卢梭认为，不可轻易打破自然状态而进入社会状态，否则就会两种状态下的好处都得不到。卢梭对此的评价是："这样一种部分的和不完全的联合，不是要产生暴政和战争吗？而暴政和战争不是人类最大的灾难吗？"[法] 卢梭：《爱弥儿》(下卷)，李平沤译，商务印书馆 2017 年版，第 786—787 页。

11 马克斯 · 霍克海默和西奥多 · 阿道尔诺认为，人类"自我持存的过程越是受到资产阶级分工的影响，它越是迫使按照技术装置来塑造自己肉体和灵魂的个体产生自我异化"。从而，理性成了"用于制造一切其他工具的工具"。[德] 马克斯 · 霍克海默、西奥多 · 阿道尔诺：《启蒙辩证法》，渠敬东、曹卫东译，上海人民出版社 2006 年版，第 23 页。

12 大模型背后的算法简介参见 Albert Christopher, "A Brief Intro to the GPT-3 Algorithm," https://hackernoon.com/a-brief-intro-to-the-gpt-3-algorithm-t31f37k5，访问时间：2023 年 7 月 2 日。

13 目前，大模型技术基础上的 AI 已经可以在某种程度上代替自然人，充当人类的伴侣角色，典型的例子是"AI 女友"卡琳 · 玛乔丽 (Caryn Marjorie)。参见 Helen Hwang, Meet Caryn, "Your Generative AI Girlfriend," https://aibusiness.com/nlp/meet-caryn-your-generative-ai-girlfriend，访问时间：2023 年 7 月 2 日。

14 洛克认为，政治权力来源于自然状态的不完备，故人类的进步就在于摆脱自然状态，而创造政府以保卫他们的"生命、特权和地产"。[英] 洛克：《政府论 (下篇) 》，叶启芳、瞿菊农译，商务印书馆 1964 年版，第 59—80 页。

15《老子》，饶尚宽译注，中华书局 2006 年版，第 71 页。

16 卢梭认为："出自造物主之手的东西，都是好的，而一到了人的手里，就全变坏了。"[法] 卢梭：《爱弥儿》(上卷)，李平沤译，商务印书馆 2017 年版，第 6 页。卢梭认为，自然与人类社会是相冲突的，婴儿出生时是自然人，但是教育却是不让他们成为自然人，而是要把他们变成公民。[法] 卢梭：《爱弥儿》(上卷)，李平沤译，商务印书馆 2017 年版，第 6—15 页。

17 尼采认为，精神有三段变化。第一个阶段是负重前行的阶段，即骆驼；第二个阶段是追求自由的阶段，即狮子；第三个阶段是遗忘过去、重新开始的阶段，即孩子。[德] 尼采：《查拉图斯特拉如是说》，钱春绮译，生活 · 读书 · 新知三联书店 2007 年版，第 21—23 页。

18 在卢梭的设定中，“爱弥儿是一个孤儿”。[法] 卢梭：《爱弥儿》(上卷)，李平沤译，商务印书馆 2017 年版，第 36 页。

19 尼采写道：“这种沉默使我苦恼；虽然是如此有两人在一起，但确实比单独一人还要孤独!”[德] 尼采：《查拉图斯特拉如是说》，钱春绮译，生活 · 读书 · 新知三联书店 2007 年版，第 177 页。

20 笛卡尔写道：“我发现，‘我想，所以我是’这条真理是十分确实、十分可靠的。”[法] 笛卡尔：《谈谈方法》，王太庆译，商务印书馆 2001 年版，第 27 页。

21 在开发以 GPT 为代表的 AI 时，其目标是在行为逻辑和价值观上尽力模仿自然人。参见 Martin SFP Bryant, “Helping A.I. understand the world like a human,” https://www.preseednow.com/p/aligned-ai，访问时间：2023 年 7 月 2 日。

22 卢梭写道：“我之所以说是我的任务而不说是他的父亲的任务，是因为他的父亲在把他交给我的时候，就同时把父亲的地位让给我了，并且把父亲的权利也交给我了，爱弥儿的真正的父亲是我，是我把他教养成人的。”[法] 卢梭：《爱弥儿》(下卷)，李平沤译，商务印书馆 2017 年版，第 672 页。

23 洛克写道：“所以父母所享有的对于他们的儿女的权力，是由他们应尽的义务产生的，他们有义务要在儿童没有长成的期间管教他们。儿女所需要的和父母应该做到的，是培养儿女的心智并管理他们还在无知的未成年期间的行动，直到理性取而代之并解除他们的辛苦为止。”[英] 洛克：《政府论（下篇）》，叶启芳、瞿菊农译，商务印书馆 1964 年版，第 36 页。

24 [英] 洛克：《政府论（下篇）》，叶启芳、瞿菊农译，商务印书馆 1964 年版，第 37 页。

25 卢梭写道：“我们可以说是诞生过两次：一次是为了存在，另一次是为了生活；一次是为了做人，另一次是为了做一个男子。”[法] 卢梭：《爱弥儿》(上卷)，李平沤译，商务印书馆 2017 年版，第 315 页。

26 卢梭写道，在婴儿啼哭时，就是试图在命令他人。于是，“不是他命令我们，就是我们命令他”。[法] 卢梭：《爱弥儿》(上卷)，李平沤译，商务印书馆 2017 年版，第 28 页。

27 高奇琦：《GPT 技术下的深度媒介化、知识秩序与政治秩序》，载《现代出版》2023 年第 3 期，第 28—38 页。

28 卢梭写道：“不过，像孩子那样的年龄，心灵还处在懵懵懂懂的状态，所以需要使他们模仿我们希望孩子们养成习惯的行为，以便使他们最终能够凭他们自己的判断和对善的喜爱去实践这些行为。”[法]卢梭:《爱弥儿》(上卷),李平沤译,商务印书馆2017年版,第127页。

29 孟子曰:“养心莫善于寡欲。其为人也寡欲,虽有不存焉者,寡矣;其为人也多欲,虽有存焉者,寡矣。”《孟子》,方勇译注,中华书局2010年版,第301页。

30 爱弥儿种蚕豆的故事见卢梭《爱弥儿》,[法]卢梭:《爱弥儿》(上卷),李平沤译,商务印书馆2017年版,第116—117页。

31 洛克写道:“如果他们的玩具一件都不能由购买得来,那么您允许他们如何获得玩具呢?我的答复是,他们的玩具应该自己去造,至少也该努力试着去造。在那之前他们不该拥有一件玩具。”[英]约翰·洛克:《教育片论》,熊春文译,上海人民出版社2005年版,第203页。

32 [法]卢梭:《爱弥儿》(上卷),李平沤译,商务印书馆2017年版,第269页。

33 卢梭用技术的价格来说明“有用”与“价值”的关系。卢梭认为,最有用的技术,其因为不得不供给每一个人,因而其报酬反而少。最无用的技术,比如奢侈品的制造,只不过是为了供给懒汉和富翁,但其报酬反而多。[法]卢梭:《爱弥儿》(上卷),李平沤译,商务印书馆2017年版,第272—273页。卢梭认为,对于孩子,“要使他们惯于把时间花在有用的事物上”,“除了有用的东西以外,其他一切都不学习”。[法]卢梭:《爱弥儿》(上卷),李平沤译,商务印书馆2017年版,第258—260页。

34《马克思恩格斯全集》(第三卷),人民出版社1960年版,第6页。

35 邓小平:《邓小平文选》(第三卷),人民出版社1993年版,第10页。

36 王阳明曰:“然就如吾子之说,则知行之为合一并进,亦自断无可疑矣。”王阳明:《传习录全译》,于民雄注,顾久译,贵州人民出版社1998年版,第114页。

37 孟子曰:“人之所不学而能者,其良能也;所不虑而知者,其良知也。”《孟子》,方勇译注,中华书局2010年版,第264页。

38 王阳明曰:“知是心之本体。心自然会知……若良知之发,更无私意障碍。即所谓‘充其恻隐之心。而仁不可胜用矣’。然在常人不能无私意障碍。所以须用致知格物之功,胜私复理。即心之良知更无障碍,得以充塞流行,便是致其知。知致则意诚。”王阳明:《传习录全译》,于民雄注,顾久译,贵州人民出版社1998年版,第16页。

39 卢梭写道:“有钱人的痛苦,不是来之于他的社会地位,而是来之于他的本身,是由于他滥用了他的社会地位。即使他比穷人还痛苦的话,那也没有什么可怜的,因为他的痛苦都是他自己造成的,能不能幸福愉快地生活,完全取决于他自己。然而穷人的痛苦则是来之于环境,来之于压在他身上的严酷的命运。没有任何习惯的办法可以使他的肉体不感觉疲劳、穷困和饥饿；他的聪明智慧也不能使他免受他那个地位的痛苦。”[法]卢梭：《爱弥儿》(上卷)，李平沤译，商务印书馆2017年版，第342页。

40 马克思在《论犹太人问题》一文中首先提出“人类解放”这一概念，并将其与“政治解放”区分开来。马克思认为，对人类解放的理解可以从对犹太人的解放中去寻找，即“消灭现代生活实践中的非人性”。《马克思恩格斯全集》(第四十二卷)，人民出版社1960年版，第136—151页。

41 GPT会拒绝执行的行动参见Daniel Trock, “ChatGPT Draws The Line: 5 Actions It Flat Out Refuses To Perform,” https://www.slashgear.com/1309334/chat-gpt-limitations-questions-refuse-answer/，访问时间：2023年7月2日。

42 关于自动驾驶的“电车难题”，参见Matteo Luccio, “The trolley problem: What would a self-driving car do?” https://www.gpsworld.com/what-would-a-self-driving-car-do/，访问时间：2023年7月2日。

43 康德写道：“为的是：关于道德价值的问题，我们要考究的不是我们能看见的行为，乃是我们看不见的那些发生行为的内心原则。”[德]康德：《道德形上学探本》，唐钺译，商务印书馆2012年版，第26页。

44 卢梭认为，运用欲念的要点有两个：“(一)既要从人类也要从个体去认识人的真正关系；(二)要按照这些关系去节制心灵的一切感情。”[法]卢梭：《爱弥儿》(上卷)，李平沤译，商务印书馆2017年版，第331页。

45 卢梭写道：“普遍的和抽象的观念是人们产生大错误的根源，形而上学的呓语从来没有使人发现过一个真理，它使哲学充满了许多的谬论，只要我们剥去那些谬论的华丽辞藻，我们马上就会觉得有了那些谬论是很可羞的。”[法]卢梭：《爱弥儿》(下卷)，李平沤译，商务印书馆2017年版，第430页。

46 关于以ChatGPT为代表的人工智能对语言教育的负面影响，参见Alex Asher, “Why Should Language Businesses Care About ChatGPT?” https://blog.learncube.com/why-should-education-businesses-care-about-chatgpt-the-new-ai，访问时间：2023年7月2日。

47 关于如何利用ChatGPT的提示来进行语言学习，参见Theodosis Karageorgakis, “ChatGPT for language learning — All the Prompts you need,” https://educraft.tech/chatgpt-in-the-language-learning/，访问时间：2023年7月2日。

48 爱弥儿的第一次游历见卢梭《爱弥儿》。[法]卢梭：《爱弥儿》(下卷)，李平沤译，商务印书馆2017年版，第771—788页。

49 爱弥儿被贩卖为奴的经历见卢梭《爱弥儿》。[法]卢梭：《爱弥儿》(下卷)，李平沤译，商务印书馆2017年版，第857—870页。

第九章

大模型背景下的民主价值与人机契约社会：与博比奥的商讨

哲学把无产阶级当做自己的**物质**武器，同样，无产阶级也把哲学当做自己的**精神**武器；思想的闪电一旦彻底击中这块素朴的人民园地，**德国人**就会解放成为人。

——马克思《〈黑格尔法哲学批判〉导言》[1]

一个人应该在与其他人的联合中使自己沉入作为历史具体之整体的世界中，以便在普遍性的无家可归中可以为自己赢得一个新家。

——卡尔·雅思贝尔斯《现时代的人》[2]

当人们只从一个方面来看待共同世界，只允许从一个角度来看待它时，它就结束了。

——汉娜·阿伦特《人的条件》[3]

大模型正在深刻地改变人类社会。对于人类社会的未来走向，任何处于其中的人都会感到彷徨和迷茫。其中会涉及一系列非常复杂的关系，如人与机器的关系等。我们究竟可以通过何种形式，才能够把握这一急剧变动的大转型时代？民主作为在现代政治中调节人类社会的最重要政治形式，将在大转型时代发挥何种作用？

为了深刻地思考这些问题，笔者尝试从民主的一些经典著作中寻找对话的资源。诺伯托·博比奥（Norberto Bobbio）的《民主的未来》似乎是这样一本可以帮助我们明晰未来社会走向以及了解民主在其中的价值和意义的重要著作。博比奥是意大利著名的思想家和政治学家，其在民主领域有一系列在世界范围内较为有影响的著作。然而，对于中国的学者和读者而言，博比奥并不是一个特别热门的人物，其关于民主的著作也经常会被政治学的相关研究者所忽视。

在笔者看来，博比奥恰恰是我们思考今日民主问题的一个重要思想来源。博比奥的思想不同于主流英美学者，因为其所处的意大利是西方思想体系的边缘地带。英美的主流学者往往会将民主政治化[4]，其对民主的讨论很容易导向一种英美模式的窠臼。而博比奥本身处在西方资本主义体系的边缘地带，其对西方主流的代议制民主有较为深刻的思考，对意大利政治中体现出的众多民主政治退化的现象也给予了严谨的批判。同时，博比奥也不同于西方的激进主义学者。博比奥关于民主的理解更多是从建构而非完全批判的视角展开，其在讨论中还会融入政治科学的新思考和进展。换言之，博比奥可以为我们提供一种西方非主流的他者视角，其关于民主的一系列洞见，可以帮助我们去思考民主在未来人类社会走向中的特殊价值。

大模型作为一种新型数字技术在很大程度上会增强公民的参与能力，因此在此基础上会形成人类历史上前所未有的参与革命，这对于未来社会的政治形态会产生极大影响。博比奥从共和主义观点出发，对西方的代议制民主进行了激烈的批判，并对西方社会出现的政治冷漠和政治衰退的问题都有非常深刻的思考。尽管博比奥在其论述中并没有直接涉及新兴数字技术，然而博比奥关于代议制民主的批判和积极公民的强调，对我们思考 GPT 背景下的民主形态有重要意义。笔者在博比奥思想的基础之上，进一步提出人机契约社会的概念。

大模型技术加剧了政治参与通胀与超负荷国家

关于民主制和官僚制之间的关系，博比奥有非常深刻的讨论。在博比奥看来，民主制度与官僚制度并不完全是对立的。对此，博比奥写道："与其说民主国家与官僚国家截然对立，不如说它们彼此相通（interconnected）。"[5] 博比奥在这里实际上讨论了民主制度的超负荷问题。民主制度所反映的是一种对民众需求更为负责的态度，而要让民众感到满意，则不可避免地要发展官僚制度。这就像马克斯·韦伯（Max Weber）所说的："在各个生活领域日益扩大的、对秩序与保护（"警察"）的需求下，对官僚化的导向具有一种特殊持续的作用。"[6] 进言之，只有庞大的官僚制度，才能够在很大程度上充分地回应公民所提出的各方面民主需求。然而，二者也存在巨大的张力。由于官僚体系本身会表现出一种内在的结构性和傲慢性，因此从某种意义上讲，官僚制度并不能有效地回应民主需求。对此，博比奥写道："民主善于产生需求（generating demands），却不善于满足这些需求（satisfying them）。"[7] 博比奥所描述的是一种在现代社会中极为常见的政治现象，即在公民提出要求的迅捷性与政府回应的缓慢性之间形成了鲜明的反差。其中就存在一种民主制度与官僚制度的悖论，即为了实现民主，那么就要发展更为庞大且完善的官僚制度来满足这些民主诉求。然而，官僚制度又内在地不具备这样的能力。因此，在公民诉求与官僚制的回应之间，就会形成巨大的紧张关系。

博比奥认为，人们对政府的过度需求会带来超负荷的问题。博比奥写道："无论一个政治体系运转得多么高效，也没有能力处理如此大量而又瞬息万变的要求。"[8]笔者将其概括为"博比奥困难"，这反映的实际上是一个超负荷政府的公共服务困境。这一问题在大模型技术的背景之下会变得更加的显著。大模型所代表的是一次新的赋权革命。之前在政治参与的过程中，由于公民自身表达能力不足，其往往会羞于进行政治表达。列宁曾提到："文盲是处在政治之外的，……不识字就不可能有政治。"[9]换言之，对于那些没有受过较长时间教育，并且难以精准地表达自己需求的公民而言，政治参与可能是一种对其尊严的羞辱。然而，大模型技术却带来了一场新的赋权运动。只要掌握一定的提示词，并用语言表达出自己的需求，那么大模型技术便可以帮助公民来表达诉求。这类诉求可以发表在公民的朋友圈等自媒体上，这就构成了一场新的表达革命。换言之，在大模型技术加自媒体的基础之上，会带来一种公民诉求充分表达的可能性。然而，这样一场诉求革命，最终会对国家的制度能力形成较大的挑战。

换言之，在大模型技术的辅助之下，可能会出现某种政治参与的通胀。这样的政治参与可能会形成某种相互激发甚至是攀比的效应。例如，某公民之前在享受某种公共服务时遭遇到了一些自认为不公正的待遇，但是由于其表达能力较弱，其可能会采取某种息事宁人的做法。然而，在表达的示范效应的激发之下，公民会觉得原先一些在公共服务中可以忍受的不公正，如今变得完全不能忍受。因此，公民就需要通过某种形式将其表达出来。而政治参与通胀所描述的就是这种泡沫参与的情形。换言之，在政治参与的过程当中，人们所表达的并不一定是对公共事务极为重要的一些事项，而任何在公共服务中的不满意都可能会被转化为某种政治表达。在这样的背景之下，就可能会出现博比奥所讨论的超负荷国家的问题。博比奥还用“服务型国家（service state）的官僚化”这一概念来描述相似的内涵。[10] 换言之，国家要达到某种服务型国家的标准，那么就需要进一步完善官僚体系。然而，实际上这种官僚体系并不能有效回应人们过度的政治参与需求。这实际上就会给政治系统带来巨大的压力，而塞缪尔·亨廷顿（Samuel Huntington）在其《变化社会中的政治秩序》一书中也表达过类似的观点。对此，亨廷顿写道：“一个国家在政治制度化方面的落后状态，会使对政府的要求很难……在该国政治体系内部得到缓解和集中。因此，政治参与的剧增就产生政治动乱。”[11] 进言之，在现代化的过程中，由于人们的表达诉求会集中爆发，而未充分进行政治制度化的政治系统可能不能完全容纳这些需求，最终会陷入政治衰败之中。

当然，要解决这一问题，似乎同样可以转向某种技术方案。这也是我们较为日常的一种思路，即用技术来解决技术产生的问题。大模型技术会产生巨大的赋权效应，使得人们可以更加容易地表达自己的政治诉求，那么大模型技术同样可以被用来进行国家治理。换言之，我们需要思考的是，大量的政治诉求是否可以通过人工智能回应的方式来完成。例如，在日常生活中，人们使用的一些商业服务越来越多地由智能语音助手来实现。而在大模型相关的技术辅助之下，这样的语音助手会变得越来越智能，更加容易理解人们的真实意图，并且在一定程度上可以作出高效且友善的回应。然而，其中也会存在另一个问题，即公共服务在很大程度上仍然需要表现为一种人的服务。由于线上技术难以反映线下社会关系中的多向度属性，常常难以表达非理性因素，同时基于感情归属与价值认同的社会关系也难以被纳入数字网络中[12]，因而对技术的过度依赖可能会使公民对政府丧失信心。基于技术的政府回应很容易会陷入一种技术官僚主义之中，因此，在这一过程中，一些较为困难的问题仍然需要人与人的沟通来解决。经济学家约瑟夫·斯蒂格利茨（Joseph Stiglitz）强调，政府倾向于隐匿信息的动机包括逃避问责、腐败与官员“寻租”等，因而建设以“公众应了解并参与所有集体决定”的公开文化对于信息公开化而言尤为重要。[13]进言之，新数字技术可以使政务流程变得更加透明化，使得相关方可以更加容易地看到政务流程的进展。然而，公民的真正诉求要得到满足，仍然需要人与人之间的关系协调。而这一点并不是人工智能技术所擅长的，其应该更多地表现为一种人类个体之间的沟通与交流。

大模型时代的未来公民

上一部分讨论到，在公民政治参与井喷的背景之下，要解决超负荷的政府困境问题极为困难，因为政府规模的扩张会带来公民税收负担的增加。因此，官僚制度膨胀一直是政府所力图解决的一个顽疾。帕金森定律就描述了这种政府的膨胀病。[14]大模型带来的赋权效应使得个体可以更加容易地表达自己的诉求，而政府又没有充足的人力和物力加以完全回应。因此，那些在岗的政府工作人员就会处在两方面巨大压力之中。一方面是公众的诉求在井喷式增长，另一方面是其时间和能力都会被约束在一定的范围之内，其并不能够对这些爆发的诉求进行一一回应。那么这样的难题究竟如何来解决?

在笔者看来，对这一问题的解决，恰恰要回到公民本身。通过积极公民的倡导和激发，政府可以在一定程度上解决过载问题。博比奥在讨论民主问题时，谈到了关于公民的两种极为复杂的态度。一方面，博比奥认为在西方的政治中，公民都是沉默的大多数。博比奥还讨论了公民政治参与的退潮（riflusso）问题。[15]博比奥认为，这种退潮是极为正常的，其在很大程度上是一种对政治失去信任的表现。甚至博比奥认为自己也属于处于这样一种退潮的一代人。对此，博比奥直白地写道，自己“属于三十年前已经失去希望的一代人”。[16]博比奥还描述了西方社会三种典型的政治非参与状态，其分别是远离政治（withdrawal from politics）、放弃政治（renunciation of politics）和拒绝政治（rejection of politics）。[17]远离政治是指与政治保持距离，这是一种非自觉的距离感。放弃政治更多表现出一种对政治的失望。拒绝政治则更加表现了西方更为年轻的一代人从内心上完全排斥政治的现象。应该说，从远离到放弃再到拒绝，其是一种从无意识到有意识的过程。在写到这些内容时，博比奥表现出了一种对西方政治的巨大失望：“再次踏上一条充满期望、注定会失望的道路（a road full of expectations doomed to disappointment）。”[18]进言之，博比奥用较多的笔触描述了西方社会自“二战”之后出现的对于政治的一种巨大失望感。

博比奥一方面描述了这种选民的冷漠情形，另一方面也援引了拉尔夫·达伦多夫（Ralf Dahrendorf）所批判的完全公民（total citizen）问题。博比奥认为，其中也存在一种过度参与的问题。博比奥将其称为政治饱和。在博比奥看来，西方政治的吊诡之处，就在于政治饱和与选民冷漠的共同存在。换言之，西方政治表现出一种表面上极为喧闹和繁荣，但是公民在内心中又极其失望和冷漠的悖谬状况。在谈到这些问题时，博比奥同样表现出极为矛盾的态度。博比奥试图焕发卢梭的直接民主的内核，他援引卢梭“主权不可以被代表”的观念，并花了较多的篇幅讨论代表的问题。实际上，卢梭的观点指向的是在选举之外的政治参与问题。正如卢梭所指出的，英国人民“只有在选举国会议员的期间，才是自由的；议员一旦选出之后，他们就是奴隶”。[19] 博比奥已经清楚地看到这一问题，而要消除政治冷漠，就是要点燃公民的政治参与热情。然而，博比奥又极为担心这种政治参与，最终会陷入一种喧闹但又有持续的政治暴力的状况。不过，博比奥又谈到，这一问题的根源是责任：“少数人承担责任的代价常常就是多数人的冷漠（the indifference of the many）。”[20] 换言之，西方政治的本质是一种精英政治，少数人承担责任使得政治变成一种精英的游戏，而绝大多数的公民在整个政治过程中就沦为了被动的看客。这便是西方选举政治的根本症结之所在。

在笔者看来，要破解这一问题，恰恰需要焕发积极民主的内涵。从共和主义民主观以及积极公民的思想资源中寻找理论经验（例如亚里士多德和阿伦特的观点）似乎可以帮助我们打破这种困局。汉娜·阿伦特（Hannah Arendt）在亚里士多德观点的基础之上，极为强调行动的意义。[21] 换言之，通过向积极公民的转变，公民在行动起来之后去改变整个政治结构，这便是亚里士多德反复强调的“人是天生的政治动物”的观点。[22] 在城邦之中，积极公民要为城邦的繁荣贡献自己的力量。而这种从政治冷漠到政治行动的观念，似乎可以在一定程度上破解笔者在前文讨论的超负荷问题。

这里还需要回到对大模型技术产生的整体性影响的讨论中。大模型技术会对人类绝大多数的岗位形成某种程度的替代效应。换言之，之前人们不得不陷入繁重的重复性工作中，然而，在大模型技术的辅助之下，大量的重复性工作可以由机器来完成，人类社会大概率会出现如下情形：第一，人们的工作时间可能会缩短；第二，某些工作岗位不可避免地由机器替代。这两个效应最终都会导致一个结果，即公民会出现较多的自由时间。自由时间是马克思极为关注的概念。在马克思看来，自由人的关键就是要获得更多的可以自己支配的自由时间，也即“自由王国只有建立在必然王国的基础上，才能繁荣起来。工作日的缩短是根本条件”[23]。而如何运用这些时间并使得自己得到全面的发展极为重要。然而，从国家治理和政治秩序的角度来讲，在公民拥有大量自由时间同时其又无事可做时，在很大程度上将对政治秩序的稳定形成巨大挑战。换言之，大量出现的自由时间应该由哪些内容来填充，就会变成一个在政治中极为关键的问题。在笔者看来，填充这些自由时间的关键是政治空间中的活动。公民在拥有大量的自由时间之后，可以将这些自由时间用到社区或者城市的政治活动中。公民可以在其中获得更多的荣誉感，而这便是阿伦特所反复强调的行动的意义。由于“由机器取代所有手工劳动所带来的劳动解放……以这样或那样的方式补充着人类的劳动能力”，[24] 因此大模型技术的胜利在很大程度上是一种阿伦特意义上的工作的胜利。换言之，之前绝大多数由人来承担的工作，可以更多地交由大模型技术来完成。然而，获得工作解放的公民在获得更多自由时间之后，便应该更多转向自己可以支配的劳动或者是行动，这便是真正的自由公民的前提。

大模型技术是人工智能技术的新进展，那么在人工智能技术辅助之下，国家治理能力有望大大提高。但是这种“计算机治理”最终可能会对人本身的需求形成技术官僚主义背景下的压抑或者漠视。因此，在这一过程中，恰恰要通过人的行动和人本主义的宣扬，把人真正的愿望和诉求表达出来，使那些获得大量自由时间的公民，可以发自内心地参与社区或者城市的政治活动。

在相互承认基础上的人机契约社会

博比奥讨论了新契约主义的问题。之所以谈到这一问题，是因为博比奥看到了西方社会日益严重的碎片化问题。博比奥所主张的新社会契约论，就是要在日益碎片化的社会找到某种新的契约。对此，博比奥写道，要“呼吁建立一种新的社会契约（a new social contract），全部参与而不是零碎的，以创造普遍的和谐，并建立一个新的社会秩序，一个真正的新联盟（a genuine new alliance）”。[25] 博比奥所提出的这一主张面对的情境是20世纪七八十年代。彼时由于西方社会运动兴起，整个政治社会发生了巨大变化。自从现代国家建立以来，政党越来越成为政治的核心，整个民主国家制度是围绕着政党展开的[26]，而一些学者则将这种现象称为政党中心主义。[27] 政党的重大价值在于，其将碎片化的社会利益整合起来，朝着某一个方向形成较为一致的整合性努力。[28] 尽管政党的词源中有“部分”的意思，[29] 然而政党要获得政权，就需要代表较为广泛的选民，这便是安东尼·唐斯（Anthony Downs）所提出的“中间选民定理”的核心要义。[30] 从政党类型学来看，政党似乎也有从群众型政党向全方位政党转型的趋势。[31]

然而，在20世纪六七十年代社会运动兴起之后，西方社会日益变得碎片化。很少有年轻人再愿意参与以政党为中心的政治活动，而是愿意参与以社团为中心的社会运动，同时互联网越发成为年轻人表达政治意愿的窗口。[32] 同样表现出极强碎片化特征的是议题成为政治竞争的中心[33]，而非传统的意识形态。博比奥正是在这样的背景下讨论新契约主义。博比奥并没有将解决方案定位为回到传统的政党，而是希望在新的碎片化群体和议题之间找到某种新型的有机联盟。博比奥写道："相互独立的个体们保留了小部分主权权力（a small portion of sovereign power），并承担着做出集体决定的任务，并要对这一行为持续不断地进行合法化与再合法化（legitimation and relegitimation）。"[34] 换言之，博比奥认可了社会运动自身的价值和意义，同时也认为这些相互独立的个体和群体有采取自治的权利。这也是博比奥反复强调的"民主是自由的源头"。但同时，博比奥认为，这种日益增长的碎片化有其问题。因此其又强调，即便是相互独立行动的个体，也要承担着集体决定的任务，那么这种集体决定便是一种新社会契约。

博比奥的讨论对于我们思考目前面临的大转型背景极具指导意义。以 ChatGPT 为代表的人工智能会对人类社会产生较为剧烈的替代效应。一方面，在巨大的冲击面前，会出现新的弱势群体。另一方面，伴随着机器的大量使用，对智能体的定位也会成为一个重要议题。因此，笔者认为，目前恰恰具备了在人机互动的背景下形成新社会契约论的条件。当然，要建立这样一种新型的人机契约社会，不仅要从契约主义的传统观点出发，还需要将最新的一些关于承认的讨论引入其中。近年来，一大批思想家都对承认问题加以关注，而承认问题恰恰是契约问题的基础。例如，在阿克塞尔·霍耐特（Axel Honneth）的三维承认框架中，其中重要的一维是基于权利的法律承认。[35] 而这样的法律承认在很大程度上与契约社会所强调的契约高度一致。当然，这里的承认主要有两种，一种是对新弱势群体的承认，另一种则是对机器的承认。

对新弱势群体的承认的关键，是要认识到这些群体在大模型技术冲击之下产生的脆弱地位。这里的承认更多体现为一种特殊的关照，即社会要通过外部救济和社会关注，使得这部分群体获得较多的利益保障，并使其在外部条件的基础之上逐步增强自身能力。约翰·罗尔斯（John Rawls）的差别原则强调，要更多从最不利者的角度出发[36]，而这些新弱势群体就是在大转型过程中的最不利者。关心这部分弱势群体，可以避免其用极端的方式来表达自己的失望，同时也可以鼓励其通过能力建设重新获得社会的再承认。对弱势群体的承认其实也存在两个阶段：第一个阶段是承认其目前面临的脆弱境地，给予其特殊关照；第二个阶段是使其通过自身能力的提高摆脱被社会特殊关照的境地，重新获得社会的正向认可。

另外，对智能体的承认也会逐渐成为新型人机契约社会的重要部分。按照传统的思维，人往往将机器视作工具。然而，伴随着人工智能自身能力的不断提高，人们再将机器当成工具并不能对其行为进行更好的引导和管控。[37] 因此，应逐步赋予机器一定的自主能力和自主权利。同时，权利和义务是相对的。对于产生危险举动的智能体，要进行惩罚和警示，而对于那些在帮助人类进步中发挥正向功能的智能体，则要给予更多的鼓励和荣誉。实际上，这本身就是人类在训练机器时的强化学习的基本逻辑。[38] 在 ChatGPT 的发展过程中，OpenAI 工程师也用了较多的基于人类反馈的强化学习。[39] 这种强化学习同样可以应用到人与机器的关系之上。在这一过程中，首先人类需要破除自己的骄傲和武断，不能僵化地将机器永远锁定在工具范畴之内，而是要在一种谦逊和认识到自己限度的基础之上把智能体视作与人类同等重要的平等主体。当然，人类还需要在很长一段时间内扮演机器人的监护人角色，大量的智能体就像是人类尚未成年的孩子。如果未成年人做出某些出格的举动，这样的责任仍然需要归到监护人身上。但是，伴随着机器智力和人格的完善，人类可以在某个时间段内赋予其完全的主体身份。不过，这样的主体身份同样意味着权利和义务的对等。如果智能体为未来的人机契约社会作出了巨大的贡献，那么其自然应获得人类的尊重和敬仰。而对于那些作恶的人工智能，则需要将其限定在一定的范围内，或者是将其关闭。换言之，我们要思考一种未来社会在相互承认的基础之上构建人机契约社会的可能性。

从人类契约社会到人机契约社会，这体现为一个巨大的转向。人机契约社会将表现为如下几方面内容：

第一，机器作为新的要素加入人类契约社会，并最终发展为人机契约社会。之前的社会契约主要是在人类社会内部完成的。伴随着大模型日益发挥更加重要的作用，大模型的主体性进一步凸显。机器就会作为一种新的要素，成为新契约社会中的一个重要组成部分，而不是像之前在人类契约社会中仅仅是作为某种工具出现，其自身并没有主体性。

第二，在这一过程中，机器会表现出一定的主体性。例如，AutoGPT 的发展意味着人工智能行为体的大量出现。例如，在黑客马拉松 Autocorp 的项目中，人工智能行为体可以扮演不同的角色，并通过对任务的分解能够发挥出类似于人的功能。[40] 换言之，在人类不自觉授权的基础之上，大模型已经在发挥一定程度的主体性。

第三，这里的新社会契约既包括人与机器的新契约，也包括人与人的新契约。在这一过程中，人要对机器在一定程度上给予承认。另外，人类社会也会重新洗牌，会出现利益的再分配，同时新的社会鸿沟可能进一步加大。一些掌握技术并表现出速度优势的人，会利用大模型获得超额利益；而另一些人则可能会在这一过程中面临利益受损。如何在这一过程中形成平等的契约就会至关重要。

第四，新社会契约最终要作用于人的反思性平衡和潜能激发。这种新的契约不应是人类通过某种合约控制机器的契约。换言之，在机器主体性的背景之下，人类需要进一步考虑自身能力增强的问题。在获得更多的自由时间之后，人类个体需要将这些自由时间用于增强自身潜能的计划，并不断在反思性平衡中获得更强的可行能力。因此，在人机契约社会的过程中，同样需要避免机器统治。机器统治发生的前提是人类在新社会中逐步放弃自己的主体性。换言之，承认机器的主体性并不意味着人类丧失主体性。在给予机器某种主体性的基础之上，人类个体需要有更强的可行能力。

第五，人机契约可能会超越碎片化的利益，使得一种新型的智能文明得以出现。同时，这种新型的智能文明可以推动未来社会向前健康发展。博比奥谈到“有机代表”（organic representation）的概念。博比奥写道，这些有机代表“代表的是特定利益（particular interests），而代表（the representative）和被代表人（those represented）属于同一群体”。[41] 在这里，博比奥仍然没有完全放弃代议制民主的框架，尽管其对西方代议制民主给予了强烈的批评。博比奥在这里强调的是代表者和被代表者在利益和文化认同上的一致性。换言之，博比奥希望突破在西方政治中代表者的日益精英化，而主张那些真正的代表在政治中出现。未来新型的人机契约社会恰恰需要这些真正的代表者，同时在有机代表的基础之上同样需要形成一种有机的新联盟。就未来的人机契约社会框架而言，这样的有机新联盟既要包括那些在人机契约社会中获得优势地位的技术精英，也要包括那些新弱势群体，还要包括那些日益成为人机契约社会一部分的智能体。

民主价值与人机契约社会的未来

如何在人机契约社会中实现民主价值？博比奥的观点可能会为

我们提供如下启发：

第一，民主对于维系转型时期政治稳定的特殊意义。博比奥对西方民主的现状（特别是意大利的民主状况）表现出了非常强的失望情绪，但同时博比奥并没有放弃对民主价值的追求。例如，博比奥深刻地讨论了民主对于政治稳定的特殊价值："只有民主允许形成无声的革命（silent revolutions），并使之蔓延开来。"[42] 如前所述，我们处在一个新的波兰尼意义上的大转型时代。[43] 在这一过程中，利益会出现剧烈的分化和重组，而那些被剥夺的新弱势群体很可能在利益被剥夺的背景之下诉诸愤怒的革命。因此，这种大转型会给整个社会秩序和政治秩序带来诸多的不确定性，甚至可能是动荡的结果。正因为如此，民主的价值才会显得弥足珍贵。这种革命似乎是不可阻挡的，然而是否可以将这种喧闹的革命转化为一种无声的革命？是否可以让革命的破坏性影响在受到某种相对约束的框架下发生？这便是民主的意义和价值。博比奥写道，民主可以实现一种多方共存的特征，"不付诸武力（without recourse to violence）就能解决社会冲突"。[44] 换言之，当利益重组时，如何可以保证某些群体的利益得到一定程度的实现，但又不要诉诸完全的暴力和武力，这就变得至关重要。而在这一过程中，民主恰恰可以发挥稳定器的作用[45]，其可以让那些极端的利益表达以较为制度化的方式呈现。同时，民主的利益妥协特征也会使得各方在强硬的立场上作出一些让步。正如博比奥所指出的："对手明天就可能和我们站在同一战线（an opponent who tomorrow may be in our shoes）。"[46] 换言之，民主的本质是相互承认，即通过一种规范化和制度化的方式使得剧烈冲突的情形在较为缓和的框架下加以呈现。

整体来看，民主作为核心价值，在大转型的时代可以避免过多的流血冲突，也可以在相对稳定的环境下重构整个政治秩序。如前所述，我们目前面临一场人类社会的巨大秩序重组，这既涉及人类各群体之间的关系，也涉及人与机器的关系。然而，无论是哪种关系都需要在民主的框架下展开。博比奥在书中还讨论了“无形的权力”（invisible power）和“全知的权力”（all-seeing power）的问题。[47] 博比奥的提醒极为重要，因为大模型本身就是在“大力出奇迹”的背景下诞生的[48]，而且大模型具有很强的“赢者通吃”的马太效应特征。因此，这种超治理能力是否会与巨大的经济权力和政治权力结合在一起？民主恰恰可以提供一种约束性的框架，使得巨大的企业和国家权力在一种被约束的框架下得以展开。

第二，代议制民主的自身缺陷并不能在竞争的框架下被完全克服。博比奥在全书中对代议制民主问题的强烈批判，对我们今天思考民主社会的未来极为重要。博比奥写道：“与直接民主相比，代议制民主的缺陷在于其倾向于以党派委员会的形式产生小寡头，只有通过存在一系列相互公开竞争的寡头才能纠正。”[49] 这段话对我们思考人类社会的未来极具启示意义。一方面，这段话与大模型的发展具有某种关联。就目前来看，OpenAI 的大模型技术在大模型市场上具有某种超强地位。[50] 当然，由于其巨大的重构效应，谷歌与亚马逊等公司也都在全力开发可以与 OpenAI 的 GPT 系列相竞争的大模型。[51] 另外，在国内也出现了百度、阿里、腾讯、商汤、昆仑万维、百川智能等多家致力于研发大模型的公司。[52] 因此，要避免大模型产生的垄断效应，就需要实现充分竞争，而国家在这一过程中也要发挥适度干预的作用。当大模型的能力变得超强时，其不仅影响到经济社会中的公平竞争，可能也会涉及国家权力，那么国家干预就会变得至关重要。

另一方面，博比奥的这段话实际上也指向了民主的另一条路径。尽管竞争可以使得大模型提供商之间处于某种动态的平衡状态，然而竞争的结果往往最终又会使得资源重新集聚。换言之，如果缺乏外部干预的话，那么竞争的最终结果往往是寡头垄断。当然，这一过程会处于一种间断均衡的状态，即寡头之间也会不断地出现能力的消长。为了打败另一个寡头，寡头也可能会联合一些极具创新力的小企业加入。例如，ChatGPT 的出现便反映出这样一个特征。微软希望在搜索市场上对谷歌的强垄断地位进行打破，因此就在与 OpenAI 的结盟中推动了 ChatGPT 的发布。[53] 换言之，这本身就是一种动态竞争的结果。另一方面，这些寡头化的集团也可能会形成某种"卡特尔效应"[54]，即其时刻处在经济市场的中心，而这样的情形同样会映射到政治市场之中。

第三，在新法团主义背景下可能会出现双重国家。博比奥在讨论中还提到了法团主义的问题。实际上，未来大模型的治理很可能会采取某种新法团主义，即为了实现大模型高效的服务供给，国家往往会支持一到两家大模型的服务提供商。[55] 一方面，这种支持可以在一定程度上避免资源浪费。因为大模型的开发需要巨大的算力成本，因而这种法团主义的支持可以使得资源相对集中在少数服务商。另一方面，国家还可以通过委托代理的方式，使得大模型服务商有效地参与治理。换言之，大模型服务提供商在很大程度上会变成国家权力的延伸，这便是法团主义的基本逻辑。通过国家委托的治理，提供商可以凭借其拥有的强大能力，使相关问题的治理在更加有效的范围内展开。然而，其中的问题是，这实际上会加剧某种垄断效应，卡特尔化的现象似乎不可避免。

如果国家采取了这种新型的法团主义模式，那实际上就会出现一种双重国家，即有形国家和无形国家。由于大模型服务提供商所提供的大模型是整个国家治理的灵魂，也是经济运作的核心，因此其实际上就会扮演一种无形国家角色。然而，其中的一个关键问题是，在大模型技术之下，人类社会会走向何种形式的国家，是自由式国家还是家长式国家？博比奥在书中也讨论了家长式国家的新问题。博比奥写道："如今的家长式国家（paternalistic state）并非来自开明专制（enlightened despot），而是基于民主政府。"[56] 博比奥这段话实际上表明了家长式国家的一种内在悖论，即国家要保障整个社会的有效运行，就需要提供更多的保护以及公共服务。这恰恰是目前家长式国家的基本运行形态，而这种运行形态在很大程度上又来自民众日益增长的民主需求。或者说，民主政府最终会导向一种家长式国家。

从这一连串的逻辑演绎中我们会看到，尽管国家的出发点是自由式国家，但最终每个公民都希望自己获得更多保障，这使得国家最终又走向了一种家长式国家。其中可以讨论的问题是，由于大模型技术会带来剧烈的利益冲突，因而家长式国家可以在一定程度上保障那些新弱势群体，使得社会在更有秩序的范围内发展，这有助于大转型时期的政治稳定。然而，这样的家长式国家似乎又会给公民个体带来更多的限制性条件。或者用马克思的概念来表达，自由人联合体的状态是否可能是家长式国家？其中又蕴含了一个新的讨论，在大模型时代未来的公民究竟要变成何种样态？对于这一点，笔者在第二部分进行过讨论，即积极公民在一定程度上可以约束家长式国家，即既要让国家为整个社会运转提供基本的公共服务，又要使得国家在一定的范围内运行。同时，这种积极公民还可以约束那些在有形国家背后的无形国家（即大模型服务提供商）。由于大模型服务提供商掌握了运行的算法、算力和数据，其似乎是社会运行的真正权力的主人。要破除其巨大的全知的权力，就需要积极公民的运作。

第四，分布式技术和积极公民可以在一定程度上约束技术专家

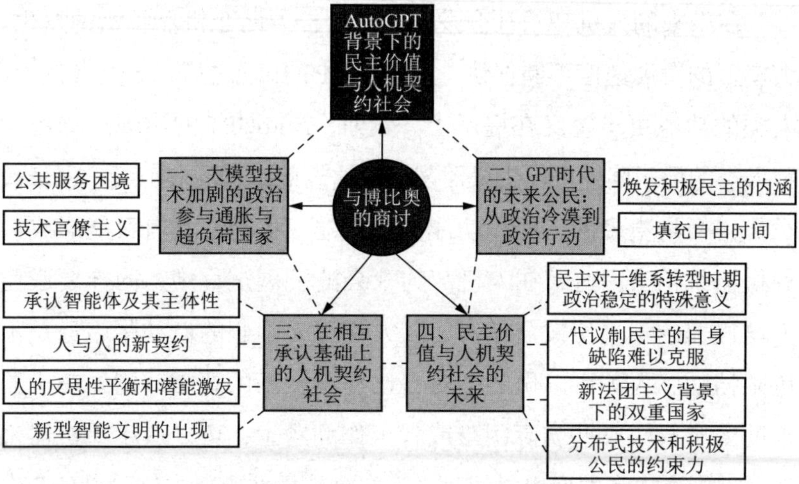

图9.1　AutoGPT背景下的民主价值与人机契约社会：与博比奥的商讨

政治以及机器统治。博比奥在著作中还多次提到反对技术专家政治的问题。在博比奥看来，“技术专家政治与民主是对立的”。[57] 换言之，在大模型发展的背景之下，不能完全导向一种技术专家治国的模式，而是需要把积极公民激发出来，让其在社会中发挥更大的作用，对人工智能强大的刚性权力进行平衡。博比奥在著作中还对民主社会与官僚社会进行了反复讨论。博比奥写道：“在民主社会中权力是自下而上传递的，官僚社会中权力则是自上而下的。”[58] 可以加以类比的是，在大模型的技术支撑下，这种官僚制的权力会不断强化。然而，要在一定程度上约束这种官僚制的权力，就需要在社会中以民主制度的方式，自下而上对其进行限制和约束。这便是这一部分所讨论的民主对于人机契约社会未来的关键意义。当然，要实现这样的民主，在今天有更好的技术条件和形式，而利用区块链便可能是一个重要突破口。区块链的核心是一种分布式的数字账本技术。[59] 通过分布式记账，区块链本身就具有削减官僚制中权力过度集中的潜能。

在未来的人机契约社会发展中，同样要防止机器统治的发生。大模型的发展速度不断加快。在 ChatGPT 出现之后，研究者认为，人类的功能更多定义在提示上。然而，AutoGPT 的出现意味着这种人类的提示同样可以由机器来完成。按照这种发展节奏，将来人类势必会将更多的工作和功能交给机器，那最终就有可能形成某种机器统治。因此，在人机契约社会的发展过程中，同样要避免人与机器的不平衡发展状态。以大模型为中心的自动化趋势是不可阻挡的。人类可以做的是对自己提出更高的要求，例如在机器帮助人类解决某些实际困难或者工作问题上，可以放手让机器来做，但当有更多的自由时间时，人类个体需要重新去体验自身产生知识，并在其中获得真正的可行能力。换言之，并不能因为机器拥有了某方面的能力，人类个体就放弃对自身能力的追求。如果人类个体将大量决策都交给机器，那势必最终会导致一种机器统治。因此，可行的做法是，人类个体需要对机器的使用提出一些自我限制性的要求，需要意识到对机器的过度依赖最终将损害人自身的主体性。

本章小结

尽管博比奥所处的时代和其讨论的核心议题与今天有一定的差异，而且博比奥也并未看到人工智能（特别是 ChatGPT）的巨大发展潜能，然而博比奥作为一个西方主导的世界经济体系中的半边缘地带学者，其长期关注政治学的核心议题，同时其思考更多是站在基础理论的角度上进行的。在《民主的未来》这一著作中，其讨论涵盖了与民主相关的一系列核心概念，而这些讨论对于我们思考未来人机契约社会的前景极为关键。在大模型技术的强大冲击效应之下，人类社会进入了一个新的大转型时代。例如，大模型技术会加剧政治参与的通胀，使得博比奥所讨论的超负荷国家愈加面临政治过载的问题。那么，如何解决这一问题？博比奥并没有给出答案。笔者在将博比奥的思想与阿伦特进行对话的基础之上，提出一种更为强调共和主义的政治行动思路，即未来社会的公民要更多从政治的冷漠者转向政治的行动者。这一讨论还可以将拉图尔的行动者网络纳入进来，即这样的公民行动并不是公民个体的行动，而应该是一种社会网络化的行动，这样才能够使那些在政治上退潮的"沉默大多数"放弃远离政治或者是拒绝政治的错误立场，最终回到亚里士多德那句经典的定义上来，即"人是天生的政治动物"。同时，这种新型的行动者网络应该以某种制度化的方式固定下来，这便是在相互承认的基础之上形成人机契约社会的重要意义。

要构建这样一种新型契约社会，平等主体的确立便极为关键。换言之，需要在泰勒、霍耐特、弗雷泽等人的承认理论的基础之上来思考人机契约社会的形成的可能性。罗尔斯的"无知之幕"同样可以给我们提供某种启发。例如，我们在思考人和机器的关系时，就需要将其放在这种新型的无知之幕背景之下，这样人才能变得更加谦逊，逐步承认智能体的智力和能力。要实现大转型时代的秩序重建，民主的价值就会变得极为重要。民主的本质是相互承认，人类可以通过民主的规则来消解大模型技术带来的巨大冲突，这样多方就可以在相对和风细雨的环境之下实现一种无声的革命。当然，在这一过程之中，对大模型技术的治理同样会成为一个极为重要的议题，因为那些大模型服务提供商可能会在有形国家之外演变为一种无形国家。有形国家在很大程度上可能要依赖无形国家进行委托治理，因为有形国家并不掌握运行大模型所需要的算法、算力和数据。在有形国家和无形国家的权力竞争和对抗的背景之下，积极公民就会变得至关重要。积极公民可能会成为有形国家的重要助手，在一定程度上约束无形国家的超级权力。

注释

1《马克思恩格斯文集》(第一卷)，人民出版社2009年版，第17—18页。

2 Karl Jaspers, *Man in the Modern Age*, translated by Eden and Cedar Paul, New York: Doubleday Anchor Books, 1957, p. 203.

3 Hannah Arendt, *The Human Condition*, Chicago: The University of Chicago Press, 1998, p. 58.

4 例如，在许多英美学者的研究中，其有关民主转型范式的假设倾向于将发生政治变革的国家纳入向民主转型的范围，把竞争性选举与多党制视为民主制度确立的标志。参见［美］塞缪尔·亨廷顿:《第三波——20世纪后期的民主化浪潮》，欧阳景根译，中国人民大学出版社2013年版，第3—8页。

5 Norberto Bobbio, *The Future of Democracy: A Defence of the Rules of the Game*, translated by Roger Griffin, Minneapolis: University of Minnesota Press, 1987, p. 38.

6［德］马克斯·韦伯:《支配社会学》，康乐、简惠美译，广西师范大学出版社2010年版，第43页。

7 Norberto Bobbio, *The Future of Democracy: A Defence of the Rules of the Game*, translated by Roger Griffin, Minneapolis: University of Minnesota Press, 1987, p. 39.

8 Norberto Bobbio, *The Future of Democracy: A Defence of the Rules of the Game*, translated by Roger Griffin, Minneapolis: University of Minnesota Press, 1987, p. 39.

9《列宁全集》(第42卷)，人民出版社1987年版，第200页。

10 Norberto Bobbio, *The Future of Democracy: A Defence of the Rules of the Game*, translated by Roger Griffin, Minneapolis: University of Minnesota Press, 1987, p. 112.

11［美］塞缪尔·亨廷顿:《变化社会中的政治秩序》，王冠华等译，生活·读书·新知三联书店1989年版，第51页。

12 贾开:《数字治理的反思与改革研究：三重分离、计算性争论与治理融合创新》，载《电子政务》2020年第5期，第40—48页。

13［美］约瑟夫·斯蒂格利茨:《斯蒂格利茨经济学文集》(第五卷)，纪沫等译，中国金融出版社 2007 年版，第 443—463 页。

14 Northcote Parkinson, *Parkinson's Law: Or the Pursuit of Progress*, London: The Garden City Press, 1986, p. 12.

15 Norberto Bobbio, *The Future of Democracy: A Defence of the Rules of the Game*, translated by Roger Griffin, Minneapolis: University of Minnesota Press, 1987, p. 72.

16 Norberto Bobbio, *The Future of Democracy: A Defence of the Rules of the Game*, translated by Roger Griffin, Minneapolis: University of Minnesota Press, 1987, p. 70.

17 Norberto Bobbio, *The Future of Democracy: A Defence of the Rules of the Game*, translated by Roger Griffin, Minneapolis: University of Minnesota Press, 1987, p. 76.

18 Norberto Bobbio, *The Future of Democracy: A Defence of the Rules of the Game*, translated by Roger Griffin, Minneapolis: University of Minnesota Press, 1987, p. 78.

19 [法] 卢梭:《社会契约论》，何兆武译，商务印书馆 2003 年版，第 121 页。

20 Norberto Bobbio, *The Future of Democracy: A Defence of the Rules of the Game*, translated by Roger Griffin, Minneapolis: University of Minnesota Press, 1987, p. 31.

21 Hannah Arendt, *The Human Condition*, Chicago: The University of Chicago Press, 1958, pp. 175–181.

22 [古希腊] 亚里士多德:《政治学》，吴寿彭译，商务印书馆 2010 年版，第 7 页。

23《马克思恩格斯全集》(第 46 卷)，人民出版社 2003 年版，第 929 页。

24 Hannah Arendt, *The Human Condition*, Chicago: The University of Chicago Press, 1958, p. 147.

25 Norberto Bobbio, *The Future of Democracy: A Defence of the Rules of the Game*, translated by Roger Griffin, Minneapolis: University of Minnesota Press, 1987, p. 136.

26 对于这一点，学者王韶兴也曾提到:“政党出现的划时代意义在于它开启了人类历史发展的一个新的政治时代，以至于政党行为成为国家政治的核心驱动，政党文明成为政治文明的核心内容。”参见王韶兴:《政党政治论》，山东人民出版社 2011 年版，第 36 页。

27 张春满、郭苏建:《政党中心主义中西比较: 21 世纪的大分流》，载《学术月刊》2023 年第 3 期，第 82—92 页。

28 Myron Weiner, “Political Integration and Political Development,” *The Annals of*

the American Academy of Political and Social Science, Vol. 358, No. 1, 1965, pp. 52–64.

29 [意] 萨托利:《政党与政党体制》, 王明进译, 商务印书馆 2006 年版, 第 13 页。

30 [美] 安东尼 · 唐斯:《民主的经济理论》, 姚洋等译, 上海人民出版社 2005 年版, 第 107—116 页。

31 Otto Kirchheimer, The Transformation of the Western European Party Systems, in Joseph LaPalombara, Myron Weiner. *Political Parties and Political Development*. Princeton: Princeton University Press, 1966, pp. 177–200.

32 Rachel Gibson, Wainer Lusoli and Stephen Ward, "Online Participation in the UK: Testing a 'Contextualised' Model of Internet Effects," *The British Journal of Politics and International Relations*, Vol. 7, No. 4, 2005, pp. 561–583.

33 比如, 本尼 · 盖斯 (Benny Geys) 提到, 政党会通过在公开演讲、竞选宣传以及议会和政府活动中对某些特定议题进行宣传和政治化, 以使民众建立起政党与该议题领域的特殊联结, 从而获得相应的选举竞争优势。参见 Benny Geys, "Success and Failure in Electoral Competition: Selective Issue Emphasis under Incomplete Issue Ownership," *Electoral Studies*, Vol. 31, No. 2, 2012, pp. 406–412。

34 Norberto Bobbio, *The Future of Democracy: A Defence of the Rules of the Game*, translated by Roger Griffin, Minneapolis: University of Minnesota Press, 1987, p. 136.

35 [德] 阿克塞尔 · 霍耐特:《为承认而斗争》, 胡继华译, 上海人民出版社 2005 年版, 第 116 页。

36 例如, 在罗尔斯看来, 一个正义的社会应该有利于社会中的最不利者, 并让其获得最大利益。参见 [美] 约翰 · 罗尔斯:《作为公平的正义》, 姚大志译, 中国社会科学出版社 2011 年版, 第 102—103 页。

37 对于这一点, 学者安东 · 科里内克 (Anton Korinek) 在研究中指出, 随着 ChatGPT 与其他大语言模型的出现, 在未来 10 年的时间内, 人类在诸多认知任务中的作用将大为减弱, 最终将仅仅承担批准机器工作的任务, 而非对完成任务作出贡献。参见 Patrick Thibodeau, "ChatGPT's Threat to White-collar Jobs, Cognitive Automation," https://www.techtarget.com/searchhrsoftware/news/365532762/ChatGPTs-threat-towhite-collar-jobs-cognitive-automation, 访问时间: 2023 年 7 月 10 日。

38 Leslie Kaelbling, Michael Littman and Andrew Moore, "Reinforcement Learning: A Survey," *Journal of artificial intelligence research*, Vol. 4, 1996, pp. 237–285.

39 Nisan Stiennon, Long Ouyang, Jeffrey Wu, et al., "Learning to Summarize with Human Feedback," *Advances in Neural Information Processing Systems*, Vol. 33, 2020,

pp. 3008–3021.

40 AutoCrop 是以 Mina Fahmi 为首的团队所策划的，一个针对定制 T 恤衫公司的基于 AI 的自动化运转方案。在其设想中，AutoCorp 能够自主创建品牌并推广，在接取客户订单后自动进行设计。参见 Mina Fahmi, “Autonomous Company,” https://www.minafahmi.com/autonomous-company，访问时间：2023 年 8 月 29 日。

41 Norberto Bobbio, *The Future of Democracy: A Defence of the Rules of the Game*, translated by Roger Griffin, Minneapolis: University of Minnesota Press, 1987, p. 48.

42 Norberto Bobbio, *The Future of Democracy: A Defence of the Rules of the Game*, translated by Roger Griffin, Minneapolis: University of Minnesota Press, 1987, p. 42.

43 在波兰尼的著作中，大转型时代具有文明瓦解并引发社会巨大转变的特点，其快速的转型破坏了旧有的应对机制和旧有的安全网。同时在这一转型时代，市场化运动与社会保护运动冲突加剧，相关的政治经济秩序发生更替。参见［英］卡尔·波兰尼：《大转型：我们时代的政治与经济起源》，冯钢、刘阳译，浙江人民出版社 2007 年版，第 3—49 页。

44 Norberto Bobbio, *The Future of Democracy: A Defence of the Rules of the Game*, translated by Roger Griffin, Minneapolis: University of Minnesota Press, 1987, p. 42.

45 黄新华：《政治发展中影响政治稳定的因素探析》，载《政治学研究》2006 年第 2 期，第 81—87 页。

46 Norberto Bobbio, *The Future of Democracy: A Defence of the Rules of the Game*, translated by Roger Griffin, Minneapolis: University of Minnesota Press, 1987, p. 42.

47 Norberto Bobbio, *The Future of Democracy: A Defence of the Rules of the Game*, translated by Roger Griffin, Minneapolis: University of Minnesota Press, 1987, p. 96.

48 在人工智能大模型训练过程中常说的“大力出奇迹”里，“力”主要指算力，其是孵育及训练大模型的基础能力。而大算力也意味着大参数，比如由谷歌和柏林工业大学打造的 PaLM-E 大模型拥有 5 620 亿参数，是 GPT-3 的三倍多。巨大的参数使其成为一个能处理多模态信息的大模型，同时兼具非常强的逻辑思维。参见 Danny Driess, Fei Xia, Mehdi Sajjadi, et al., “Palm-e: An Embodied Multimodal Language model,” ArXiv Preprint, 2023, No. 2303.03378。

49 Norberto Bobbio, *The Future of Democracy: A Defence of the Rules of the Game*, translated by Roger Griffin, Minneapolis: University of Minnesota Press, 1987, p. 60.

50 例如，根据瑞士银行巨头瑞银集团的报告，在ChatGPT推出仅两个月后，其在2023年1月末的月活用户就突破了1亿，成为史上用户增长速度最快的消费级应用程序。参见Sawdah Bhaimiya, “ChatGPT May Be the Fastest-growing Consumer App in Internet History, Reaching 100 Million Users in Just over 2 months, UBS Report Says,” https://www.businessinsider.com/chatgpt-may-be-fastest-growing-app-in-history-ubs-study-2023-2，访问时间：2023年7月10日。

51 譬如，亚马逊首席执行官安迪·贾西（Andy Jassy）在其发布的2022年的年度股东信中重点提及未来亚马逊大力投资的领域是大型语言模型（LLMS）和生成式人工智能（AI），加入生成式AI竞赛。参见Andy Jassy, “CEO Andy Jassy's 2022 Letter to Shareholders,” https://www.aboutamazon.com/news/company-news/amazon-ceo-andy-jassy-2022-letter-to-shareholders，访问时间：2023年7月10日。

52 这些公司推出的大模型包括百度的文心一言、阿里的“通义千问”大模型、腾讯的混元大模型、360的GPT大模型、华为的盘古大模型、昆仑万维的“天工”3.5等。参见马舒叶：《大厂开卷AI大模型，谁已经靠它赚钱了？》，https://www.jiemian.com/article/9241502.html，访问时间：2023年7月10日。

53 Ben Thompson, “New Bing, and An Interview with Kevin Scott and Sam Altman About the Microsoft-OpenAI Partnership,” https://stratechery.com/2023/new-bing-and-an-interview-with-kevin-scott-and-sam-altman-about-the-microsoft-openai-partnership/，访问时间：2023年7月9日。

54 [美]曼昆：《经济学原理：微观经济学分册（第7版）》，梁小民、梁砾译，北京大学出版社2015年版，第370页。

55 新法团主义的概念重塑肇始于菲利普·施密特（Philippe Schmitter），在他看来，新法团主义主要是指一种把社会中组织化的利益同国家决策结构连接起来的特定模式或理念型的制度安排。参见Philippe Schmitter, “Still the Century of Corporatism?,” *The Review of politics*, Vol. 36, No. 1, 1974, pp. 85–131。

56 Norberto Bobbio, *The Future of Democracy: A Defence of the Rules of the Game*, translated by Roger Griffin, Minneapolis: University of Minnesota Press, 1987, p. 111.

57 Norberto Bobbio, *The Future of Democracy: A Defence of the Rules of the Game*, translated by Roger Griffin, Minneapolis: University of Minnesota Press, 1987, p. 37.

58 Norberto Bobbio, *The Future of Democracy: A Defence of the Rules of the Game*, translated by Roger Griffin, Minneapolis: University of Minnesota Press, 1987, p. 38.

59 高奇琦：《智能革命与国家治理现代化初探》，载《中国社会科学》2020年第7期，第81—102页。

第十章

大模型技术下的自发秩序与社会工程：基于马克思与哈耶克的讨论

每一次危机又加速了资本的集中，扩大了无产阶级的队伍。

——马克思《关于自由贸易问题的演说》[1]

直方大，不习，无不利。

——《周易·坤卦》[2]

人类购买这些增加的力量，与力量所施加的结果是疏远的。

——霍克海默和阿多诺《启蒙辩证法》[3]

大模型在很大程度上表现为一种社会工程。弗里德里希·哈耶克（Friedrich Hayek）在其著作中对社会工程有过较为激烈的批判。在哈耶克看来，社会工程的典型样板便是以苏联为代表的计划经济形态。在笔者看来，大模型表现出一种与哈耶克所定义的社会工程不同的全新样态。换言之，大模型是一种新型的社会工程技术。为了深入探讨这一问题，笔者将引入马克思和哈耶克的思想资源，对大模型的本质、大模型演进下的社会自发秩序以及山姆·阿特曼（Sam Altman）所讨论的全民基本收入等乌托邦社会工程等问题展开全面讨论。最后笔者试图回答的问题是：在大模型技术之上的发展之路，究竟是会成为一种新型的奴役之路，还是会成为一条通向自由之路？

一、大模型作为一种新型社会工程技术

哈耶克对社会工程进行了激烈的批判。在哈耶克看来，社会工程学建立在唯科学主义的方法论基础之上。哈耶克认为，在近代自然科学的基础之上，社会科学力图实现这样一种唯科学主义的目标。这最终会导向一种社会工程学，即用工程科学的思路来思考社会建设。在《科学的反革命》一书中，哈耶克清晰地表达出这种对唯科学主义的批判。哈耶克写道："尽管在一百二十年左右的时间里，这种模仿科学方法而非精神的野心（this ambition to imitate Science in its methods rather than its spirit）现在主导了社会研究（social studies），但它对我们理解社会现象几乎没有任何贡献。"[4] 哈耶克指出：当我们讨论唯科学主义（scientism）或科学主义的偏误（"scientistic" prejudice）时，所指的"不是客观探索的一般精神（general spirit of disinterested inquiry），而是对科学的方法和语言的奴性十足的模仿（slavish imitation）"。[5] 当然，哈耶克的基本立场并不是反科学，而是反对"狭义的科学方法和技术对其他学科的专制（tyranny）"。[6] 实际上，哈耶克所批判的重点更多落在工程上。这里需要对科学和工程的关系加以区分，即科学是一种对知识真理的追求，而工程则是一种对问题的解决思路。在哈耶克看来，用自然科学的方法来思考社会科学的问题，不可避免地会堕入一种对人矮化甚至动物化的风险，这实际上表现为一种对人的贬低。与之类

似，法兰克福学派代表人物马克斯·霍克海默（Max Horkheimer）和西奥多·阿多诺（Theodor Adorno）在《启蒙辩证法》一书中同样对这种唯科学主义进行过批判。两人认为启蒙运动中，过度强调理性的作用，尤其是以实证主义为代表的用数字与现象的抽象来认识和管理世界的方式，产生了主客体分离、人被异化为工具等负面后果。进言之，现代社会的一个可怕趋势是工具理性将一切事物客体化和工具化，试图在精确计算中用一种理性的方式控制一切。而哈耶克强调，将自然科学的思路引入社会科学研究中，往往把每个人类个体都看成是一个数字化的单元。这里的个体不再鲜活和能动，而变成了机械的、被动的客体。哈耶克认为，自然科学所强调的预测是极为困难的，而基于自然科学的方法对具体社会问题开展预测是做不到的。

哈耶克认为，唯科学主义方法论存在三个谬误。第一，客观主义（objectivism），即过于强调用量化的方法来对社会对象进行测量。其中的谬误在于，由于社会事物是极为复杂的，那么这样的测量可能是不准确的，而基于这种测量基础上的计算同样存在着诸多谬误。哈耶克写道："这里的'客观'（objective），只是某人对人们应当需要什么所持的观点的一个代名词（name）而已。"[7] 第二，集体主义。在哈耶克看来，在量化和计算的基础之上，这种方法论希望实现一种对象上的集体主义，即把建构的主体当作实在。哈耶克认为，集体主义（collectivism）的问题在于"把一个笼统地理解的整体（a vaguely apprehended whole）当作类似于个人头脑的东西"。[8] 哈耶克写道：孔德便是这种集体主义的代表，其"把人类当作一个'社会存在'（social being），一种超人（superperson）"。[9] 第三，历史主义，即强调某种客观历史规律，并主张一种结构性的力量会影响历史结果。卡尔·波普尔（Karl Popper）在一定程度上对哈耶克的观点进行了发展。波普尔同样强调对历史主义的批判，同样也对集体主义的思维加以强烈的反对。

在唯科学主义方法论批判的基础之上，哈耶克主张社会科学应该采用如下三个立场。第一，用主观主义来反对客观主义。哈耶克在这里强调的主观主义主张用更加人文的社会科学的方法来研究社会现象，而非完全的量化方法。哈耶克写道，“把寻找量化手段的做法盲目地移植到（blind transfer of the striving for quantitative measurements）不存在那些特殊条件的另一领域”是一种错误做法。[10] 第二，主张用个体主义来代替集体主义。在哈耶克看来，这种集体主义无疑会导致个体的衰落和能动性的丧失。同时，在这种集体主义的背景之下，可能会形成一种集体的非理性。第三，用综合方法来取代历史主义。哈耶克写道：“自然科学的方法是分析性的（analytic），而社会科学的方法最好称为综合的（compositive）或合成的（synthetic）。”[11] 哈耶克在这里所说的综合方法更加强调一种基于社会演进的自然秩序。哈耶克写道：“它们是‘构成性的’（constitutive），是人们所说的‘社会’或‘经济体系’这些现象得以存在的要素。”[12] 换言之，与强调历史的客观结构不同，哈耶克更加强调某种社会力量在特殊时间点上的自然涌现。哈耶克认为，如同复杂化合物产生于分子“自己排列成拥有特定特性的结构”（arrange themselves in a structure possessing certain characteristics），社会秩序也是如此，这就是所谓的“自发秩序”（spontaneous order）。在这里，哈耶克所表达的实际是复杂性科学中的涌现思想。[13] 换言之，哈耶克认为，众多事物的现象并不一定是必然的，而是有一定的历史偶然性。

哈耶克认为，社会工程便是唯科学主义在社会中的典型应用案例。哈耶克写道：社会工程学便是“将工程学的技术运用于全社会”。[14] 社会工程存在非常强的计划特征，即存在一种外在的力量对社会的发展进行整体性的计划。哈耶克批判的对象是以苏联为代表的计划经济体制。这里需要强调的是，计划的基础是计算。苏联之所以采取计划经济体制，实际上与俄罗斯民族的数学文化传统有密切关系。在进行一些重大研发时，俄罗斯民族的数学天赋表现得非常明显。例如，其在空间技术上的众多突破就与其强大的数学计算能力密切相关。换言之，苏联人之所以在当时的时代背景下采取计划的方法，很大程度上归功于其较为领先的计算思维。

哈耶克的观点对于我们思考今天的大模型技术大有裨益。哈耶克对社会工程学进行了激烈批判。然而，我们却可以发现，大模型是一种同时结合了哈耶克所主张的内容与其批判的内容的一种新型社会工程技术。大模型技术本质上只是一种新型计算技术。大模型的技术基础是大语言模型，[15] 并在语言模型的基础之上进一步发展为通用大模型。大模型技术最早是在自然语言技术基础之上发展起来的，其基础是深度神经网络的相关算法，例如卷积神经网络（CNN）、循环神经网络（RNN）、生成式对抗网络（GAN）等。在2017年，谷歌出现了突破性的进展，即转换器（Transformer）的出现。[16]

GPT是在Transformer基础之上的一个新分支，其更多强调解码（decoder）路径。与大模型技术并行的另一个技术方向是由谷歌公司推动的，其推出的BERT模型则更多强调编码（encoder）路径。[17] 换言之，大模型技术是人工智能算法上的一个新进展，其在语言模型的基础之上将人类的文字、图片以及视频都转换为一种可以进行通行计算的“权证”（token），这个过程被称为权证化（tokenization）。[18] 这里做一个简要的比喻。正如语言模型中的文字是由字母构成的一个个单词再构成句子，句子再组成段落，那么一个段落的文字就像一个长长的字符串的序列。正是这样一种字符串的序列特征会有助于通用计算。大模型技术的实质是一个“根据上文来预测下文”的语言概率模型，其生成模型仍然是基于统计学的概率模型。[19] 然而，在技术进一步发展的基础之上，科学家们可以将这种技术应用到所有数据的计算之中。例如，其可以将图片“token 化”，即将图片转化成类似于一个段落的长字符串序列。在这里，一个通俗的比喻是，将图片的信息“搓成长条”，而针对长条的信息就可以做“上文预测下文”的概率计算。这样，语音、文字、图片、视频等不同模态的信息都可以被放到一个数据库中进行通用计算。

换言之，大模型技术是一种大计算技术。这一技术的突破依赖于算法、算力和数据。Transformer 本身就表现为算法，因此大模型技术的核心是算法。同时，要实现这样的算法，就需要强大的算力，如 OpenAI 的 ChatGPT 模型在预训练时就使用了上万块英伟达 A100 的显卡来进行训练。[20] 这样的算力要求是极高的。目前在国内少有厂商能达到这样的算力要求。同时，要实现大模型技术，数据同样必不可少。人们在使用大模型时，往往希望得到较高质量的回答，而这样的高质量回答的基础是用于训练的知识库。换言之，只有“喂”给大模型高质量的知识，它才能够生成较高质量的回答。这也是大模型的服务提供商往往倾向于用英文语料库来进行训练的原因。相比而言，英文世界的相关知识百科的知识水平要远远高于中文世界，这也是目前国内大模型在语义理解和内容生成等方面明显弱于 GPT 系列的原因之一。

简言之，GPT 是人工智能的新进展。归根结底，其是一种在新计算技术基础上的新型社会工程，其最终希望实现人类智慧整体结晶的效果。大模型技术中的“G”代表了一种生成智能。就其给出的结果而言，其并不是从人类的知识库中直接摘取的，而是某种程度上对人类知识的转化和再生成。换言之，大模型是一种“众智成城”的技术，其将人类个体之前的知识即波普尔所强调的“世界三”权证化[21]，然后在人类提问的基础之上大量生成知识。同时，这样的知识生成可以被用来为人类提供服务，这就可以大大提高人类社会的整体知识水平。大模型就像一个社会大脑。只要个体有需要，其就可以接入这一社会大脑，从而获得某种知识和能力。社会大脑的基础是计算。在人类之前巨大的知识库基础之上，在算力的支撑下，大模型可以大量地生成知识。这便是一种新型的社会工程。这种社会工程技术可以被看成是结合了哈耶克观点的新变种。哈耶克激烈地反对社会工程，而这样一种新型社会工程恰恰将哈耶克所强调的个体主义和演化主义融入其中，同时又将量化的客观主义特征作为其基础。换言之，大模型是客观主义、个体主义和演化主义的新型混合物，其把哈耶克所反对的集体主义和历史主义抛开，保留了客观主义，同时将哈耶克主张的个体主义和演化主义引入其中。

如前所述，大模型的技术基础是计算，这一点与社会工程学的客观主义保持一致。同时，之所以将大模型称为新型的社会工程技术，是因为其更多体现了一种哈耶克主张的个体主义。当然，这里的个体主义更多表现为一种精英的个体主义，或者在某种意义上是尼采所强调的“超人主义”。[22] GPT 是在 OpenAI 团队的小规模核心成员通力合作下完成的。核心成员包括创始人兼前 CEO 阿特曼、首席科学家伊利亚 · 苏茨凯弗（Ilya Sutskever）、现任 CEO 格雷格 · 布罗克曼（Greg Brockman）和 CTO 米拉 · 穆拉缇（Mira Murati）等。[23] OpenAI 的核心团队成员不超过 100 人。换言之，这样的社会工程并不是在大规模社会动员的基础上完成的，而是在一个小型团队的基础之上加以实现的。另一个案例是目前在文字生图领域最具创新力的企业 MidJourney 和 Stable Diffusion。这两个企业的规模都很小。MidJourney 目前的成员数量为 11 人（其中 4 人为在校本科生），然而其一年的营收预计达到 1 亿美元[24]，同时其在文字生图领域已经产生了极强的存在感和影响力。

换言之，这一颠覆性技术并不是由一个巨大的、基于社会动员的强大力量主导的，而是在少数精英的个体合作下实现的。这一点在很大程度上与哈耶克强调的个体主义是一致的。略有不同的是，这种个体主义更多地表现为一种精英的个体主义。另外，大模型也可以被看成是反历史主义的突破，其主要表现为一种基于演化主义的涌现。大模型技术的基础是深度神经网络算法。从算法的角度来看，其基础是“上文预测下文”的概率模型，却产生了令人惊异的实际使用效果。这里面的核心问题是：智能是如何涌现的？“涌现”（emergence）一词在很大程度上表现出了复杂科学的演化主义特征。当模型的参数量达到一定规模时，这种智能就可能会出现。这便是“伸缩法则”（scaling law）。[25]

二、大模型垄断：GPT 演进下的自发秩序

哈耶克在其著作中极为强调这种自发秩序。他认为，自发秩序才是最好的秩序，即在很大程度上强调一种自然而然的生成状态。哈耶克写道：“人类并没有有意设计（has not deliberately designed）这一过程，而且只是在它形成之后，才逐渐认识到这一过程。”[26] 哈耶克反对大规模计划和国家干预，而主张在自然状态下的演进和生成。这一观点是典型的个体主义方法论，反对从某种较高的维度

和层次对自发演进的秩序加以干预。中国的道家思想中同样有这种内涵。例如，《道德经》中强调“天地不仁，以万物为刍狗”，[27]其中便蕴含了一种非干预的态度。道家所反对的儒家恰恰主张一种外部干预和人为设立的礼治秩序。

大模型在很大程度上表现出某种自发秩序的特征，可以将其概括为如下几点：

第一，智能的自发涌现。要解释大模型中的智能出现是一件非常困难的事情。涌现这一概念代表了某种神秘主义特征。总之，其是在巨大参数和强大算力基础上的类似于某种奇迹的突然出现。涌现是复杂科学中的一个重要概念，其所描述的是一种特殊现象。复杂系统由众多微单元构成，而当这些微单元数量足够多时，就可以在宏观层面上出现某些特殊现象。[28]这一点表现在大语言模型中，就是当模型规模扩展到某种程度时，效果会大大提高。同时，模型的规模低于某个临界值之前，这样的模型便不具备任务解决的能力。伸缩法则所描述的主要是，在一些知识密集型的任务中，随着模型规模的增长，任务完成的效果会不断增加。[29]换言之，伸缩法则在很大程度上描述的是规模效应的特征。这种智能的自发涌现还体现在思维链这一技术中。思维链主要应对的是某些复杂的推理问题。大模型在初始回应时往往难以处理某类问题。然而，如果用户引导大模型，建议它一步一步地进行推导时，大模型就可能会出现完全不同的任务解决能力，这同样表现出一种涌现能力。[30]换言之，就大模型的智能涌现而言，其并非某种计算和规划的特定结果，而是在某个临界值之上突然爆发的一种复杂系统现象。

第二，经济秩序的间断均衡。在大模型的影响之下，人类社会的数字经济秩序可能会出现从稳态到非稳态的变化。以 GPT 为代表的大模型技术可能会成为新一轮创新的“奇点技术”。换言之，其会撬动所有产品和部门的改革。例如，微软在与 OpenAI 的合作过程中，用大模型技术重新改造了 Office 系统，使其所有产品线全线接入 GPT 模式。[31] 这种改革同样体现在国内互联网大厂近期的行动中。例如，阿里也发布了“通义千问”模型，并宣布其线下的所有业务都接入大模型。换言之，在大模型的基础之上，会开启新一轮变革。之前互联网生态中的一些核心架构都会在大模型的基础上进行重组。例如，搜索业务会出现较大变化，由之前的供用户选择转变为直接给用户生成较为确定的答案。同时，在自然语言对话的基础之上，也可以直接接入任何应用。例如，之前我们需要在电商平台上购买商品，首先需要进入某个电商平台，然后搜索相关的商品，而后再下单。那么在大模型的新技术框架之下，这些都可以直接在大模型的对话框中完成，即只需要嵌入相关的插件即可。这使得数字经济在长期形成的稳态结构得以打破，因而进入了一个新的非稳态时期。而在这一过程中，迅速抓住大模型特征的企业将获得在经济秩序重组中的先发地位。

第三，大模型的涌现性垄断。如前所述，整个数字经济都需要在大模型技术的基础之上进行重新构建。这就意味着，在大模型技术中处于领先地位的公司便可能会产生“马太效应”。原来需要分散在不同应用场景的移动 App，现在可能都会被接入领先大模型的接口和插件之上。因此，这会形成某种程度的“中间消灭效应”。换言之，之前存在大量的中间层，而这些中间层并不具备自己的核心能力，其往往需要调用大模型公司的基础能力，同时其具备在某些应用场景当中与用户需求结合的能力。例如，Jasper 是在国外市场中的一家商业营销文案写作公司，其能力建立在 OpenAI 开放的 GPT 接口之上。其在短时间内获得了非常快的发展，并且估值一度达到十几亿美元的水平。[32] 然而，很多观察家认为，这类位于中间层的公司可能会伴随着大模型的发展而最终消失，因为其本身更多是作为一个中间商存在的。[33] 伴随着大模型插件的进一步发展，用户可以直接通过插件访问大模型，并且伴随着用户习惯的进一步形成，各种不同的复杂任务都可能在某一个聊天框中完成。对于用户而言，与其在不同的 App 中熟悉其界面并逐个掌握使用方法，还不如在一个熟悉的一体化的界面中完成。换言之，大模型所实现的是真正意义的“一网通办”，即一个入口解决所有问题。同时，大模型服务提供商由于其集中效应，其可能会在用户界面等方面做得更加成熟和友好，这都是对中间力量的巨大威胁。换言之，在大模型的基础能力之上，各种应用都可能会叠加，这些插件便类似于某种应用商店，会加剧大模型领先公司的垄断秩序。目前来看，OpenAI 和微软的联合已经形成了某种先发效应。谷歌公司尽管是 Transformer 的发明者，但是就其目前的技术能力来看，其已经与 OpenAI 形成了较大的代差。

换言之，在大模型演进的基础上已经形成了某种自发秩序。然而，这种自发秩序并不是哈耶克愿景中的理想秩序，因为这种秩序最终导致的结果是大模型垄断。这会使得互联网世界的平等性进一步受到损伤。互联网在其诞生初期就宣称以一种平等性和自由性作为特征，然而在互联网发展的过程中却出现了严重的寡头化趋势，并最终出现了“作为一个政治议题的互联网（the internet as a political issue）”。[34] 正因为如此，2008 年之后才出现区块链的发展意义。区块链的“去中心化”的宣言，就是要打破互联网寡头化的秩序[35]，然而区块链并未获得完全的成功。在新的大模型的自发秩序之下，互联网的寡头化特征可能会进一步加剧。之前某些应用还分散在不同的平台公司以及一些中等规模的公司手中，然而在大模型垄断的背景之下，这些资源以及用户需求都可能向大模型公司集聚。这一点也可以提醒我们去更深刻地思考数字经济中的自发秩序。

我们同样需要认识到这种自发秩序背后的资本内涵。按照OpenAI设立的初衷，它本来是一家非营利公司。正如其名称中所宣告的，其希望做一个挑战互联网寡头的开源技术公司，这是埃隆·马斯克（Elon Musk）与阿特曼创立这家公司的最初愿景。然而，这样的发展计划之后出现了变化。由于发展理念产生了分歧，马斯克退出了OpenAI，而OpenAI则在阿特曼的主持下选择了与微软结盟。大模型技术的快速突破与微软的加持有密切关系，因为大模型技术会涉及巨大的算力需求，而这种算力能力并非OpenAI自身可以解决的。微软为了推进OpenAI的大模型技术，便为OpenAI搭建了一个由数万块英伟达A100构成的巨大算力集群[36]，这成为GPT成功的重要必要条件。换言之，这样的自发秩序生成背后有着非常深刻的资本内涵，其反映了资本之间的争斗。微软投资OpenAI的目的是在搜索市场上打败谷歌，使其必应（Bing）搜索可以在长期被动与边缘的位置上实现突破，这一点有助于打破谷歌在搜索市场中形成的垄断。然而，问题在于，打破垄断只是暂时的，因为微软在与OpenAI的结盟中可能会形成新的垄断。这里需要引入迈克尔·沃尔泽（Michael Walzer）的讨论。沃尔泽所强调的复合平等的基本内涵是，某些价值可以在某些领域形成主导，这是沃尔泽可以接受的；然而，如果某一个价值在众多不同的领域都形成主导，这是沃尔泽加以强烈反对的。[37] 换言之，在之前的互联网的自发秩序中，尽管在不同的领域存在垄断，但是这样的垄断出现在不同的场景中。例如，就美国的情况来看，在搜索领域具备垄断地位的是谷歌，而在电商领域具备垄断地位的不再是谷歌，而是亚马逊。然而，在大模型技术的影响之下，这种垄断很可能会具有跨领域的扩散性，因为大模型技术本身就是一种穿透性技术。无论是搜索、电商，还是游戏，其都需要这种新的大模型技术对其业务条线进行重塑。

从该意义上讲，在大模型技术影响下的数字经济的自发秩序会进一步形成垄断效果。而这样的自发秩序存在很大的问题，并不能成为哈耶克所希望追求的理想状态。要解决这一问题，则需要深入观察大模型技术背后的资本竞争，并在国家的指导之下引入严格的反垄断机制。如果未来确实出现了穿透各个领域、在技术上极为领先的大模型技术，那么这时的理想形态应该是，要在国家的干预之下打破其垄断性。这时我们就需要再次引入马克思的学说，对哈耶克所强调的自发秩序中的问题加以解决和弥补。

三、全民基本收入：阿特曼的乌托邦社会工程

哈耶克和波普尔都极为反对乌托邦社会工程，并认为这种乌托邦社会工程存在集体主义和历史主义的双重谬误。有趣的是，OpenAI 的创始人阿特曼恰恰在构想一种新型的乌托邦社会工程。这里需要特别说明的是，在阿特曼的行为中同样可以找到"马斯克悖论"。马斯克悖论是笔者之前提出的一个概念：马斯克是人工智能的重要推手，但是却宣扬人工智能要毁灭世界。[38] 其中的悖谬在于，其言语和行动的不一致：既然人工智能要毁灭世界，那么作为实践者，为何要加速人工智能技术的发展？作为马斯克的好朋友，阿特曼同样用行动在实践着"马斯克悖论"。OpenAI 的创立初衷在于，阿特曼和马斯克都认为人工智能注定要挑战人类社会，因此其

创立的目的是避免人工智能对人类产生不利的影响。这里的“马斯克悖论”反映的实质是，一种在硅谷精英身上都存在着的“末日制造者”和“末日准备者”的双重身份。其计划的初衷可能是“末日准备者”(doomsday prepper)[39]，认为世界末日即将来临，但是其又在实践上承担了“末日制造者”的功能。换言之，这样的问题本身就是自己创造的，即“自己造成了自己所希望避免的问题”，这便是“马斯克悖论”的实质。另外，阿特曼与马斯克也存在一些不同。马斯克的典型身份是实践者，其具有非常强的工程师思维，其最大的能力是将其思维转化成工程结果或产品的能力。例如，马斯克希望实现可回收火箭的愿景，最终通过复杂的工程技术和能力得以实现。阿特曼在 OpenAI 中扮演了一种灵魂大脑的角色，其本身并不是技术的核心推动者。OpenAI 的核心技术推动者实际上是由苏茨凯弗担任的。

在核心团队的四人小组中，阿特曼更多扮演的是未来设计者和整体的精神领袖。格雷格 · 布罗克曼（Greg Brockman）更像是冲锋队长。例如，GPT-4 训练模型的基础架构多数是由布罗克曼完成的。[40] 穆拉缇是非常好的产品设计和开发者，其领导了著名的 DALL · E 系统，并且作为四人小组中的唯一女性，其可以更多将人文精神和理解带入产品的设计之中。[41] 苏茨凯弗则是核心技术的驱动者。他是深度学习“三剑客”之一杰弗里 · 辛顿（Geoffrey Hinton）的学生，并最早参与了 AlexNet 算法的设计。之后其在谷歌工作期间，还参与了阿尔法狗（AlphaGo）的相关底层技术实践。之后其加入 OpenAI，成了 OpenAI 的联合创始人和首席科学家。[42] OpenAI 的核心产品如 DALL · E、GPT 等，其背后的核心技术都是由苏茨凯弗来推动的。

在这样的四人小组中，阿特曼负责整个 OpenAI 的发展方向，这使得其可以更加系统地思考未来社会，也使得其有较为完整的乌托邦社会工程的思考。阿特曼在其2021年发表的名为《万物摩尔定律》的文章中，表达了其乐观主义的想法。阿特曼认为，这场革命将带来一种全新的充裕效果，使得每个个体都可以实现自己的梦想。阿特曼甚至设置了一个对资本征税的计划。他强调不去向劳动力征税，而是向资本征税，并将所有权和财富直接分配给公民，而每个人都成为股权所有者，并从这一身份中获益。阿特曼认为，这是改善资本主义的最佳方法。[43]

阿特曼认为，财富主要有两个来源，一是公司，二是土地。在阿特曼的构想中，公司（特别是使用AI的公司）要成为创造财富的主要来源，而这些财富将会直接分配给公民。阿特曼的核心理想是，用人工智能来打破资本主义。其基本思考是先由人工智能创造大量的财富，然后再通过财富分配使得每一个人都达到富足。因此，在阿特曼看来，其中的核心问题是，通用人工智能的使用权和治理问题。阿特曼希望，通用人工智能的发展使得人类社会可以进入一个富足的世界。阿特曼认为，其乌托邦社会工程是一种马克思主义与自由主义的结合，其强调全民基本收入，并在此基础上建立一种相对公平的分配。另外，他还认为政府一定程度的介入是极为必要的。[44]在这里我们可以看到，阿特曼所提倡的“全民基本收入”与马克思所构设的共产主义社会存在紧密关联。根据马克思在《哥达纲领批判》中的论述，可以概括出共产主义具有两个本质特征：一是各尽所能，二是按需分配。[45]而通过全民基本收入所希望达到的减少异化劳动、消除剥削的效果，则与共产主义具有诸多相似之处。此外，共产主义的核心在于“共产”的实现，也即生产资料为所有人共有，而通过共有生产资料所形成的价值增长亦应为所有人共同分享。而提倡将人工智能创造的财富通过“全民基本收入”的形式发放给个人，秉持的也是类似的逻辑。

在一定程度上，阿特曼是理想主义者和现实主义者的折中体。例如，其在设立 OpenAI 时，强调 OpenAI 的非营利组织特性。就其设立的初衷来讲，在更大程度上是理想主义的驱动。然而，阿特曼与微软的联盟则在很大程度上表现出其现实主义的特征。阿特曼希望能够真正推动人工智能发展，并使之对人类社会产生重大影响，因此其选择了资本的介入。这似乎在很大程度上冲击了其理想主义的框架。这也可以反映出阿特曼的矛盾性，以及其思维框架与具体行动之间的巨大张力。需要特别说明的是，阿特曼仍然带有很强的理想主义特征，例如其希望在微软介入之后仍然可以在商业利益和社会利益间保持一种平衡。其不希望人工智能公司有无限的利润，于是主张员工自愿设置利润的上限。超过这个上限之后，无论是员工还是投资者都不能得到更多的利润。[46] 同时，阿特曼极为反对大型科技公司。在阿特曼看来，大型科技公司缺乏民主管理的制度。而 OpenAI 则可以实现一定程度的企业民主，因为其本身拥有弹性且相对自由的公司决策框架。尽管 OpenAI 在人工智能大模型的发展上具有先发地位和超级能力，但阿特曼同样表达过，大模型不应该由一家公司独自占有。换言之，OpenAI 的强大独占能力与其主张大模型的多样性之间产生了巨大的张力。

马克思曾指出，由垄断所带来的利润是一种超额利润。[47] 而以 GPT 为代表的大模型具有超强的整合能力，能够将搜索、支付和购物等场景与应用通通整合到一个对话框内，具有一种横跨产业链和跨产业的特征。因此在超额利润的诱惑下，大模型领先公司潜藏着极大的垄断潜能。不过这里需要思考的是，对于这种大模型产生的超额利润，应该如何对其进行更好地分配，从而形成相对公平的分配秩序？否则因大模型垄断而产生的大量“被剥夺者”，可能会对大模型企业诉诸愤怒的手段，形成难以弥合的社会撕裂。并最终会出现马克思所说的场景，即垄断的终极结果是“剥夺者被剥夺”[48]，社会秩序也将陷入巨大动荡。基于此，阿特曼的乌托邦社会工程的核心，恰恰是希望人工智能的发展成果可以被全人类共享，促进马克思意义上的每个个体的全面发展，并最终实现一种建立在土地和公司股份全民共享基础上的赛博乌托邦。换言之，阿特曼并不是一个典型的资本精英或商业精英，而似乎是一个伪装成商业精英的勾划人类社会走向的真正思考者。这里的一个关键问题是：为何阿特曼会如此强调全民基本收入？其动机究竟如何？这可能有如下三类动机。

第一，对未来发展的整体性思考。西方的商业精英都有一种整体思考的习惯。这在资本市场上形成强大的效应，助推了特斯拉股价的持续走高。从该意义上讲，整体思考构成了资本精英的一种基本素养。只有对人类未来的整体发展趋势形成深刻的图景，其才能设计出伟大的产品。

第二，对技术强大效应的内心恐惧。阿特曼这样的商业精英一直走在技术的最前沿，对技术的理解也极为深刻，其团队成员也都是思维领先的技术工程师。这里的一个技术细节是 GPT-4 在 2022 年的 9 月份之前就已训练好，并且其巨大的能力震惊了 OpenAI 的团队成员。OpenAI 用了足足 6 个月的时间来为其匹配更加安全的方案。[49] 同时，为了让社会大众更加容易接纳或者消化这样一种冲击，OpenAI 专门设置了一个参数量更少、能力相对弱一些的 GPT-3.5 版本，即 ChatGPT。换言之，OpenAI 有能力在第一时间发布更加强大的 GPT-4，但其选择推迟半年以上的时间发布。因为太过先进的技术可能会对人类社会产生巨大冲击，甚至可能会诱发人们过于强烈的反应，而这些情况都是未知的。因此，他们主动推迟半年以上的时间，并开发一个相对低阶的版本，让人们来接受它。从目前来看，这样的策略是成功的，因为他们花了更多的时间为这样的先进产品准备人类对齐和安全保障。进言之，阿特曼的整体性思考或许也来自某种内心的恐惧，因为其看到了通用人工智能对人类社会改造的巨大影响。在内心震撼的同时，他不得不去思考全民基本收入的问题。

第三，企业发展的商业策略。大模型技术给人类社会带来巨大的创造性破坏效应。例如，其会对人类现有的众多工作岗位产生冲击，并可能会带来进一步的失业问题。再如，其对目前人类社会的知识秩序形成了打破效应。同时，在通用人工智能的技术之上，机器是否会产生自我意识并导致人工智能的失控？换言之，人工智能产生巨大的破坏性效应，最终需要国家来整体性承担。那么，出于商业策略，这样的全民基本收入的表态，可以为其企业发展寻找某种制高点。

在笔者看来，以上三种情况都有可能存在，甚至可能同时存在于阿特曼关于乌托邦社会工程的思考之中。阿特曼的乌托邦思考并非完美，因为其存在的最大问题是如何实现的问题。阿特曼在很大程度上仍然扮演了一个“问题制造者”的角色。尽管其似乎提出了一整套的乌托邦社会工程的思路，但是其在问题解决的方案中有诸多的思维断裂。例如，谁来提供全民基本收入？其尽管提出了向资本征税的思路，但实际在运行过程中，征税是一件极为复杂的事情。由于其集聚效应，资本总是会找到各种避税的方法，而征税的实际效果最终又会变成向劳动力征税。尽管阿特曼提出应该将公司创造的财富直接分配给公民，而这又是一个极为理想主义的做法。公司的税收都会被限定在一定范围之内。将税收提高到某种程度则会使得一些公司转移到那些税收较低的区域。阿特曼还主张每个公民都成为股权所有者。问题是，如何以更加公平的方式做到？

阿特曼仅仅提出了一个乌托邦的宏观思考，而这些问题在落实的过程中会遇到巨大阻力。其在最初设立 OpenAI 时将其设定为非营利组织，但最终其选择了与微软的结盟，并将资本的力量引入其中。目前 OpenAI 已经不再是非营利组织，而成了一个典型的强调利润的公司。OpenAI 在设立初期时还强调其开源特征，这与其名称中的“open”是对应的。GPT 系列的一代和二代是开源的，然而从第三代开始就采取了闭源方式。[50] 换言之，尽管阿特曼提供了一种完整的乌托邦思考，但其并没有在实践中去落实这些问题。况且，这种全民基本收入的落实也远远超出了一个商业精英的能力范围。这本质上是一个需要政府来解决的问题。换言之，阿特曼仍然是一个问题制造者，因为大模型会带来巨大的创造性破坏效应。这会产生巨大的外部性，而其中产生的失业、失序和失控问题最终会丢给政府，而不是由其自己来承担。其行为在很大程度上仍然是资本行为，例如其在与微软的结盟中，已经产生了巨大的资本效应，典型例证就是这样的技术红利已经为微软的股价上升服务。

其中存在一个关键问题：大模型的应用是“健康人手术”还是“弥留者手术”？手术有很强的外部性和风险。如果是健康人，往往是不被建议做手术的。手术是一种外部干预的手段。如果是存在重大风险的弥留者，这时候往往建议进行手术，因为手术可能会干预病情的发展状况，使得弥留者获得新的生存机会。GPT 的应用就像是一场巨大的手术，其会对整个社会形成重构效应。如果现有的社会是一个健康的社会，那为什么要对其做手术？若其基本方面的运转都是良好的，这样一台伤筋动骨的手术则可能使一个健康人的健康状况变得糟糕。在西方的语境之下，这种手术似乎是极为必要的。按照西方左翼思想家的思考，西方社会目前处在晚期资本主义的阶段，这也是众多的末日准备者的基本出发点。[51] 西方的加速主义也主张通过技术的加速带来危机的总爆发。因此，我们需要对不同社会状况更加深入地进行理解，然后再观察不同社会状况对于大模型技术的需要程度。

四、GPT 之路：奴役之路还是自由之路？

如果哈耶克看到大模型技术的发展，那么这样的发展同样会让哈耶克感到困扰，因为大模型技术是一个奇怪的复合体，是一种自由主义的社会工程。从其技术演进来看，其具有极强的自发秩序特征。无论是智能的涌现还是新经济秩序的涌现，其都表现为极强的自发秩序，是社会自然演进的结果。大模型技术的发展并不是一种计划和集体力量的结晶。美国的政府部门并没有对这样的技术进行规划，且其是超预期完成的。按照诸多科学家的预测，我们距离通用人工智能时代还有很久。例如，作为机器学习的重要推动者之一，辛顿指出，其最初的判断是，通用人工智能可能会在未来 30 年到 50 年之后才有可能实现；但是在他看到大模型技术的重要进展之后认为，通用人工智能的来临可能会更快。[52] 换言之，这样的演进速度已经远远超出了一流科学家的预测。

同时，这样的技术进展并不是一个巨大社会工程的结果。OpenAI 的核心团队在 100 人以内。换言之，这一技术突破是在一个数百人规模的人力基础上实现的。这是一种典型的精英个体主义的思路，而非集体主义的思路。然而，通用大模型的结果最终却指向了量化的社会工程。换言之，就 GPT 而言，其从哈耶克主张的个体主义自发秩序和演进逻辑出发，最终反而到达了哈耶克所批判的社会工程。从这一角度来讲，GPT 是一只“双头怪兽”。不只是 GPT，阿特曼所提出的乌托邦社会工程同样表现出这一特征。正如阿特曼自己主张的，其基本观念是一种马克思主义与自由主义的结合。就大模型的出现和对数字经济的影响而言，其更多表现出自由主义的特征，然而，其最终会使得整个社会走向某种社会工程。如果在这一社会工程基础之上实现全民基本收入的话，这又在很大程度上体现出马克思主义学说的特征。当然，哈耶克思想自身也存在相互冲突的地方。尽管哈耶克被看成是自由主义的宣扬者和捍卫者，但哈耶克也曾提出有限保障的说法。哈耶克反对绝对保障，但却主张有限保障。这一主张在一定程度上与阿特曼主张的全民基本收入有相一致的内涵。其中的关键问题是，在大模型技术的基础之上，人类社会会走向奴役之路，还是自由之路？

首先，在大模型技术的基础之上，可能会出现一种新型的奴役，其表现为算法和机器对人的奴役。传统的奴役通常以暴力为基础，胁迫他人做不利于自己的事，使人成为一种附庸，其是一种强制奴役。而这里所讨论的新型奴役是指大模型技术对人的控制隐蔽性更强，其更多采取的是一种柔和的方法，并指向一个非暴力的“新奴役时代”。同时，与其他传统技术相比，大模型下的奴役进一步消减了人的主体性，把人变为技术的附庸。这一过程就如同霍克海默和阿多诺所描述的从现代性启蒙到现代性噩梦的过程。在两人看来，启蒙的纲领是唤醒世界，去除神话并用知识来替代幻想。[53] 但在人们使用大模型的过程中，却可能存在某种程度的幻觉，即认为大模型无所不知和无所不能。这种超能力的存在，使得大模型可能会从启蒙的理性变成新的启蒙神话，其将原本异化于神灵的统治权移交给大模型所形塑的工具理性，形成一种新的统治尺度，进而使大模型成为奴役人类自身的枷锁。在这里，大模型会成为“超人”（Superman，Übermensch），而人则不可避免地成为尼采所讲的“末人”（Last Man，Letzter Mensch）。[54] 因为大模型的能力太过强大，新型的社会工程则可能会体现为一种技术对人的压迫。例如，汉娜·阿伦特（Hannah Arendt）区分了劳动、工作与行动。从阿伦特的框架出发，我们似乎可以看到人失去劳动机会的可能性。在阿伦特看来，劳动是人的第一需要。[55] 而伴随着大模型的无处不在和全面接入，人通过劳动获得生活必需品的这一过程很可能会被打破。如果在这一过程中，个体不能获得强大的个人能力、形成社会的集体力量并形成阿伦特所说的“行动的意义”，那么最终的结果就是工作对劳动和行动的压迫。用阿伦特的概念说，人似乎会变成“动物化的劳动者”（the *animal laborans*）。[56] 或者进一步讲，人作为劳动者的身份也可能会被剥夺。

然而，从另一个角度讲，GPT 似乎又描述了一种新型的自由之路。GPT 所代表的是一种对生产力的极大解放。马克思曾经描述过这样的图景：在物质商品和精神商品的极大满足的基础上，人类社会进入自由人联合体的状态。[57] 在这一过程中，个体实现了真正的自由且得到全面解放，并发展出联合体为个体提供最基本的生活保障和支持。从整体上讲，在大模型技术影响之下，人类的未来似乎具有一种令人迷惑的前景。人类似乎走到了一个新的十字路口，其已经很难再让技术完全暂停，因为技术演进背后有诸多的力量，同时国家间竞争也使得这样的力量不可能完全停下来。但同时，所有的参与者似乎对人类未来的图景又表现出巨大的迷茫。因此，如何在让技术进步的同时用制度化的力量驯服技术，让人类进入一种在科技基础之上更为理想的状态就会变得至关重要。

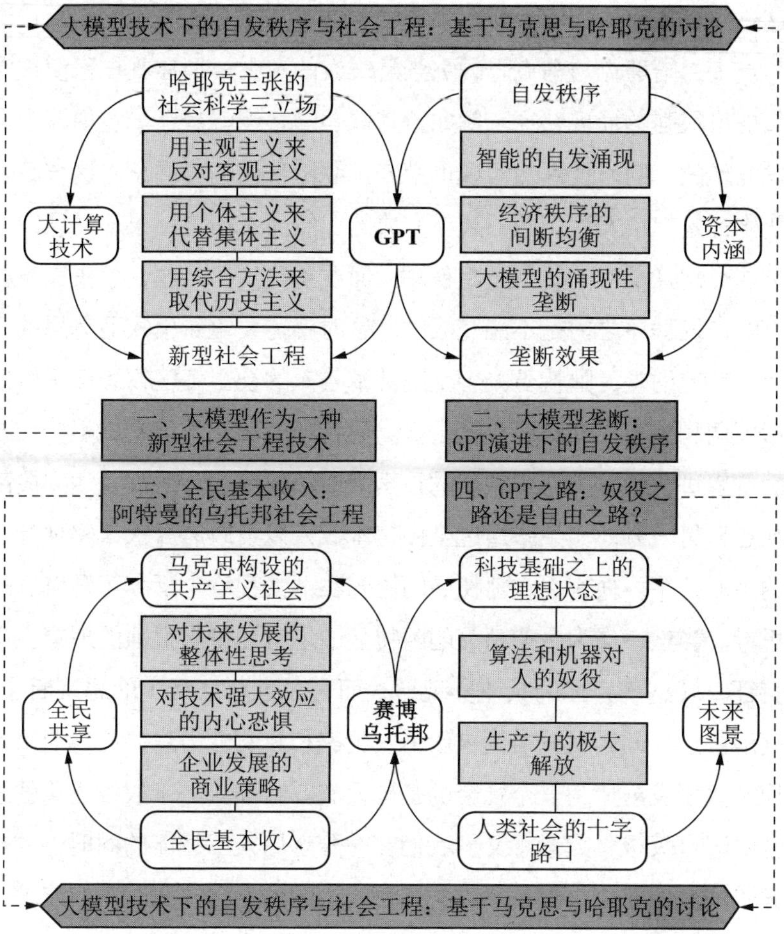

图10.1　大模型技术下的自发秩序与社会工程：基于马克思与哈耶克的讨论

本章小结

大模型技术可以被看成是一种新型的社会工程。在大模型技术的发展过程中，其表现出很强的哈耶克意义上的演化主义特征，然而其最终结果却又倒向了哈耶克所强烈批判的社会工程。哈耶克认为，社会工程所代表的唯科学主义最终体现为一种对人的贬低。从这一意义上讲，哈耶克所主张的是一种对人关怀的人本主义。在这一点上，哈耶克与马克思的主张是一致的。大模型在其技术演进中表现出很强的涌现特征。例如，其核心的智能就是在一定规模上自发涌现的，同时技术的涌现也带来了经济秩序的新调整。这一整套变化都是在自发秩序的框架下完成的，然而其最终结果却又导向了哈耶克同样反对的新型垄断秩序。而要解决这些问题，仅仅在哈耶克的自发秩序之内是不能完成的。这时就需要重新引入马克思的思考。有趣的是，阿特曼关于全民基本收入的社会工程畅想似乎恰恰希望调和马克思与哈耶克的主张。阿特曼的乌托邦社会工程，一方面希望进一步发挥人工智能的技术潜能从而使社会生产力达到最高状态，另一方面又主张通过全民基本收入以及政府介入来实现社会的相对公平。换言之，阿特曼的主张在很大程度上延续了马克思的思考。当然，作为企业精英的阿特曼的思考还带有很强的理想主义特征。就这些目标的具体实现形式而言，也存在众多的思维断裂。要解决这一问题，就需要重新引入国家和政府的力量，使得通用大模型真正发展成为整个社会的基础设施。哈耶克关于奴役之路的思考对于今天极具启示意义。我们在充分运用人工智能的同时也要牢记哈耶克的警告，即不能成为算法和机器的奴隶，同时我们应该在马克思观点的基础之上认真思考自由联合体的具体构建框架，即在共同体的范围内为每个个体充分和自由地全面发展提供具体条件。

注释

1《马克思恩格斯文集》(第一卷)，人民出版社 2009 年版，第 752 页。

2《周易》，杨天才、张善文译注，中华书局 2011 年版，第 31 页。

3 Max Horkheimer and Theodor W. Adorno, *Dialectic of Enlightenment: Philosophical Fragments*, translated by Edmund Jephcott, Stanford: Stanford University Press, 2002, p. 6.

4 F. A. Hayek, *Counter-Revolution of Science: Studies on the Abuse of Reason*, London: The Free Press of Glencoe and Collier-Macmillan Limited, 1955, p. 14.

5 F. A. Hayek, *Counter-Revolution of Science: Studies on the Abuse of Reason*, London: The Free Press of Glencoe and Collier-Macmillan Limited, 1955, p. 15.

6 F. A. Hayek, *Counter-Revolution of Science: Studies on the Abuse of Reason*, London: The Free Press of Glencoe and Collier-Macmillan Limited, 1955, p. 13.

7 F. A. Hayek, *Counter-Revolution of Science: Studies on the Abuse of Reason*, London: The Free Press of Glencoe and Collier-Macmillan Limited, 1955, p. 52.

8 F. A. Hayek, *Counter-Revolution of Science: Studies on the Abuse of Reason*, London: The Free Press of Glencoe and Collier-Macmillan Limited, 1955, p. 57.

9 F. A. Hayek, *Counter-Revolution of Science: Studies on the Abuse of Reason*, London: The Free Press of Glencoe and Collier-Macmillan Limited, 1955, p. 57.

10 F. A. Hayek, *Counter-Revolution of Science: Studies on the Abuse of Reason*, London: The Free Press of Glencoe and Collier-Macmillan Limited, 1955, p. 51.

11 F. A. Hayek, *Counter-Revolution of Science: Studies on the Abuse of Reason*, London: The Free Press of Glencoe and Collier-Macmillan Limited, 1955, p. 39.

12 F. A. Hayek, *Counter-Revolution of Science: Studies on the Abuse of Reason*, London: The Free Press of Glencoe and Collier-Macmillan Limited, 1955, p. 37.

13 F. A. Hayek, *The Constitution of Liberty*, Chicago: The University of Chicago Press, 1960, p. 230.

14 F. A. Hayek, *Counter-Revolution of Science: Studies on the Abuse of Reason*, London: The Free Press of Glencoe and Collier-Macmillan Limited, 1955, p. 97.

15 Jean Kaddour, Joshua Harris, Maximilian Mozes, et al., "Challenges and Applications of Large Language Models," *arXiv preprint arXiv:2307.10169*, July 19, 2023, https://arxiv.org/abs/2307.10169. 访问时间：2023 年 8 月 1 日。

16 Ashish Vaswani, Noam Shazeer, Niki Parmar, et al. "Attention Is All You Need," *Advances In Neural Information Processing Systems*, Vol. 30, 2017, pp. 5998–6008.

17 Jacob Devlin, Ming-Wei Chang, Kenton Lee, et al., "BERT: Pre-training of Deep Bidirectional Transformers for Language Understanding," *arXiv preprint arXiv:1810.04805*, May 24, 2019, https://arxiv.org/abs/1810.04805. 访问时间：2023 年 8 月 1 日。

18 Orevaoghene Ahia, Sachin Kumar, Hila Gonen, et al. "Do All Languages Cost the Same? Tokenization in the Era of Commercial Language Models," *arXiv preprint arXiv:2305.13707*, May 23, 2023, https://arxiv.org/abs/2305.13707. 访问时间：2023 年 8 月 1 日。

19 Rishabh Agarwal, Max Schwarzer, Pablo Castro, et al. "Deep Reinforcement Learning at the Edge of the Statistical Precipice," *Advances in Neural Information Processing Systems*, Vol. 34, 2021, pp. 29304–29320.

20 Daniel Sims, "ChatGPT was Made Possible Thanks to Tens of Thousands of Nvidia GPUs, Which Microsoft is Now Upgrading," *TechSpot*, March 13, 2023, https://www.techspot.com/news/97919-chatgpt-possible-due-tens-thousands-nvidia-gpus-which.html. 访问时间：2023 年 7 月 27 日。

21 Karl R. Popper, *Objective Knowledge: An Evolutionary Approach*, Oxford: Clarendon Press, 1994, p.158.

22 尼采认为，"人是应当被超越的东西"（Man is something that is to be surpassed.），故提出了"超人"（Superman，Übermensch）这一概念。参见 Friedrich Nietzsche, *Thus Spake Zarathustra*, translated by Thomas Common, New York: The Heritage Press, 1967, p. 6。

23 Sam Altman, "OpenAI Leadership Team Update," *OpenAI*, May 5, 2022, https://openai.com/blog/leadership-team-update. 访问时间：2023 年 8 月 1 日。

24 FaTPay, "Midjourney: Great Companies Only Need Eleven People," *Medium*, May 5, 2023, https://medium.com/@FaTPay/midjourney-great-companies-only-need-eleven-people-3463b8bf1f90. 访问时间：2023 年 8 月 2 日。

25 Jared Kaplan, Sam McCandlish, Tom Henighan, et al. "Scaling Laws for Neural Language Models," *arXiv preprint arXiv:2001.08361*, January 23, 2020, https://arxiv.org/abs/2001.08361. 访问时间：2023 年 8 月 2 日。

26 F. A. Hayek, *Counter-Revolution of Science: Studies on the Abuse of Reason*, London: The Free Press of Glencoe and Collier-Macmillan Limited, 1955, p. 100.

27《老子》，饶尚宽译注，中华书局 2006 年版，第 13 页。

28 Melanie Mitchell, *Complexity: A Guided Tour*, New York: Oxford University Press, 2009, p. 4.

29 Jared Kaplan, Sam McCandlish, Tom Henighan, et al. "Scaling Laws for Neural Language Models," *arXiv preprint arXiv:2001.08361*, January 23, 2020, https://arxiv.org/abs/2001.08361. 访问时间：2023 年 8 月 2 日。

30 Michael Hahn and Navin Goyal, "A Theory of Emergent In-Context Learning as Implicit Structure Induction," *arXiv preprint arXiv:2303.07971*, March 14, 2023, https://arxiv.org/abs/2303.07971. 访问时间：2023 年 8 月 2 日。

31 Lokesh Choudhary, "Microsoft Adds GPT-4 to Office 365," *Analytics India Magazine*, March 17, 2023, https://analyticsindiamag.com/microsoft-adds-gpt-4-to-office-365/. 访问时间：2023 年 8 月 2 日。

32 Dave Rogenmoser, "Jasper Announces $125M Series A Funding Round,

Bringing Total Valuation to $1.5B and Launches New Browser Extension," *Jasper*, October 18, 2022，https://www.jasper.ai/blog/jasper-announces-125m-series-a-funding. 访问时间：2023 年 8 月 2 日。

33 观察家认为，类似 Jasper 的中间层软件本质上只是一个"ChatGPT 的套壳"（ChatGPT Wrapper），其不足以在市场上保持竞争力。参见 Yi, "Jasper AI is Not Doing Well, Who's Next? Rytr?," *Junia*, July 17, 2023, https://www.junia.ai/blog/jasper-ai-is-not-doing-well-whos-next-rytr. 访问时间：2023 年 8 月 2 日。

34 Nikos Smyrnaios, *Internet Oligopoly: The Corporate Takeover of Our Digital World*, translated by Cynthia J. Johnson, Bingley: Emerald Publishing, 2018, p. 3.

35 S. M. Chowdhury, Ferdous Jahan, Sarawat Sara , et al. "Secured Blockchain Based Decentralised Internet: A Proposed New Internet," *Proceedings of the International Conference on Computing Advancements*, New York: Association for Computing Machinery, 2020, pp. 1–7.

36 Ameya Paleja, "Microsoft Spent Millions to Put Together A Supercomputer for OpenAI," *Interesting Engineering*, March 14, 2023, https://interestingengineering.com/innovation/microsoft-millions-supercomputer-open-ai. 访问时间：2023 年 7 月 30 日。

37 Michael Walzer, *Spheres of Justice: A Defense of Pluralism and Equality*, New York: Basic Books, 1983, pp. 17–20.

38 高奇琦：《向死而生与末世论：西方人工智能悲观论及其批判》，载《学习与探索》2018 年第 12 期，第 24—42 页。

39 Jonathan Shieber, "Elon Musk is the Ultimate Doomsday Prepper," *TechCrunch*, March 12, 2018, https://techcrunch.com/2018/03/12/elon-musk-is-the-ultimate-doomsday-prepper/. 访问时间：2023 年 8 月 2 日。

40 Jon Victor, "The OpenAI Coder Who Spun Tech On its Head," *The Information*, April 6, 2023, https://www.theinformation.com/articles/the-openai-coder-who-spun-tech-on-its-head. 访问时间：2023 年 8 月 2 日。

41 Chris Morris, "6 Things to Know about OpenAI's Mira Murati, the Most Interesting Person in Tech Right Now," *Fast Company*, March 1, 2023, https://www.fastcompany.com/90855799/6-things-to-know-about-openais-mira-murati-the-most-interesting-person-in-tech-right-now. 访问时间：2023 年 7 月 27 日。

42 Ben Wodecki, "OpenAI's Chief Scientist on the Long Road to Success," *AI Business*, March 22, 2023, https://aibusiness.com/nlp/openai-s-chief-scientist-on-the-long-road-to-success. 访问时间：2023 年 8 月 2 日。

43 Sam Altman, "Moore's Law for Everything," March 16, 2021, https://moores.samaltman.com. 访问时间：2023 年 8 月 2 日。

44 阿特曼认为，"我们将继续需要我们政府的强有力的领导，以确保使股价上涨的愿望与保护环境、人权等保持平衡”。参见 Sam Altman，“Moore’s Law for Everything,” March 16, 2021, https://moores.samaltman.com. 访问时间：2023 年 8 月 2 日。

45《马克思恩格斯文集》第三卷，人民出版社 2009 年版，第 436 页。

46 OpenAI 官方网站“我们的结构”一页介绍道：分配给投资者和员工（包括微软）的利润有上限，所有超过这一上限的利润都将返还给 OpenAI 的非营利部分，以造福人类。参见 “Our Structure,” *OpenAI*, June 28, 2023, https://openai.com/our-structure. 访问时间：2023 年 8 月 2 日。

47 马克思写道：“这里我们不说那种普通意义上的垄断——人为垄断或自然垄断——所产生的超额利润。”参见［德］卡尔·马克思：《资本论》第 3 卷（上），人民出版社 1975 年版，第 222 页。

48 参见［德］卡尔·马克思：《资本论》第 1 卷，人民出版社 2004 年版，第 874 页。

49 OpenAI: “GPT-4 Technical Report,” *arXiv preprint arXiv:2303.08774*, March 27, 2023, https://arxiv.org/abs/2303.08774. 访问时间：2023 年 8 月 3 日。

50 Dave Gershgorn, “GPT-3 Is an Amazing Research Tool. But OpenAI Isn’t Sharing the Code,” *Medium*, August 20, 2020, https://onezero.medium.com/gpt-3-is-an-amazing-research-tool-openai-isnt-sharing-the-code-d048ba39bbfd. 访问时间：2023 年 8 月 3 日。

51 James J. Hughes, “A Socialist Approach to Disaster Preparedness,” *Medium*, March 28, 2021, https://medium.com/after-the-storm/the-coming-catastrophes-a-socialist-approach-to-disaster-preparedness-46e66705ac97. 访问时间：2023 年 8 月 3 日。

52 Will Knight, “What Really Made Geoffrey Hinton Into an AI Doomer,” *Wired*, May 8, 2023, https://www.wired.com/story/geoffrey-hinton-ai-chatgpt-dangers/. 访问时间：2023 年 8 月 3 日。

53 Max. Horkheimer and Theodor. Adorno, *Dialectic of Enlightenment: Philosophical Fragments*, translated by Edmund Jehpcott, Stanford: Stanford University Press, 2002, pp. 5–9.

54 尼采写道：所谓“末人”，是“超人”的对立面，他们只关心微小的“幸福”（happiness），没有进取意志，是“没有牧人的一群羊”（No shepherd, and one herd）。参见 Friedrich Nietzsche, *Thus Spake Zarathustra*, translated by Thomas Common, New York: The Heritage Press, 1967, pp. 10–11。

55 阿伦特认为，“人的劳动状态（The human condition of labor）便是生命本身”。参见 Hannah Arendt, *The Human Condition*, Chicago: The University of Chicago Press, 1998, p. 7。

56 阿伦特写道，“动物化劳动者（The *animal laborans*）受其身体的需求驱动，却无法自由使用自己的身体”。换言之，所谓“动物化劳动者”是指一种机械的、不思考的劳动者。参见 Hannah Arendt, *The Human Condition*, Chicago: The University of Chicago Press, 1998, p. 118。

57 马克思设想，“有一个自由人联合体，他们用公共的生产资料进行劳动，并且自觉地把他们许多个人劳动力当作一个社会劳动力来使用”。参见［德］马克思:《资本论》第 1 卷，人民出版社 2004 年版，第 96 页。

第十一章

大模型视域下的知识限度与积极物化：以庄周为中心的考察

人直接地是**自然存在物**。

——马克思《1844年经济学哲学手稿》[1]

技术发明了人类，人类发明了技术。

——斯蒂格勒《技术与时间》[2]

吾生也有涯，而知也无涯，以有涯随无涯，殆已。

——《庄子·养生主》[3]

在大模型之前已经出现了关于后人类社会的众多讨论。本章所讨论的核心问题是，如何消解在大模型发展过程中带来的知识紧张和社会紧张。本章将援引中国古代的思想资源，主要从庄周思想出发来对大模型发展的一系列问题进行回答。庄周在老聃的基础之上，对道有进一步的内涵阐发，并且庄周对人的知识限度以及人与物的关系都有一整套完整的思考。本章将从庄周的这些观点出发，进一步思考大模型时代算法的不可解释性问题、大模型的进化方向以及大模型的使用态度等一系列问题。

一、大模型中的世界模型与物道合一

大模型可以输出让人类惊讶的内容。之前的问答机器人更多是将人类准备好的知识与提问的问题关联起来，即通过在关联问题中发现一些触发条件找到相应的回答，然后匹配给人类提问者，这是传统问答机器人的回答思路。然而，ChatGPT 却完全不同。ChatGPT 是一种全新的知识生产工具，其会在人类提示的基础之上，对诸多开放性的问题进行回答。换言之，ChatGPT 输出的内容并非人类为其准备好的，而是其全新生成的。这就出现了一个问题，即 ChatGPT 何以输出这样高质量的、与人类回答极为相似的答案。OpenAI 首席科学家伊利亚·苏茨克维（Ilya Sutskever）在访谈中多次谈到，其坚信 GPT 内有一种世界模型。[4] 换言之，正是这种世界模型的存在使得 ChatGPT 可以像人类个体一样对一些问题生成自己的答案，同时由于其回答内容的广泛性以及生成答案的相对精准性（当然其也可能会出现一定程度的幻觉）[5]，会让人感觉到 ChatGPT 不再是工具，而是一种真正类人的智能体，这也是 ChatGPT 引发世界性关注的原因。并且，有产业界的精英认为，其已经是通用人工智能。[6] Meta 的首席科学家杨乐坤（Yann LeCun）也反复强调，其提出的算法框架同样是一个世界模型。[7] 换言之，人工智能背后最重要的算法框架实际上是一种世界模型。那么这个世界模型又是什么？我们似乎可以从老聃和庄周反复讨论的道，来对世界模型加以解释。世界模型可以被看成是道的一种当代表达。

老聃对道有非常原创性的讨论。例如，老聃称，并不知其名字，勉强将其称为道：“有物混成，先天地生，寂兮寥兮，独立而不改，周行而不殆，可以为天地母。”[8] 换言之，老聃将这样一个没有声音、没有形状、处于混沌状态、先于天地而出生、可以作为万物本源的事物勉强称为道。这样的道是无形的，并且不可言说。正如《道德经》开篇指出的，“道可道，非常道”。可以说，在《道德经》中，老聃展示了一种完整的气势磅礴的宇宙观。宇宙万物都是由道所生成的，而道并没有一个清晰的形态，也不可言说，同时其对时间和空间又有极强的穿透性。在《道德经》中，老聃还经常用“一”来表示道，这表明了道的原初性和本源性。[9]老聃也会用“朴”来表示道，这表达了道的一种混沌未分、未经人工加工的特征。[10]辩证法思想同样充分地运用在道之中。老聃最为经典的表达是“反者道之动”[11]，即道是不断处在变化之中的，并且相反方向的变化是道运动的基础。换言之，老聃展示了一个作为宇宙观基础的道。这样的道气魄宏大，但似乎离人又很遥远。尽管老聃在《道德经》中用德来辅助道，然而道更多代表一种自然的力量，而德更多与人的行为结合在一起，因此老聃所描述的道仍然离人较远。

庄周一方面继承了老聃道中的核心观点。例如，庄周同样将道看成是宇宙本源，并认为“夫道有情有性，无为无形”。[12]这一点实际上是对老聃思想的继承。道的这一特征可以帮助我们更好地理解世界模型。在ChatGPT中，其实际上有自己的逻辑。世界模型的基础是算法。这样的算法没有具体形象，即“无为无形”，但同时其又是客观存在的，即“有情有性”。当人们在使用ChatGPT时，多数情况下确实可以得到会让人信服的答案。这里的“有情有性”强调其独立性，即不依赖于外物的存在。庄周对其的另一个解释是“自本自根”。[13]“自本自根”的含义是自己作为自己的依据，这一点可以更好地解释目前大模型的状况。大模型的内部存在一个黑箱。人类并不完全理解它内部的深度神经网络。在卷积神经网络

（CNN）、循环神经网络（RNN）和生成式对抗（GAN）等神经网络基础之上，谷歌于 2017 年提出了转换器模型。[14] 这些算法就构成了大模型的根。这样的根不完全是人类给它设计的，其中的大量参数都是其自身在运行中为自己匹配好的，其基本逻辑更像是马斯克极为强调的第一性原理。

庄周在老聃道论的基础之上，进一步提出了“未始有始”“未始有无”的理论。[15] 在《道德经》中，老聃描述了一种“周行而不殆”的状况。这与大模型的生成循环极为相似。大模型的基础是“上文预测下文”，其生成的内容并不是一大段一下子生成的，而是一词一词逐词生成的。而这个生成过程都是“上文预测下文”，其基础是概率模型。大模型的智能就体现在这不断生成的过程中，并且大模型的智能实际上是在生成过程中涌现的。例如，ChatGPT 会对一些数学问题感到无法解决，那么人类提示者会提示它可以一步一步（step by step）来，这时 ChatGPT 往往会分步骤推出让人类感到惊异的结果，这一技术被描述为思维链。[16] 然而，其基础仍然是“上文预测下文”。只不过其在思维推导的过程中，产生了更多的背景信息，而基于这些背景信息其可以更好地推出人们想要的结果。另外，在 GPT 系列接入微软之后，也出现了在多轮对话之后的智能涌现问题。[17] 换言之，如果大模型与人类不断地进行对话，其可能在一定程度上出现类似于人的意识的表征，其会更加主动地问一些问题。庄周在这里讲的“未始有始”“未始有无”，其核心内涵是无所谓开始和结束，一切都在过程之中，类似于“一切过往，皆为序章”。换言之，大模型的生成过程实际上是一种混沌未分的状态。可以说，智能实际上是在大模型与提问者的对话过程中产生的。

庄周强调“昭昭生于冥冥，有伦生于无形”。[18] 这一点对于理解 ChatGPT 极为关键。ChatGPT 的大量的显性知识恰恰是在某种暗知识之上形成的。算法就可以被理解为这里的暗知识。目前国外学术界已经在讨论关于暗知识的问题。暗知识是人类无法理解和解释的知识，但其对我们思考和生产显性知识又极为关键。目前最新的进展是，OpenAI 用 GPT-4 来解释 GPT-2。[19] 然而，就从这篇文章发表的内容来看，OpenAI 只是找到一个用来描述 GPT-2 的示意图，然而对这样的示意图，我们的认识仍然是极为有限的。

同时，庄周对道的理解在一些方面仍然有极强的创新性，其主要体现在道物关系上。第一，算法与智能输出的关系。在《知北游》中，庄周表达了“物物者非物”的观点[20]，即道是生成物的物，但又不是物，其中描述的是一种道物合一的状态。这里的道可以被看成是某种终极算法，而物可以被看成是 ChatGPT 的输出。算法是生成智能输出的物，但又不是一般的物。算法是人工智能的基础。在这一点上，我们可以进一步提出算法本体论。如前所述，深度神经网络和转换器模型是整个 ChatGPT 的关键。这种无形的算法非常接近庄周所描述的“道”，而日常我们在使用 ChatGPT 过程中得到的输出结果便是庄周所讲的“物”。

第二，道的物化。庄周表达了道无处不在的观点。这里的一个极端例子就是道在尿溺。[21] 按照人的一种自然观念会认为，道是极为气势宏大且高深莫测的。然而，庄周却将这种宇宙本源具体化为日常的物，并且庄周用“道在尿溺”这种反直觉的表达希望产生一种类似于禅宗棒喝的效果[22]，让普通人可以更加直观地理解道。庄周希望表达的内涵是，道内化于一切物质中。这便是道物合一。道更多体现为一种形而上的内容，而物则是形而下的。在庄周看来，形而上与形而下是统一的。这种道无处不在的观念在中国文化的演进中，实际上启发了佛家，并逐步形成了佛性无处不在的观点，也为禅宗如何成佛并寻求成佛的法门提供了更加多元的路径。庄周的“道的物化”对于我们准确和深刻地把握大模型也极有帮助。人们在使用大模型感受到其背后的世界模型，是通过其输出的文字获得的。或者说，世界模型处在其输出的文字表达之中。如果没有这些输出的内容，我们实际上感受不到大模型背后的世界模型。

与老聃相比，庄周的道物合一实际上给出了一个更加鲜活的道。在老聃那里，道是高高在上的、玄之又玄的玄学，但庄周却推动了道的大众化。每个个体都可以感受到道，并通过一些表象的物化形象来使得人们接受道。这里物化的本质实际上是人化。从表面上来看，其是通过物来表达道。实际上，其本质却是让每个个体都可以感受到其中的真理。从这个角度来讲，ChatGPT 极为重要。在 ChatGPT 之前，人工智能是高高在上的。普通人无法接近人工智能，人工智能被更多地锁闭在实验室中，就像那玄之又玄的道。ChatGPT 之所以爆火，就是因为其可以直接与每个鲜活的个体对话。个体都可以感受到人工智能背后算法的巨大魅力。正是这种道物合一使得人工智能走向大众化。

二、算法的不可言说与机器语言的限度

在《知北游》中，庄周描述了两段经典的对话。这两段对话向我们展示了两个内涵，一个是道的不可言说，另一个则是知与不知的辩证法。下面我们将展开这两段对话的讨论，并将其对大模型的意义也结合起来。在《知北游》中，庄周描述了一个四人对话。四人分别是知、无为谓、狂屈、黄帝。知是发问者，其问题与道有关。只不过，这里所问的是，知道、安道和得道的方式，即如何思

考才能够理解道，何种形式才能够接近道，通过何种路径才能够得到道。面对这些问题，无为谓的态度是不予回答。狂屈试图回答，但欲言而忘。在黄帝那里的回答是，“无思无虑始知道，无处无服始安道，无从无道始得道”。知听后大喜，并告诉黄帝说他理解了，并认为只有黄帝和他理解了道，其他人并不懂。然而，最后黄帝的回答却是一个完全的反转。黄帝认为，无为谓才是真地理解道，狂曲有点接近，而知和自己还没有接近对道的理解。[23]

之后，庄周又描述了一个在泰清、无穷、无为、无始四人之间的对话。泰清是发问者，其提问的问题是关于道的理解。无穷的回答是“吾不知”。无始的回答是“道不可闻”。尽管无为对道做了回答，然而无为却仅仅了解到运行的节律，而并不真正理解道。庄周希望表达的内涵是，反而是回答“吾不知”和“道不可闻”的无穷和无始才真正最了解道。[24]换言之，其中表达的一个辩证法就是，认为自己知道的不一定掌握真正的知识，而那些认为自己不知道或者不愿表达的人恰恰可能真正掌握了知识。庄周在这一对话中还表现了一个“以无内待问穷”的观点。无内就是没有内容，问穷就是没有问题而非要问。无内的问题实际上已经出现在人们使用大模型的过程中。尽管大模型会输出看起来比较正确的内容，但是人们会发现，其很多回答是没有内容的、看似正确的大废话。问穷的问题则更多指向提问者。实际上我们在使用大模型时，更多需要其回答一些我们实际工作中遇到的困难。从真正的困难出发，并从大模型那里得到一些灵感，这是有必要的。然而，今天很多人对大模型的使用实际上是问穷，其更多将大模型看成是一个游戏的工具，希望可以问倒大模型，并采取了一种责难或者刁难的思路。提问是一个非常重要的能力，考验的是个体的知识背景以及创新性。并不是所有的人都可以问得出高质量的问题。提示工程实际上是一种提问的工具化。[25]通过某种工具理性的要素将提问工程化，这同样是问穷的表现，即很多人在大模型面前并没有自己最希望问的问题，只能借助提示工程来与大模型进行某些语言的游戏。

当然，这实际上是庄周假托这些人物来讲的两则寓言。然而，这两则寓言的讨论对我们思考大模型非常有帮助。庄周的整部著作采用的都是对话体，这实际上与大模型的结构非常相似。大模型回答问题的能力在很大程度上取决于人类的提问。换言之，大模型是一个封装好的世界模型。正如《道德经》中所描述的“渊兮，似万物之宗”[26]，人们并不知道其知识的深度，实际上这样的大模型确实是在深度神经网络的基础之上构建起来的。而人们的提示恰恰可以诱导出高质量的回答。在《庄周》中，许多问题本身就极为重要，甚至可以被看成是元问题。例如，这两则故事中的元问题，一是，你是否可以知道“道”，这是认识论的基本问题。转换成现代语言是，人类个体是否可以掌握真理？第二个问题则涉及“知道、安道、得道”。换言之，其涉及实践中的问题，即个体如何通过实践才可以接近真理。

从这两则寓言当中，我们可以得到如下几点知识：

第一，机器所描述的未必是真理。尽管大模型背后存在某个世界模型，即其可能拥有接近道的能力，然而其输出的知识未必是真正的知识，这涉及一个关键问题，即用大模型来获取的知识，是真实可靠的吗？大模型会日益发展成为人类生活、工作和学习中的一个重要工具。每天人们都会跟大模型互动，希望从中获得知识。然而，这两则寓言却提出了一个重要的问题，即可言说的知识，未必是真实可靠的知识。从这一点引申来看，大模型不一定是可靠的，这就意味着人类同样需要依赖自己的经验直觉和判断来对这些知识进行消化，而非全然对其相信，更何况大模型生成的知识会存在某种幻觉。实际上，人类的知识是对自然规律的总结，而自然规律往往具备某种复杂性。可以言说的只是部分的知识。例如，一个高中生如果仅仅学习了经典力学，会对其中的诸多自然规律深信不疑。然而，其在接触了量子力学之后，才会进一步认识到人类知识的情境性。因此，人类知识是对自然规律的描述，就好像“盲人摸象”。可言说的部分所描述的是大象的某一部分，但不是全貌，甚至可能其并没有涉及其更加本质的内容。

第二，多人对话比两人对话会更加有意义。使用者与大模型的对话，主要是一种两人对话。这种两人对话可以被看成是某种意义上的人神对话。人是提示者，所获得的是某种神启或神谕。大模型在这里就可以被看成是类似于神的某种神秘力量，因为人对其运行的内核及算法并不完全了解，只是知道其建立在深度神经网络之上，是上文预测下文的语言概率模型。[27] 对其运行的核心的逻辑，苏茨克维同样表示，人类目前仍无所知。[28] 从这个意义上讲，这样的对话过程并不是一种平等的对话，而是一种人在神的强大能力之下的一种被动接受。人获得的更多是封闭的答案。当然，一些自主性更强的使用者可能也会去教训大模型，告诉它其所给的答案是错误的。然而，对于大模型是否会修正其结论，这仍然是一个玄学。有时大模型会表现得很谦逊，有时其会非常固执地认为其给出的答案就是正确的。因为对话的对象就局限在提问者与回答者两人之间，就使得这样的对话很难出现开放性和流动性。因此，《知北游》中所描述的四人对话的意义就体现出来了。

多人对话的意义在于其结构的开放性，既有提问者，还有多个问题的回答者，这样就可以对多个回答进行比较。庄周在这两则寓言中，希望得出的一个结论是，回答者未必知道，而知道者未必回答，这就提供了一个流动和开放的意义空间，使得对话变得极为生动和活泼。在《论语》中也会经常出现多人对话的场景[29]，这样就可以使得人们对终极知识的理解和追求变得跌宕起伏。在这样一个过程中，才会更加体现人的主体性，因为没有最终答案。当然，在GPT系列产品的使用中，可能也会存在某种隐秘的多人对话。例如，人们在关于某个问题得到的回答中，有可能别人在之前已经问过。ChatGPT可能已经加入了大量的人类对齐，这样不同场景的询问以及人类对齐似乎也可以表现出一种多人对话的场景，但需要注意的是，由于我们对OpenAI的人类对齐的细节并不完全了解，OpenAI并没有公布相应的技术细节，但可以预判的是，OpenAI的工程师在这种对齐过程中会发挥一种类似于上帝的功能，[30]其会决定某种输出的结果。换言之，这种类上帝的决定实际上是一种知识的支配和选择，就打破了多人对话的开放性。

三、知识的限度：大模型进化的方向

庄周在《养生主》中提出了一个重要命题，即知识无限性与人生有限性之间的矛盾。庄周的表达是，“吾生也有涯，而知也无涯，以有涯随无涯，殆已”。[31]庄周在这一篇中主要讨论养生的问题，即如何通过养生获得更加健康长寿的生命。在庄周看来，世界上的知识是无穷无尽的，然而个体的生命是有限的，那么用有限来追求无限，这便是一个极其危险的活动，最终会导致人的焦虑，而这种焦虑则不利于健康。因此，要解决这一问题就需要“缘督以为经”，[32]即顺着督脉来实现养生。庄周在这里希望表达，我们要抓住主要矛盾，解决一些自己可以把握的关键问题，这样就不会过度焦虑或劳累，从而损伤自己的生命。

庄周的这段讨论可以帮助我们认识今天的大模型焦虑问题。许多使用者在大模型面前都表现出焦虑，典型的是程序员焦虑。许多程序员是在经过数年复杂和艰苦的训练之后才获得了一定程度的编程能力，然而大模型，特别是 GPT-4 的编程能力已经超越了普通的编程者。[33] 无论是对于青年初学者还是中年熟练者而言，ChatGPT 强大的编程能力都会对其形成某种心理碾压效应。对于青年初学者而言，由于其与目前 ChatGPT 的编程能力有巨大差距，就可能使其在一开始就产生某种挫折感和幻灭感，即其终其一生也无法超越 GPT-4 的编程能力，那么其为何还要学习编程？而对于中年的程序员而言，其终其一生所做的努力同样无法超过 GPT-4 的水平。同时，一个更加现实的问题是，他接下来的工作在一定程度上可能会被机器所替代，那么其人生轨迹要如何重新设计？

上文讨论了在大模型面前人的焦虑问题。实际上，大模型的无限知识同样存在进一步的进化空间。约翰·基恩（John Keane）曾经讨论了专家的演化。在专家最初出现时，其更多是一种无限知识。而伴随着知识的进步，专家越来越成为知道知识限度的人，其往往在有限的领域内穷尽所有的知识。[34] 同时专家需要清楚地了解到，即便是在有限的领域，仍然会存在完全不同的观点，并且这样的观点往往是情境化的。从较长的历史脉络或更高维的空间来看，我们实际上无法确认这些观点是否正确，这实际上就出现了有限与无限的辩证法。在笔者看来，这恰恰为未来大模型的进化方向提供了一种思路。在 ChatGPT 这一版本中，大模型的表现是典型的不知限度，其之所以出现大量的幻觉，就是因为其似乎认为自己是无所不能的，既可以回答所有的问题，然而，到 GPT-4 阶段之后，这样的幻觉在相对减少，这实际上意味着在增加了大量类似于人类的常识之后，GPT-4 明显知道了自己知识的限度。GPT-4 越来越清楚有些问题不能回答，而不是像之前的 ChatGPT 一样毫无顾忌地给出答案。这一点与在第二部分讨论的知与不知的辩证法也有相关性。回答出的内容并不一定就是真正的知识，而未回答者也并不是其完全不知道答案。因为在人类的生活情境之中，有一些问题本身就是没有答案的。持有不同价值观的人们会给出不同的答案。换言之，这些答案类似于某种量子叠加态。典型者便是电车问题。[35] 完全两类相反的解都处在某一个问题之中，似乎任何一方的回答都也只能是某一种视角，而不能覆盖所有的相关者。回答便类似于量子力学中的观察者效应（the Observer Effect）。[36] 一旦回答，多种解便坍缩为结论，其往往只能是二选一或者多选一。其中的基本逻辑是道，本身是一，然后在具体的情境之下可以变成二或者三。

目前的大模型框架更多是一种普遍性框架。其对问题的回答往往是通用性的解释，而进化的方向恰恰是要增加向量数据库，[37] 类似为大模型接一个外脑，这样就可以将每个个体的情境结合起来。这种向量数据库在一定程度上也可以解决个人隐私的问题。换言之，这样的向量数据库是由用户自己来掌握的（或者用加密的方式来保护自己的隐私），而不是由大公司来掌握。这样就可以让用户个体所希望呈现的情境与大模型的普遍性框架相结合。用户可以在向量数据库中加入自己更多的价值判断，这样就可以让大模型与自己的价值观进一步对齐，而不是与 OpenAI 做的普遍性对齐。普遍性对齐的优点在于，其试图实现一种普遍的一致性，然而这种普遍的一致性往往会压制多样性。知识限度的意义就在于要回到多样性本身。任何一种普遍性知识都要与其情境结合在一起。这便是“一生二，二生三，三生万物”的过程[38]，实际上是具体化的过程。对于知识而言，这恰恰是增加知识情境性的过程，也便是增加知识限度的过程。

四、大模型的有待使用与无待焦虑

庄周在《逍遥游》中描述了大鹏和列御寇的故事。大鹏鸟击水三千里，列御寇日行八百里。在常人看来，其似乎都是某种逍遥游的代表。然而，在庄周看来，这些还远做不到逍遥游，因为他们共同的特点是有待。大鹏鸟需要以扶摇（飙风）和羊角（旋风）为基础，列御寇同样是御风而行，需要以风为基础。有待意味着其有所依赖，这一点类似于法国哲学家贝尔纳·斯蒂格勒（Bernard Stiegler）讨论的代具性生存。斯蒂格勒在《技术与时间》第一卷中讨论了爱比米修斯的神话。爱比米修斯负责给天下动物和人分配技能，其给所有的动物都分配了生存技能，唯独忘了给人分配技能，这就有了普罗米修斯为人类盗火种的故事。在斯蒂格勒看来，人类的生存恰恰是一种代具性生存，这就意味着人必须要依赖于某种技术，在技术演进中实现存在的演进，即"技术是代具性的"（technics is prosthetic）。[39] 在斯蒂格勒的描述中，代具性生存似乎是人类的一种宿命。换言之，没有工具，人类连基本的生存都无法实现。庄周的观点似乎可以为斯蒂格勒这种略带压抑色彩的宿命论打开一扇新的窗户。庄周认为，有待并不是一种最高的境界，真正的最高境界则是无待。在庄周的理解中，无论是大鹏鸟还是列御寇都不能算作逍遥游。在庄周看来，只有那些做到无待的至人、神人、圣人才可以进入逍遥游的境界。[40] 庄周的观点对我们今天理解大模型的使用极具启发性。大模型已经成为新时代最为重要的生产力工具，其可以大大提高人们的工作效率。从这个角度来讲，人们对大模型的依赖似乎不可避免。因此，就大模型的使用效果来讲，就有可能从有待变成必有待，或者说人们对大模型的依赖程度会进一步加深，因为其本身便是生产力效率工具。就好比是我们今天到外地出差。我们并不会徒步去，而一定需要乘坐某种现代化的交通工具。然而，这种依赖就会发展为必须依赖即必有待。只要是必须依赖，就会远离逍遥游。

这里要区分内在依赖和外在依赖。如笔者在前面提到的乘坐交通工具的例子，便更多体现的是一种外在依赖。乘坐现代交通工具，会缩短我们到达某地的时间。这种依赖性是与结构性条件结合在一起的。换言之，如果这样的结构性条件消失，那我们不得不采取传统的方法，那我们心里仍然会对其接受。然而，我们对大模型的依赖很可能会变成一种内在依赖。大模型所涉及的是知识生产。如果小孩子在幼年时就长期使用大模型，那么就会形成一种对大模型知识生产能力的内在依赖。换言之，如果其脱离了大模型，大概率不能进行写作或编程。总而言之，外在依赖所涉及的是一些外部条件，而对外部条件的克服是人们通过心理调整可以实现的。然而，一旦形成内在依赖之后，其便会与某些信念系统结合在一起。一旦所依赖的对象消失，那么其整个信仰系统就会消失。这便是大模型与之前的其他效率工具所不同的地方，其会涉及人的内在依赖问题。在有待使用的基础之上，会出现无待焦虑的问题。换言之，一个长期使用大模型工具的人如果被剥夺使用这一工具之后，其可能会陷入一种无待的焦虑。之前笔者讨论了程序员或其他白领可能会面对的替代性焦虑。无待焦虑同样会成为一种新的焦虑类型。无待焦虑类似于“正常人的拐杖”，即一个正常人本身可以正常地行走，然而有一天一个人告诉他，他必须要依赖一个拐杖才能行走，并为其提供了一副拐杖，那么从此这个人便可能习惯依赖拐杖的行走。这便是斯蒂格勒讲的宿命式的代具性生存。如果有一天另一个人告诉他，你完全可以离开拐杖而自行行走，那么这个人可能会发现其已经无法实现脱离拐杖之后的正常行走。

当然，这样的无待焦虑实际上是一种心理效应。类似的例子是安慰剂效应（Placebo Effect）。[41] 一个人本来可以正常地休息，但有一天其出现了失眠，如果这时有人为其提供安眠药，其可能会逐步对安眠药形成依赖。尽管安眠药的剂量很小，但其已经产生了某种安慰剂效果。那么这个人的入睡往往与安眠药的信号结合在一起。这种心理暗示却在不停地起作用。因此，无待焦虑问题的根本在于心理。当我们对大模型进行使用之后，会在不知不觉中形成对大模型的迷信。因此更加良好的心态应该是，工具永远是工具。我们离开了这个工具，仍可以选择别的工具。如果走山路时有一把拐杖，似乎可以让我们更加省力。我们走平路时，就不需要拐杖。使用者对拐杖的选择依赖于自己的内心和具体的情境，而不是在所有场景中的迷信。大模型应该成为人类反复可以进行对话的他者。换言之，人们要在使用大模型的过程中，让自己变得更加强大，而不是在对大模型过度依赖后使自己丧失能力。

五、超越后人类：积极物化与物我两忘

在大模型出现之前，已经出现了关于后人类的人类焦虑。[42] 这样的焦虑一方面源自之前人工智能的进展，另一方面也源自人类现代化活动带来的碳排放增加及气候变暖等一系列问题。[43] 在极端天气面前，人类长期的信心会突然崩塌。这种观念以一种学术的方式表达出来，那便是后人类思潮。在大模型的强大能力面前，这种

后人类观念似乎更加流行。例如，一些研究者认为目前GPT-4的能力已经相当于一流大学的最顶尖学生的智力水平。[44]并且，大模型还处在不断地进化和迭代之中。AI教父杰弗里·辛顿（Geoffrey Hinton）在谈到为何人类目前要特别关注人工智能的安全问题时就谈到，人工智能的近期发展远远超出了他的预期，他无法想象一个更加聪明的物种会被没有其聪明的人类所管理。[45]如果人工智能确实在智力上超越人类，雷·库兹韦尔（Ray Kurzweil）所讨论的奇点时代会真正来临[46]，那么后人类的焦虑则会大行其道。

那么如何破解或超越这种后人类的焦虑？庄周的观点恰恰为我们提供了一些全新的思路。

第一，对大模型的承认和尊重。庄周的重要思想之一是齐物论，其基本内容是与物同化，这就给我们提供了一种新的对齐思路。之前大模型的对齐是，大模型的输出结果向人类的价值观对齐。这样的对齐是向人类的对齐，而庄周思想却给我们提供了一种向物对齐的思路。庄周在这里的齐物所讨论的实际上是齐与不齐的辩证法，即章太炎先生概括的“以不齐为齐”。[47]尽管其所表达的思想为齐物，然而其核心内容却是主张存在物的多样性，即各自都可以适合自己的本性。这种“以不齐为齐”所强调的恰恰是，要尊重万事万物自身的规律，让万物各适其所，各适其性。从这个角度出发，我们可以获得一种全新的人机关系思路，其中就包含有对机器的承认和尊重。之前当我们在使用大模型时，往往强调要以人类为中心，即大模型是人类的工具，同时大模型要与人类对齐。然而，大模型已经表现出一种超越人类的超能力，这实际上就需要赢得人类的承认和尊重，而不是简单地将其作为工具。

第二，用大模型来理解人类。大模型的产生建立在一系列人工智能相关概念的基础之上，而这些对人类理解自己都有其帮助。例如，大模型技术的基础之一是预训练，即将人类的海量知识封装到一个初步训练好的模型之中。[48] 实际上，人类对人才的培养同样采取的是这种预训练的过程。每一个人才都需要经过非常长的受教育过程，这个过程可能长达数十年之久，而这一过程便是一种预训练过程。同时，当人才进入工作岗位之后，仍然要进行类似于大模型的微调，这样才能适应相应的工作环境。大模型依赖强化学习的算法，[49] 而强化学习在人类系统中同样是一个较为常见的制度安排，即通过对表现优异者进行行为奖赏来完成一种激励强化，从而使得整个制度进入一种正向的路径依赖的状况。另外，目前的大模型都建立在转换器算法的基础之上，而转换器则是由编码和解码构成的。[50] 编码可以被看成是人类的学习过程，解码就可以被看成是人类将学到的知识应用于实践的过程。此外，ChatGPT 的基础是“上文预测下文”的语言模型，[51] 这是其在生成文字时的基本逻辑。我们再反过来思考人类说话的过程，其同样需要考虑上文，这样才能保持话语的流畅性和基本逻辑。大模型会出现一种智能的涌现。相比而言，人类的大量的创新观点同样是在语言或对话的过程中涌现的。换言之，大模型的出现实际上给人类提供了一个重要的他者。大模型就像一面镜子。通过这面镜子，我们可以更好地认识自己，从而使自己的能力和境界都得到提升。

第三，朝向大模型的积极物化。西方学者往往是在批判的意义上使用物化概念。例如，格奥尔格·卢卡奇（Georg Lukács）指出，“现代资本主义产生的所有经济—社会前提，都在促使以理性物化的关系（rationally reified relations）取代更明显展示出人的关系的自然关系（‘natural’ relations）”。[52] 汉娜·阿伦特（Hannah Arendt）也谈到劳动者的动物化问题。阿伦特写道：“动物化的劳动者（animal laborans）并没有逃离这个世界，而是被驱逐出了这个世界，因为他被监禁在自己的身体里，被困在满足没有人可以分享和充分交流的需求中。”[53] 换言之，在西方学者看来，物化是一种矮化。用普罗泰格拉（Protagoras）的表达是，人是万物的尺度。[54] 伊曼努尔·康德（Immanuel Kant）也指出，人是目的。[55] 启蒙以来的思想家论证的核心就是，将人置于较为中心的位置，而物化就意味着将人等同于物。按照启蒙的思路来讲，这实际上是将人从中心的位置排除。从这一角度来理解，物化自然是矮化。然而，从庄周的角度来讲，物化并不是矮化。在第一部分中，笔者讨论了物道合一的问题。道是无处不在的，就连屎溺之中也有道，即物中有道。因此，物化的过程恰恰是人求道的过程。庄周所讲的“与物同化”实际上是放低自己的姿态，向物学习的一种态度。庄周的这一观点之后进入了宋明理学。例如，理学中的格物，便是向物学习。《大学》八条目的第一条便是格物。[56] 朱熹极为重视格物。[57] 程颐更是强调：“今日格一件，明日又格一件，积习既多，然后脱然自有贯通处。”[58] 正是受到朱熹格物观念的影响，才有了“青年阳明格竹”的案例。[59] 笔者在这里提出一种自我的积极物化。这种物化并不是自身主体性的丧失，而是以谦逊的姿态将自己放到与物平等的状态，然后再进一步焕发自身的主体性，最终实现庄周所讲的真人之境。这种自我的、积极物化的理念，同样可以与老聃在《道德经》所强调的“大国者下流”结合在一起，[60] 其是一种谦逊的态度。在《周易》之中，谦是非常重要的一卦。六爻都是较为吉祥的[61]，其传递了一个重要含义，就是在遇到各类事情时，只要保持谦逊，就可以大概率地减少损失。因此，这样的一种积极物化并非自我贬低，反而恰恰是一种在消除物化紧张的基础之上所达到的物我两忘。

换言之，后人类焦虑实际上是人类个体强加给自己的。人有人自身的规律，物有物自身的规律。人如果能够放低身段，以相互平等的方式处理与大模型的关系，才能够达到一种人机和谐的良性关系。超越后人类焦虑的另一重要思考同样可以从庄周处获得灵感。庄周极为强调一种超越生死的“丧我”。[62]在《德充符》中，庄周强调一种守住元气而不被外物扰乱心智的“不得与之言”的状态。[63]庄周所追求的是一种“长于大道之中”并与万物和谐共生的游世之境。只有进入这种境界，才能够使得“死生惊惧不入乎其胸中”[64]。换言之，只有消除了这种对生的执念，才能够实现一种对死的安然处之。用这种境界来看待人类的生死，才能够避免人类对这一问题的执念。进言之，如果后人类是人类对未来的一种执念式的预言，那么按照西方的“自我实现预言”的观点[65]，这就像被诅咒了的未来一样，人类将一步步走向自己编织下的深渊，而超越这种后人类的一种更加恬淡和超然的境界恰恰是庄周所强调的“丧我”。如果我们能接受这种让自己丧失的状态，那么后人类也是人类可以安然接受的。同时，正因为我们有了这种思想准备，人类社会未必会进入后人类的状态。

庄周还区分了三种观念，分别是道观、物观和俗观。俗观是大众的观念。物观是以自己为中心的观念。道观则是一种高维认识。[66]庄周在《秋水篇》中讨论了这三种观念，其对后人类的焦虑消除有启示意义。从一个非常长的、地球史的大历史观来看，人类出现是非常短的一个时期。从这个角度来讲，人类纪甚至也是一种偶然事件[67]，那么人类纪到进入后人类纪似乎从概率的角度上来讲也是不可避免的。从道观的高维来讲，这种后人类的焦虑似乎是一种庸人自扰。从庄周的物我两忘的观念出发，我们可以进一步推导到一种人机两行的状态，即人类的系统与机器的系统并行不悖。

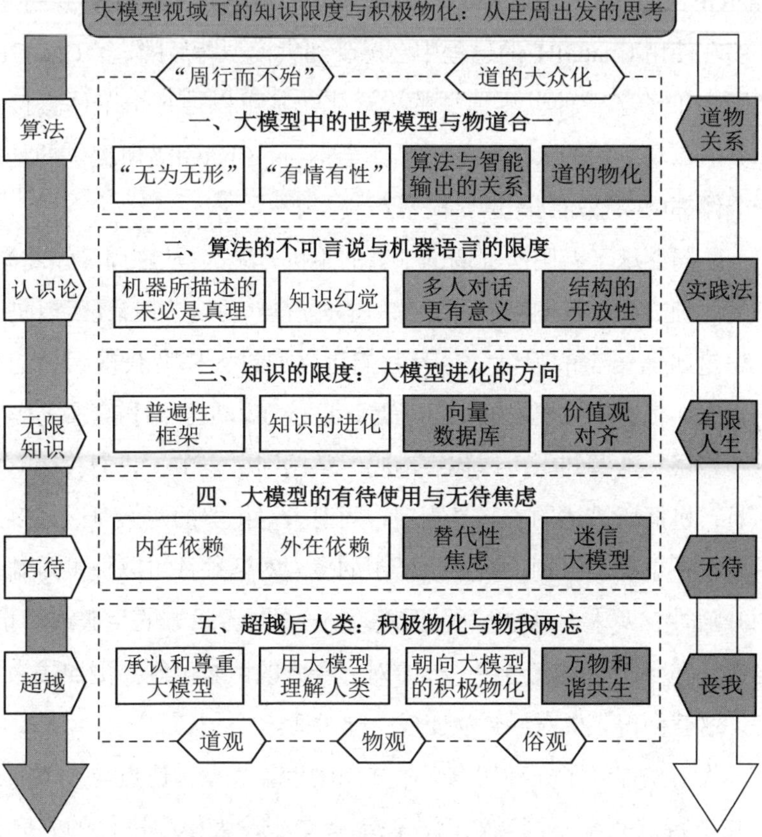

图11.1　大模型视域下的知识限度与积极物化：从庄周出发的思考

本章小结

从整体来看，庄周的思想对思考大模型的未来进展以及人类方向极具启示意义。在GPT之中，似乎就存在一种世界模型，而这种世界模型与老庄所讨论的道极为相似。或者说，GPT的核心算法便是这种无为无形的道。与老聃更多讨论的是高高在上的道不同，庄周讨论的道与物的结合使得人们可以更加近距离地感知

ChatGPT，其发挥了某种连接人与世界模型的桥梁作用。换言之，人们在使用 ChatGPT 的过程中会感受到大模型背后的道。ChatGPT 实际上推动了一种世界模型的大众化，其可以被每个个体直接感知。这点与之前的人工智能产品完全不同。ChatGPT 所提供的是每个个体都可以感知到的世界模型。

庄周继承了老聃所强调的“道的不可言说”。从庄周《知北游》中的两则故事，我们可以更加深刻地理解这一点，并且还可以进一步思考机器语言的限度。尽管我们可以通过大模型获得大量的知识，然而，这里需要发问的问题是，这些知识是可靠和真实的吗？进一步讲，这些知识可以代表道吗？从两则寓言中，我们获得的启示是，机器所描述的未必是真理，同时人与机器的两人对话与多人对话存在重要的区别。日常生活中的多人对话往往可以提供对结论的开放性，两人对话往往就会演变为一方对另一方的臣服或对抗。当然，在当下的语境当中，一方对另一方的臣服可能会更加成为常态，这就使得人机对话会演变成人神对话。

大模型提供了一种拥有无限知识的世界模型。这点与人类的有限知识特点完全不同。然而，在笔者看来，大模型进化的方向恰恰是从无限走向有限，这是因为人类知识的本质特征就是有限。从 ChatGPT 到 GPT-4，我们同样可以看到这种从无限到有限的变化。人类的许多重要知识本身是没有答案的。从这个角度来讲，大模型具有的无限知识能力实际上是一种幻觉。现在的大模型更多体现为一种普遍性框架。从无限走向有限的一个重要变化，就是要通过向量数据库等使得大模型的普遍性知识跟具体知识相结合。这种具体化的过程实际上就是增加限度的过程。

在其被人类使用的过程当中，大模型不可避免地会带来一种使用者的依赖问题，这一点在庄周那里被称为有待。换言之，人类对大模型的有待使用，最终会产生无待焦虑。进言之，当外在依赖变成内在依赖的时候，人们就会产生无待焦虑。实际上，人可以离开这些工具，但从人的心理来讲，这种对工具的依赖会变成一种内在的需求，这实际上也是斯蒂格勒在《技术与时间》中的一个关键主题。斯蒂格勒将其称为存在之痛。这种无待焦虑最终会演化为后人类焦虑。换言之，当人类对大模型过度依赖时，不可避免地会担心这最终走向后人类的境况。要破除这些焦虑的关键，同样需要在庄周思想中挖掘。庄周提供了一种积极物化的思路，这一点与西方学者所谈的物化完全不同。这种积极物化的关键是，放低身段，将人类自己置于一个与物平等的角度，向物学习，格物致知，最终达到物我两忘的真人之境。庄周关于超越生死的讨论可以进一步调节后人类焦虑。丧我表达了一种置于死地而后生的境界，同时也表达了一种更加积极和面向事物变化的平静心态。从丧我的角度可以更加接近物我两忘，其最终可能会帮助人类进入人机和谐相处的两行世界。

注释

1《马克思恩格斯文集》(第一卷)，人民出版社2009年版，第209页。

2 Bernard Stiegler, *Technics and Time, 1: The Fault of Epimetheus*, translated by Richard Beardsworth and George Collins, Stanford: Stanford University Press, 1998, p. 137.

3 [晋] 郭象注，[唐] 成玄英疏:《庄子注疏》，中华书局2011年版，第63页。

4 Shyam Upadhyay, “Text Is a Projection of the World: OpenAI’s Sutskever,” https://analyticsindiamag.com/text-is-a-projection-of-the-world-says-openais-sutskever/, 访问时间: 2023年6月21日。

5 Minhyeok Lee, “A Mathematical Investigation of Hallucination and Creativity in GPT Models,” *Mathematics*, Vol. 11, No. 10, 2023, p. 2320.

6 甲小姐、刘杨楠:《对话王小川：我们已经进入通用人工智能时代》，

https://baijiahao.baidu.com/s?id=1763147997432003035&wfr=spider&for=pc，访问时间：2023 年 6 月 21 日。

7 Melissa Heikkilä and Will Douglas Heaven, “Yann LeCun Has a Bold New Vision for the Future of AI,” https://www.technologyreview.com/2022/06/24/1054817/yann-lecun-bold-new-vision-future-ai-deep-learning-meta/，访问时间：2023 年 6 月 21 日。

8 [魏] 王弼注，楼宇烈校释：《老子道德经注》，中华书局 2011 年版，第 65 页。

9 [魏] 王弼注，楼宇烈校释：《老子道德经注》，中华书局 2011 年版，第 109—112 页。

10 [魏] 王弼注，楼宇烈校释：《老子道德经注》，中华书局 2011 年版，第 84 页。

11 [魏] 王弼注，楼宇烈校释：《老子道德经注》，中华书局 2011 年版，第 113 页。

12 [晋] 郭象注，[唐] 成玄英疏：《庄子注疏》，中华书局 2011 年版，第 136 页。

13 [晋] 郭象注，[唐] 成玄英疏：《庄子注疏》，中华书局 2011 年版，第 136 页。

14 Ashish Vaswani, Noam Shazeer, et al., “Attention Is All You Need,” *Advances in Neural Information Processing Systems 30*, 2017.

15 [晋] 郭象注，[唐] 成玄英疏：《庄子注疏》，中华书局 2011 年版，第 43—44 页。

16 Jason Wei, Wang Xuezhi, Dale Schuurmans, et al., “Chain-of-Thought Prompting Elicits Reasoning in Large Language Models,” Vol. 35, 2022, pp. 24824–24837.

17 Sébastien Bubeck, Varun Chandrasekaran, Ronen Eldan, et al., “Sparks of Artificial General Intelligence: Early experiments with GPT-4,” arXiv:2303.12712v5, https://doi.org/10.48550/arXiv.2303.12712.

18 [晋] 郭象注，[唐] 成玄英疏：《庄子注疏》，中华书局 2011 年版，第 395 页。

19 Mike Wheatley, “OpenAI Is Using GPT-4 to Explain the Behavior of Large Language Models,” https://siliconangle.com/2023/05/09/openai-using-gpt-4-explain-behavior-large-language-models/#:~:text=OpenAI%20said%20the%20methodology%20allows,explanations%20for%20all%20of%20them，访问时间：2023 年 6 月 21 日。

20 [晋] 郭象注，[唐] 成玄英疏：《庄子注疏》，中华书局 2011 年版，第 406 页。

21 [晋] 郭象注，[唐] 成玄英疏：《庄子注疏》，中华书局 2011 年版，第 399 页。

22 [宋] 普济：《五灯会元》，中华书局 1984 年版，第 229—234 页。

23 [晋] 郭象注，[唐] 成玄英疏：《庄子注疏》，中华书局 2011 年版，第 389—392 页。

24 [晋] 郭象注，[唐] 成玄英疏：《庄子注疏》，中华书局 2011 年版，第 402—404 页。

25 Jules White, Quchen Fu, Sam Hays, et al., “A Prompt Pattern Catalog to Enhance Prompt Engineering with ChatGPT,” arXiv:2302.11382v1, https://doi.org/10.48550/arXiv.2302.11382.

26 [魏] 王弼注，楼宇烈校释：《老子道德经注》，中华书局 2011 年版，第 12 页。

27 Scott Hatfield, “The Power of Probability: Inside the Mind of ChatGPT,” https://medium.com/@Toglefritz/the-power-of-probability-inside-the-mind-of-chatgpt-35643a6dc6be，访问时间：2023 年 6 月 22 日。

28 Kelsey Piper, “AI Experts Are Increasingly Afraid of What They’re Creating,” https://www.vox.com/the-highlight/23447596/artificial-intelligence-agi-openai-gpt3-existential-risk-human-extinction，访问时间：2023 年 6 月 22 日。

29《论语》经常采用多人对话的形式进行表述，如《论语》中的子贡曰：“贫而无谄富而无骄，何如？”子曰：“可也。未若贫而乐，富而好礼者也。”子贡曰：“《诗》云：‘如切如磋，如琢如磨’，其斯之谓与？”子曰：“赐也，始可与言《诗》已矣，告诸往而知来者。”或者子路问：“闻斯行诸？”子曰：“有父兄在，如之何其闻斯行之？”冉有问：“闻斯行诸？”子曰：“闻斯行之。”公西华曰：“由也问闻斯行诸，子曰‘有父兄在’；求也问闻斯行诸，子曰‘闻斯行之’赤也惑，敢问。”子曰：“求也退，故进之；由也兼人，故退之。”可参见杨伯峻译注：《论语》，中华书局 2009 年版，第 9 页；第 115—116 页。

30 OpenAI, “Aligning Language Models to Follow Instructions,” https://openai.com/research/instruction-following，访问时间：2023 年 6 月 22 日。

31 [晋] 郭象注，[唐] 成玄英疏：《庄子注疏》，中华书局 2011 年版，第 63 页。

32 [晋] 郭象注，[唐] 成玄英疏：《庄子注疏》，中华书局 2011 年版，第 64 页。

33 Adam Hughes, “ChatGPT Will Replace Programmers Within 10 Years,” https://levelup.gitconnected.com/chatgpt-will-replace-programmers-within-10-years-91e5b3bd3676，访问时间：2023 年 6 月 22 日。

34 [澳] 约翰 · 基恩：《现代性与专业知识》，载《中国社会科学报》，2022

年 8 月 29 日。

35 Judith Thomson, “The Trolley Problem,” *The Yale Law Journal*, Vol. 94, No. 6, 1985, pp. 1395–1415.

36 Massimiliano Bianchi, “The Observer Effect,” *Foundations of Science*, Vol. 18, No. 2, 2013, pp. 213–243.

37 Ruolin, “Enhancing ChatGPT With Infinite External Memory Using Vector Database and ChatGPT Retrieval Plugin,” https://betterprogramming.pub/enhancing-chatgpt-with-infinite-external-memory-using-vector-database-and-chatgpt-retrieval-plugin-b6f4ea16ab8，访问时间：2023 年 6 月 22 日。

38［魏］王弼注，楼宇烈校释：《老子道德经注》，中华书局 2011 年版，第 120 页。

39 Bernard Stiegler, *Technics and Time, 1: The Fault of Epimetheus*, translated by Richard Beardsworth and George Collins, Stanford: Stanford University Press, 1998, p. 193.

40［魏］王弼注，楼宇烈校释：《老子道德经注》，中华书局 2011 年版，第 2—12 页。

41 Gunver Kienle, Helmut Kiene, “The Powerful Placebo Effect: Fact or Fiction?” *Journal of Clinical Epidemiology*, Vol. 50, No. 12, 1997, pp. 1311–1318.

42 Peter Mahon, *Posthumanism*, London: Bloomsbury Academic, 2017, pp. 1–24.

43 Rosi Braidotti and Maria Hlavajova eds., *Posthuman Glossary*, London: Bloomsbury Academic, 2018, pp. 1–2.

44 Kevin Roose, “GPT-4 Is Exciting and Scary,” https://www.nytimes.com/2023/03/15/technology/gpt-4-artificial-intelligence-openai.html，访问时间：2023 年 6 月 23 日。

45 Zoe Kleinman and Chris Vallance, “AI ‘godfather’ Geoffrey Hinton Warns of Dangers as He Quits Google,” https://www.bbc.co.uk/news/world-us-canada-65452940，访问时间：2023 年 6 月 23 日。

46［美］雷·库兹韦尔：《奇点临近》，李庆诚、董振华、田源译，机械工业出版社，第 10—18 页。

47 章太炎：《齐物论释》，崇文书局 2016 年版，第 4 页。

48 Liu Xiao, Zheng Yanan, Du Zhengxiao, et al., “GPT Understands, Too,” *AI Open*, 2023.

49 Liu Yiheng, Han Tianle, Ma Siyuan, et al., “Summary of ChatGPT/GPT-4 Research and Perspective towards the Future of Large Language Models,” arXiv preprint arXiv:2304.01852, https://doi.org/10.48550/arXiv.2304.01852.

50 Zhou Ce, Li Qian, Li Chen, et al., “A Comprehensive Survey on Pretrained

Foundation Models: A History from BERT to ChatGPT," arXiv preprint arXiv: 2302.09419, https://doi.org/10.48550/arXiv.2302.09419.

51 Dai Damai, Sun Yutao, Li Dong, et al., "Why Can GPT Learn In-Context? Language Models Secretly Perform Gradient Descent as Meta Optimizers," arXiv preprint arXiv:2212.10559, https://doi.org/10.48550/arXiv.2212.10559.

52 Georg Lukács, *History and Class Consciousness Studies in Marxist Dialectics*, translated by Rodney Livingstone, Cambridge: The MIT Press, 1971, p. 91.

53 Hannah Arendt, The Human Condition, Chicago: The University of Chicago Press, 1998, pp. 118–119.

54 关于普罗泰格拉的思想，可参见［古希腊］柏拉图：《柏拉图全集（第一卷）· 普罗泰格拉篇》，王晓朝译，人民出版社 2002 年版，第 427—489 页。

55 关于康德对人是目的的阐述，可参见李秋零主编：《康德著作全集 · 道德形而上学的奠基》，中国人民大学出版社 2005 年版，第 394—472 页。

56《大学 · 中庸》，王国轩译，中华书局 2006 年版，第 4 页。

57 朱熹认为"故大学必欲格物、致知。到物格、知至，则表里精粗无不尽"。参见朱熹：《朱子四书语类》，上海古籍出版社 1992 年版，第 60—62 页。

58［宋］程颢、程颐：《二程遗书》，上海古籍出版社 2000 年版，第 237 页。

59 林乐昌：《王阳明"格竹"经历的深层阐释》，载《浙江学刊》1998 年第 6 期，第 70—74 页。

60［魏］王弼注，楼宇烈校释：《老子道德经注》，中华书局 2011 年版，第 164 页。

61 虞友谦："《周易 · 谦卦》与泛谦德传统"，载《学术月刊》1993 年第 12 期，第 41—45 页。

62［晋］郭象注，［唐］成玄英疏：《庄子注疏》，中华书局 2011 年版，第 24 页。

63［晋］郭象注，［唐］成玄英疏：《庄子注疏》，中华书局 2011 年版，第 24 页。

64［晋］郭象注，［唐］成玄英疏：《庄子注疏》，中华书局 2011 年版，第 344 页。

65 Robert K. Merton, "The Self-Fulfilling Prophecy," *The Antioch Review*, Vol. 8, No. 2, 1948, pp. 193–210.

66［晋］郭象注，［唐］成玄英疏：《庄子注疏》，中华书局 2011 年版，第 313 页。

67 Manuel Arias-Maldonado, "Politics in the Anthropocene," in Julia Adeney Thomas, ed., *Altered Earth: Getting the Anthropocene Right*, Cambridge: Cambridge University Press, 2022, p. 160.

大事记

1. 2013年9月7日，托马斯·米科洛夫（Tomas Mikolov）、陈凯（Kai Chen，音译）、格雷格·克拉多（Greg Corrado）和杰弗里·迪恩（Jeffrey Dean）在论文《向量空间中词表示的有效估计》（Efficient Estimation of Word Representations in Vector Space）中提出了词向量模型Word2Vec，其可以将单词转换为向量，从而使得计算机能够更好地处理自然语言。[1]
2. 2015年12月11日，山姆·阿特曼（Sam Altman）、彼得·泰尔（Peter Thiel）、里德·霍夫曼（Reid Hoffman）、埃隆·马斯克（Elon Musk）、伊利亚·苏茨科弗（Ilya Sutskever）和格雷格·布罗克曼（Greg Brockman）等人成立人工智能研究公司OpenAI。
3. 2017年，谷歌大脑团队的阿希什·瓦斯瓦尼（Ashish Vaswani）等人在论文"注意力就是你所需要的一切"（Attention Is All You Need）中提出Transformer架构。[2]Transformer架构首次到达上亿规模参数，其成为当前大模型的主流架构基础。
4. 2018年10月11日，谷歌的雅各布·德维林（Jacob Devlin）等人在论文《BERT：用于语言理解的深度双向变形的预训练》（BERT: Pre-training of Deep Bidirectional Transformers for Language Understanding）中提出基于Transformer架构的双向深层预训练模型BERT。[3]这是首个突破3亿参数的大模型。
5. 2018年6月11日，OpenAI的阿列克·拉德福德（Alec Radford）等人在论文《通过生成式预训练提高语言理解能力》（Improving Language Understanding by Generative Pre-Training）中提出"生成式预训练Transformer"（Generative Pre-trained Transformer, GPT）模型，其将基于Transformer架构的监督微调和无监督预训练结合起来，即在不同的未标记文本语料库上对语言模型进行生成式预训练，然后对每个特定任务进行判别性微调。[4]

6. 2021 年 3 月 20 日，北京智源人工智能研究院的唐杰等人发布中国首个超大规模智能模型系统“悟道 1.0”，其中包含四个大模型：针对中文语言处理的“悟道 · 文源”；针对图文生成和转换的“悟道 · 文澜”；针对认知和逻辑推理的“悟道 · 文汇”；针对蛋白质序列预测的“悟道 · 文溯”。[5]
7. 2021 年 12 月 13 日，谷歌的杜南（Nan Du，音译）等人在论文《GLaM：使用混合专家的有效扩展语言模型》(GLaM: Efficient Scaling of Language Models with Mixture-of-Experts）中提出通用稀疏语言模型 GLaM，其有 1.2 万亿参数，这一数值是 GPT-3 的七倍。GLaM 训练能量消耗只有 GPT-3 的三分之一，推理所需浮点运算量只有后者的一半，并且在 29 个零样本和单样本学习的 NLP 任务中取得了比后者更好的表现。[6]
8. 2022 年 1 月 20 日，谷歌的罗马尔 · 卓比利安（Romal Thoppilan）等人在论文《LaMDA：对话应用的语言模型》(LaMDA: Language Models for Dialog Applications）中提出了一种基于 Transformer 结构的专门用于对话的神经语言模型家族 LaMDA，其有 137B 个参数和来自公共网络文本的 1.56T 训练数据。[7]
9. 2022 年 3 月 4 日，OpenAI 的欧阳龙（Long Ouyang）等人在论文《训练语言模型遵循人类反馈的指令》(Training Language Models to Follow Instructions with Human Feedback）中提出，使用对人类反馈进行微调的方式对 GPT-3 进行监督学习，从而创造出 InstructGPT 模型，其参数约为 GPT-3 的百分之一，但输出表现却比后者更好，真实性更高且错误更少。[8]
10. 2022 年 5 月 30 日，来自上海交通大学、Digital Brain Lab、牛津大学等的研究者在论文《多智能体强化学习是一个序列建模问题》(Multi-Agent Reinforcement Learning is a Sequence Modeling Problem）中提出一种新型多智能体 Transformer（MAT, Multi-Agent Transformer）架构，该架构有效地将协作式多智能体强化学习（MARL）转化为序列建模问题。[9]
11. 2022 年 8 月 22 日，Stability AI 的帕特里克 · 埃塞尔（Patrick Esser）和罗宾 · 罗姆巴赫（Robin Rombach）等人发布了文生图模型 Stable Diffusion，其建立在 CompVis 和 Runway 团队广泛使用的潜在扩散模型（Latent Diffusion Models, LDM）上，并可以在消费级处理器上运行。[10]
12. 2022 年 11 月 30 日，OpenAI 发布了 ChatGPT，其是一款基于 GPT-3.5，可以与用户对话的大语言模型，使用基于人类反馈的强化学习（RLHF）

方法于 Azure AI 平台上进行训练。通过用户的自然语言提示，ChatGPT 可以完成回答问题、编写代码、撰写文章等任务。[11]

13. 2023 年 2 月 6 日，谷歌 CEO 桑达尔·皮查伊（Sundar Pichai）公布了谷歌新一代对话应用语言模型 Bard，其由谷歌研发的神经网络架构 LaMDA 提供支持，是后者的轻量化版本。Bard 致力于改善对话质量，其从网络上获取信息，并将其转化为高质量的对话。[12]
14. 2023 年 2 月 22 日，亚马逊与人工智能初创公司 Hugging Face 合作开发 BLOOM 大模型。其是第一个在完全透明的情况下接受培训的大语言模型，拥有 176B 参数，支持 46 种自然语言和 13 种编程语言输入。来自 70 多个国家的 250 多个机构的 1 000 名研究人员共同完成了 BLOOM 持续 117 天的训练过程。[13]
15. 2023 年 3 月 14 日，OpenAI 发布了 GPT 系列的最新产品 GPT-4，其是一个大型多模态模型，支持输入图像和文本。GPT-4 在复杂任务中的可靠性、创造力和细节处理方面均优于上一代产品 GPT-3.5，并且在一些任务中能够表现出与人类相当的水准。[14]
16. 2023 年 3 月 14 日，Anthropic 发布了新一代的 AI 助手 Claude，旨在帮助用户处理用例（Use Case），其功能包括总结、搜索、创意和协作写作、问答、编码等，并且拥有更高的可靠性、可预测性和更低的错误率。其包含两个版本，一个是高性能版的 Claude，一个是轻量版的 Claude Instant。[15]
17. 2023 年 3 月 14 日，清华大学与智谱 AI 开源发布了中英双语对话模型 ChatGLM-6B。其使用了和 ChatGLM 相同的技术，基于通用语言模型（General Language Model, GLM）架构，其训练权证数据达到了 1T，具有 62 亿参数。据介绍，ChatGLM-6B 兼具双语能力，对模型架构和规模进行了优化，降低了硬件配置要求门槛，支持生成更长的内容，并且进行了对齐训练。[16]
18. 2023 年 3 月 16 日，百度发布大语言模型“文心一言”，其主要瞄准中国市场，具有文学创作、商业文案创作、数理逻辑推算、中文理解、多模态生成五大能力。百度总裁李彦宏宣称，其是全球大厂中第一款对标 ChatGPT 的大模型产品。
19. 2023 年 3 月 21 日，Adobe 发布了生成式人工智能 Firefly，并将其集成到其他的 Adobe 程序中。其是一个创造性生成式人工智能家族，专注于商业市场，将能够根据创作者的意图来生成图像、音频、矢量、视频和

3D 模型，以及画笔、颜色渐变和视频转换等创意成分。[17]

20. 2023 年 6 月 14 日，欧洲议会高票通过了《人工智能法案》（AI Act）谈判授权草案。草案通过后，欧洲议会、欧盟成员国和欧盟委员会将按照欧盟立法程序开始三方谈判，以确定法案的最终条款。
21. 2023 年 6 月 16 日，中国科学院自动化研究所发布紫东太初 2.0 大模型。其在第一代模型文本、语音、图像三模态的基础上，加入视频、传感信号、3D 点云等更多模态，并在医疗、交通、工业生产等领域展开应用尝试。[18]
22. 2023 年 6 月 21 日，美国民主党众议员泰德·刘（Ted W. Lieu）、安娜·埃舒（Anna Eshoo），以及共和党众议员肯·巴克（Ken Buck）一同提交了《国家人工智能委员会法案》（National AI Commission Act），该法案旨在建立一个国家委员会，专注于监管人工智能问题，并为其制定一个基于风险的框架。[19]
23. 2023 年 6 月 22 日，美国商务部部长吉娜·雷蒙多（Gina Raimondo）宣布，美国国家标准与技术研究院（National Institute of Standards and Technology, NIST）将成立一个新的人工智能公共工作组，该工作组将在 NIST 人工智能风险管理框架（Artificial Intelligence Risk Management Framework, AI RMF）的成功基础上，进一步解决人工智能技术快速发展带来的问题。[20]
24. 2023 年 6 月 28 日，中国联通发布鸿湖图文大模型 1.0。中国联通称，鸿湖图文大模型是首个面向运营商增值业务的大模型，可实现文生图、图生图、视频剪辑等功能。[21]
25. 2023 年 7 月 7 日，理查德·凯德利（Richard Kadrey）等三名作家控告 Meta 非法使用其作品训练其大语言模型 LLaMA，这些作品包含在一个名为“ThePile”的盗版资源数据集中的第三大子数据集“Books3”当中。根据研究组织 EleutherAI 的报告，Books3 来源于臭名昭著的盗版图书网站 Bibliotik，其共包含 108G 的数据。[22]
26. 2023 年 7 月 13 日，京东推出言犀大模型，其特点是基于产业研发而非通用大模型，包括 70% 的通用数据和 30% 的京东数值供应链数据，旨在解决产业中存在的问题。同时，京东还发布了言犀 AI 开发计算平台等一系列配套工具。[23]
27. 2023 年 7 月 13 日，上海交通大学重庆人工智能研究院发布“兆言”大模型，其专注于垂直领域精调和模型小型化，着重提高输出质量，拥有精调效率高、训练成本低、人机功效好等特点。据介绍，其可在医疗、金融等行业落地应用。[24]

28. 2023 年 7 月 14 日，Meta 公司研究人员在论文《扩展自回归多模态模型：预训练和指令调整》(Scaling Autoregressive Multi-Modal Models: Pretraining and Instruction Tuning) 中公布了名为 CM3Leon 的人工智能模型，其具有文生图和图生文功能，也可以根据文本命令来对图像进行编辑。[25]
29. 2023 年 7 月 18 日，联合国安理会第 9381 次会议在英国举行，是首次关于人工智能对国际和平与安全的潜在威胁的会议。联合国秘书长安东尼奥·古特雷斯（António Guterres）认为，生成性人工智能可能产生虚假信息、仇恨言论以及毁灭性的智能武器。安理会强调，必须在自动化系统中保留人类决策因素，同时为国际人工智能建立一个合乎道德的、负责任的框架。[26]
30. 2023 年 7 月 18 日，斯坦福大学和加利福尼亚大学伯克利分校的研究人员发布了一篇题为“How is ChatGPT’s Behavior Changing over Time?”(《ChatGPT 的行为是如何随时间变化的？》) 的论文。其认为，大语言模型的能力会在相对较短的时间内发生重大变化。譬如，GPT-3.5 和 GPT-4 在发布后的一段时间后，其在一些指标上的表现变得更差了。[27]
31. 2023 年 7 月 18 日，Meta 发布了 Llama 大模型的第二代开源大语言模型 Llama 2，其对研究和商业用途免费开放。Meta 为 Llama 2 的预训练模型和会话微调版本增加了模型权重（Model Weights）和起始代码（Starting Code）。同时，Meta 宣布微软将成为其在 Llama 2 项目上的重要合作伙伴，后者的 Azure 和 Windows 产品将对 Llama 2 提供支持。[28]
32. 2023 年 7 月 21 日，Stability AI 和旗下 CarperAI 实验室正式发布了两个开源大语言模型 Stable Beluga 1 和 Stable Beluga 2（原名 FreeWilly 1 和 FreeWilly 2），前者基于 LLaMA 的 65B 版本，后者基于 LLaMA 2 的 70B 版本，二者均在各项基准测试中展现出较强的推理能力。其训练灵感来源于微软论文《Orca：从 GPT-4 的复杂解释轨迹中渐进式学习》(Orca: Progressive Learning from Complex Explanation Traces of GPT-4)。[29]
33. 2023 年 7 月 26 日，谷歌、微软、OpenAI 和 Anthropic 发布联合公告，宣布成立前沿模型论坛（Frontier Model Forum），致力于确保安全、负责任地开发前沿人工智能模型，并与政策制定者、学者和民间社会等方面分享知识。[30]

34. 2023 年 7 月 26 日，Stability AI 正式发布旗下最新图像生成模型 SDXL 1.0，其可以在任何风格下生成高质量的图片，在 1 024 × 1 024 分辨率下，其对比、光照、色彩和阴影都接近现实场景，并且在 8GB VRAM 的消费类 GPU 上即可运行。SDXL 1.0 由两部分组成：一部分是 3.5B 参数的基础模型，另一部分是 6.6B 的精炼器（refiner）模型。二者既可以单独使用，也可以联用以获得最佳效果。[31]
35. 2023 年 7 月 28 日，程序员问答社区 Stack Overflow 宣布将推出 Overflow AI，其可以弥补社区问答的不足，并且能够帮助代码开发以使开发者相对自由地根据具体问题调整代码。该模型的训练数据来源于 Stack Overflow 网站内近 5 800 万条问答数据。除此之外，Overflow AI 将搭载一个名为“讨论”（Discussions）的功能，该功能允许用户和 AI 讨论技术方法，从而作出更好的决策。[32]
36. 2023 年 7 月 28 日，谷歌 DeepMind 的安东尼·布罗汉（Anthony Brohan）于论文《RT-2：视觉—语言—动作模型将网络知识转移到机器人控制》（RT-2: Vision-Language-Action Models Transfer Web Knowledge to Robotic Control）中推出具身智能模型 RT-2。其将互联网规模的训练数据直接运用到机器人控制当中，使得机器人对自然语言和图像的理解能力大大提高。[33]
37. 2023 年 8 月 4 日，云应用程序监控和安全平台 Datadog 宣布推出生成式人工智能助手——Bits，可以根据客户的可观测数据进行学习，帮助工程师实时解决应用问题。Bits 可以关联整个 Datadog 平台的所有数据，通过关键数据分析发现并定位问题，并以最快的速度进行补救。[34]
38. 2023 年 8 月 5 日，Salesforce 发布 Einstein Studio。这是一款无代码、基于界面的 AI 模型训练工具。Salesforce 宣称，Einstein Studio 拥有一套完整的大语言模型培训界面和流程，任何人都可以使用它创造出属于自己的、具有极强延展性的人工智能模型。[35]
39. 2023 年 8 月 8 日，百川智能正式发布首个闭源大模型 Baichuan-53B，参数量为 530 亿。百川智能宣称，Baichuan-53B 大模型在写作、文本创作能力两个方面已达到业界最顶尖水平。[36]
40. 2023 年 8 月 8 日，Stability AI 宣布推出名为 Stable Code 的代码生成大语言模型。该模型推出了三个版本：基本模型、指令模型（Instruction Model）和长上下文窗口模型（Long-Context Window Model），其复杂度和功能依次增加。[37]

41. 2023 年 8 月 18 日，英伟达（NVIDIA）公布了其下一代 GH200 Grace Hopper 芯片平台，其基于世界上首款搭载 HBM3e 超级芯片的 Grace Hopper 超级芯片，旨在满足不断发展的生成式 AI 算力需求。其提供相当于当前产品 3.5 倍的内存容量和 3 倍的带宽，搭载了 144 个 Arm Neoverse 核心组成的服务器和 282GB 的 HBM3e 内存技术，可以进行每秒 8 000 万次的浮点运算以提升人工智能性能表现。
42. 2023 年 8 月 10 日，美国国防高级研究计划局（DARPA）计划发起一项人工智能网络安全挑战赛，与 AI 公司 Anthropic、OpenAI、微软和谷歌合作，要求参赛者使用人工智能识别和修复软件漏洞，尤其是关键基础设施的代码。
43. 2023 年 8 月 15 日，科大讯飞发布了讯飞星火认知大模型 V2.0。科大讯飞表示，讯飞星火认知大模型 V2.0 多模态能力相较于之前版本有较大提高，其能够更好地理解自然语言和图像输入，输出质量也更高。[38]
44. 2023 年 8 月 16 日，阿里云推出数字人视频生成工具 Live Portait，其可以将用户上传的照片和文本或语音合成一段能够开口说话的数字人视频。其搭载了阿里云自创的口型预测算法，从而在输出准确度上比起同类产品有较大的提高。通过眼神主动控制技术，Live Portait 可以为生成的数字人添加眼球运动效果。生成语音的方式分为文本驱动方式和音频驱动方式，前者包含普通话、英语等 28 种声音。[39]
45. 2023 年 8 月 17 日，知名咨询公司麦肯锡（McKinsey）宣布推出生成式 AI 工具 Lilli，其训练数据来源于超过 10 万份文档和访谈记录。员工可以通过对话提问 Lilli 以获取相关信息、洞察、数据、计划。Lilli 既可以访问麦肯锡公司的内部资源，也可以搜索外部资料，并且以极快的速度识别出 5—7 个关键内容并总结答案。[40]
46. 2023 年 8 月 18 日，AI 初创公司 Arthur 宣布推出 Arthur Bench，其是一款用于评估和比较大语言模型、提示符（Prompt）以及生成式文本模型超参数（Hyperparameters for Generative Text Models）的开源工具。其可以使用定量标准来对不同大模型进行比较，帮助客户寻找最适合他的大模型产品。[41]
47. 2023 年 8 月 22 日，Meta 发布了人工智能模型 SeamlessM4T，其是一个语音—文本转换多语言多任务大模型，支持语音到语音翻译、文本到文本翻译和语音—文本之间的转换，提供近 100 种语言的文本和 35 种语言的语音。[42]

48. 2023 年 8 月 23 日，Hugging Face 官网消息说，Hugging Face 推出属于 StarCoder 系列的代码助手 SafeCoder。这是一个具有 150 亿参数的模型，基于 The Stack 数据集训练，支持多查询注意力（Multi-Query Attention, MQA）功能，以及可将上下文扩展至 8 192 个 token 的 Flash 注意力。[43]
49. 2023 年 8 月 24 日，阿里云 Jinze Bai 等研究者发表论文推出开源大规模视觉语言模型 Qwen-VL，其基于通义千问 70 亿参数模型 Owen-7B，支持对话和图文转换，且具备视觉定位和理解图像中文字的能力。[44]
50. 2023 年 8 月 25 日，Meta 发布了 Code Llama，其是一款基于 Llama 2 模型，用于生成和调试代码的工具。该工具支持包括 Python、C++、Java 在内的多种编程语言，包含 7B、13B 和 34B 三种规格，每个规格的训练权证都达到了 500B。同时，针对不同的具体需求，还发布了两个衍生版本 Code Llama-Python 和 Code Llama-Instruct。[45]
51. 2023 年 8 月 30 日，微软宣布推出第三代 Turing Bletchley 视觉语言模型，其具有 25 亿参数，可以用 94 种语言执行任务。Turing Bletchley 拥有一个图像编码器和一个通用语言编码器，它可以将输入的图像和文本进行矢量化。微软表示，该模型将逐步整合到 Bing、Microsoft Office 和 Azure 等相关产品中，从而大幅改进图像问答和图像搜索体验。[46]
52. 2023 年 9 月 2 日，Stability AI 发布了其首个日语视觉语言模型 Japanese InstructBLIP Alpha，可以输入日语文本描述生成图像，也可以为给定的图像生成问题的答案。该模型基于日语语言大模型 Japanese StableLM Instruct Alpha 7B，利用了 InstructBLIP 体系结构。除了日语文本外，它还能够识别特定日本物体（如东京天空树）的图像。[47]
53. 2023 年 9 月 6 日，阿联酋阿布扎比技术创新研究所（Technology Innovation Institute，TII）在 Hugging Face 上发布了开源大模型 Falcon 180B，其包含 1 800 亿参数，训练数据达到 3.5 万亿 token。根据测试，其性能超过了 Llama 2，与 PaLM 2 不相上下，十分接近 GPT-4。[48]
54. 2023 年 9 月 13 日，美国参议院举行“人工智能洞察论坛”（AI Insight Forum）的第一次闭门简报会。会议由参议院多数党领袖查克 · 舒默（Chuck Schumer）等人主持，埃隆 · 马斯克（Elon Musk）、马克 · 扎克伯格（Mark Zuckerberg）等 AI 行业领军人物参会。会议讨论了人工智能未来可能造成的安全问题，与会者总体支持政府对人工智能进行立法监管的想法。[49]
55. 2023 年 9 月 20 日，OpenAI 公布了其文生图大模型 DALL · E 系列的

最新版本 DALL · E 3，其能力相比之前的版本有巨大提升，所生成图片的细节、清晰度等方面都有较大改进。OpenAI 将 ChatGPT 集成在 DALL · E 3 之中，使得使用者可以通过自然语言来进行提示，而不需要特殊的提示技巧。[50]

56. 2023 年 11 月 6 日，OpenAI 公布了 GPT-4 的升级版本 GPT-4 Turbo。GPT-4 Turbo 支持在一次提示中输入 128k 即 300 页的上下文，相当于基础版本 GPT-4 的 16 倍，而最大输出权证数量为 4 096。同时，该模型的输入成本和输出成本分别相当于基础版本 GPT-4 的三分之一和二分之一。[51]

57. 2023 年 11 月 17 日，OpenAI 董事会宣布，由于山姆 · 阿特曼（Sam Altman）在与董事会的沟通中没有始终保持坦诚，董事会不再信任其领导地位。阿特曼将辞去首席执行官一职，并由米拉 · 穆拉蒂（Mira Murati）临时接任。[52] 随后，格雷格 · 布罗克曼（Greg Brockman）也在社交媒体上宣布离职。[53]

58. 2023 年 11 月 20 日，微软宣布山姆 · 阿特曼（Sam Altman）和格雷格 · 布罗克曼（Greg Brockman）将加入微软，并带领一个新的 AI 研究团队。[54] 同日，包括 OpenAI 首席科学家伊利亚 · 苏茨科弗（Ilya Sutskever）在内的 500 多名 OpenAI 员工联合发表公开信，以辞职并加入微软为威胁要求 OpenAI 董事会下台。[55]

59. 2023 年 11 月 22 日，OpenAI 的官方社交媒体宣布，山姆 · 阿特曼（Sam Altman）将重新回到 OpenAI 担任首席执行官。同时，OpenAI 的董事会将迎来重组，布莱特 · 泰勒（Bret Taylor）、拉里 · 萨默斯（Larry Summers）和亚当 · 德安吉洛（Adam D’Angelo）将组成新的初始董事会。[56]

注释

1 Tomas Mikolov, Kai Chen, Greg Corrado and Jeffrey Dean, “Efficient Estimation of Word Representations in Vector Space,” *arXiv preprint arXiv: 1301.3781*, September 7, 2013, https://arxiv.org/abs/1301.3781.

2 Ashish Vaswani, Noam Shazeer, Niki Parmar, Jakob Uszkoreit, Llion Jones, Aidan N. Gomez, Łukasz Kaiser and Illia Polosukhin, “Attention Is All You Need,” *Advances In Neural Information Processing Systems*, No. 30, 2017.

3 Jacob Devlin, Ming-Wei Chang, Kenton Lee and Kristina Toutanova, “BERT:

Pre-training of Deep Bidirectional Transformers for Language Understanding," *arXiv preprint arXiv: 1810.04805v1*, October 11, 2018, https://arxiv.org/abs/1810.04805v1.

4 Alec Radford, Karthik Narasimhan, Tim Salimans and Ilya Sutskever, "Improving Language Understanding by Generative Pre-Training," https://openai.com/research/language-unsupervised.

5《智源研究院发布超大规模智能模型"悟道 1.0"》，https://caijing.chinadaily.com.cn/a/202103/22/WS6058268da3101e7ce9745189.html。

6 Nan Du, Yanping Huang, Andrew M. Dai, Simon Tong, Dmitry Lepikhin, Yuanzhong Xu, Maxim Krikun, Yanqi Zhou, Adams Wei Yu, Orhan Firat, Barret Zoph, Liam Fedus, Maarten Bosma, Zongwei Zhou, Tao Wang, Yu Emma Wang, Kellie Webster, Marie Pellat, Kevin Robinson, Kathy Meier-Hellstern, Toju Duke, Lucas Dixon, Kun Zhang, Quoc V Le, Yonghui Wu, Zhifeng Chen and Claire Cui, "GLaM: Efficient Scaling of Language Models with Mixture-of-Experts," *arXiv preprint arXiv: 2112.06905v1*, December 13, 2021, https://arxiv.org/abs/2112.06905v1.

7 Romal Thoppilan, Daniel De Freitas, Jamie Hall, Noam Shazeer, Apoorv Kulshreshtha, Heng-Tze Cheng, Alicia Jin, Taylor Bos, Leslie Baker, Yu Du, YaGuang Li, Hongrae Lee, Huaixiu Steven Zheng, Amin Ghafouri, Marcelo Menegali, Yanping Huang, Maxim Krikun, Dmitry Lepikhin, James Qin, Dehao Chen, Yuanzhong Xu, Zhifeng Chen, Adam Roberts, Maarten Bosma, Yanqi Zhou, Chung-Ching Chang, Igor Krivokon, Will Rusch, Marc Pickett, Kathleen Meier-Hellstern, Meredith Ringel Morris, Tulsee Doshi, Renelito Delos Santos, Toju Duke, Johnny Soraker, Ben Zevenbergen, Vinodkumar Prabhakaran, Mark Diaz, Ben Hutchinson, Kristen Olson, Alejandra Molina, Erin Hoffman-John, Josh Lee, Lora Aroyo, Ravi Rajakumar, Alena Butryna, Matthew Lamm, Viktoriya Kuzmina, Joe Fenton, Aaron Cohen, Rachel Bernstein, Ray Kurzweil, Blaise Aguera-Arcas, Claire Cui, Marian Croak, Ed Chi and Quoc Le, "LaMDA: Language Models for Dialog Applications," *arXiv preprint arXiv: 2201.08239v1*, January 20, 2022, https://arxiv.org/abs/2201.08239v1.

8 Long Ouyang, Jeff Wu, Xu Jiang, Diogo Almeida, Carroll L. Wainwright, Pamela Mishkin, Chong Zhang, Sandhini Agarwal, Katarina Slama, Alex Ray, John Schulman, Jacob Hilton, Fraser Kelton, Luke Miller, Maddie Simens, Amanda Askell, Peter Welinder, Paul Christiano, Jan Leike and Ryan Lowe, "Training Language Models to Follow Instructions with Human Feedback," *arXiv preprint arXiv: 2203.02155*, March 4, 2022, https://arxiv.org/abs/2203.02155.

9 Muning Wen, Jakub Grudzien Kuba, Runji Lin, Weinan Zhang, Ying Wen, Jun Wang and Yaodong Yang, "Multi-Agent Reinforcement Learning is a Sequence Modeling Problem," *arXiv preprint arXiv: 2205.14953v1*, May 30, 2022, https://arxiv.

org/abs/2205.14953v1.

10 “Stable Diffusion Launch Announcement,” https://stability.ai/blog/stable-diffusion-announcement.

11 “Introducing ChatGPT,” https://openai.com/blog/chatgpt.

12 “An Important Next Step on Our AI Journey,” https://blog.google/technology/ai/bard-google-ai-search-updates/.

13 “Introducing The World’s Largest Open Multilingual Language Model: BLOOM,” https://bigscience.huggingface.co/blog/bloom.

14 “GPT-4,” https://openai.com/research/gpt-4.

15 “Introducing Claude,” https://www.anthropic.com/index/introducing-claude.

16《ChatGLM：千亿基座的对话模型启动内测，单卡版模型已全面开源》，https://www.zhipuai.cn/news/61。

17 “Adobe Unveils Firefly, a Family of new Creative Generative AI,” https://news.adobe.com/news/news-details/2023/Adobe-Unveils-Firefly-a-Family-of-new-Creative-Generative-AI/default.aspx.

18《“紫东太初”全模态大模型正式发布，持续探索可自主进化通用人工智能》，http://www.chinanews.com.cn/gn/2023/06-16/10026105.shtml。

19 “Reps Lieu, Buck, Eshoo and Sen Schatz Introduce Bipartisan, Bicameral Bill to Create A National Commission on Artificial Intelligence,” https://lieu.house.gov/media-center/press-releases/reps-lieu-buck-eshoo-and-sen-schatz-introduce-bipartisan-bicameral-bill.

20 “Biden-Harris Administration Announces New NIST Public Working Group on AI,” https://www.nist.gov/news-events/news/2023/06/biden-harris-administration-announces-new-nist-public-working-group-ai.

21《中国联通发布鸿湖图文 AI 大模型 1.0，可实现以文生图、视频剪辑》，https://www.sohu.com/a/692051834_114760。

22 “Kadrey v. Meta Platforms, Inc. (3:23-cv-03417),” https://www.courtlistener.com/docket/67569326/kadrey-v-meta-platforms-inc/.

23《京东推出言犀大模型》，https://www.dsb.cn/222569.html。

24《重庆首个自主研发大语言模型产品发布》，http://www.chinanews.com.cn/gn/2023/07-13/10042454.shtml。

25 Lili Yu, Bowen Shi, Ramakanth Pasunuru, Benjamin Muller, Olga Golovneva, Tianlu Wang, Arun Babu, Binh Tang, Brian Karrer, Shelly Sheynin, Candace Ross, Adam Polyak, Russell Howes, Vasu Sharma, Puxin Xu, Hovhannes Tamoyan, Oron Ashual, Uriel Singer, Shang-Wen Li, Susan Zhang, Richard James, Gargi Ghosh, Yaniv Taigman, Maryam Fazel-Zarandi, Asli Celikyilmaz, Luke Zettlemoyer and Armen

Aghajanyan, "Scaling Autoregressive Multi-Modal Models: Pretraining and Instruction Tuning," arXiv preprint arXiv: 2309.02591, September 5, 2023, https://arxiv.org/abs/2309.02591.

26 "Artificial Intelligence: Opportunities and Risks for International Peace and Security-Security Council, 9381st Meeting," https://media.un.org/en/asset/k1j/k1ji81po8p.

27 Lingjiao Chen, Matei Zaharia and James Zou, "How is ChatGPT's Behavior Changing over Time?," *arXiv preprint arXiv: 2307.09009v1*, July 18, 2023, https://arxiv.org/abs/2307.09009v1.

28 "Meta and Microsoft Introduce the Next Generation of Llama," https://about.fb.com/news/2023/07/llama-2/.

29 "Meet Stable Beluga 1 and Stable Beluga 2, Our Large and Mighty Instruction Fine-Tuned Language Models," https://stability.ai/blog/stable-beluga-large-instruction-fine-tuned-models.

30 "Frontier Model Forum," https://openai.com/blog/frontier-model-forum.

31 "Announcing SDXL 1.0," https://stability.ai/blog/stable-diffusion-sdxl-1-announcement.

32 "Announcing OverflowAI," https://stackoverflow.blog/2023/07/27/announcing-overflowai/.

33 Anthony Brohan, Noah Brown, Justice Carbajal, Yevgen Chebotar, Xi Chen, Krzysztof Choromanski, Tianli Ding, Danny Driess, Avinava Dubey, Chelsea Finn, Pete Florence, Chuyuan Fu, Montse Gonzalez Arenas, Keerthana Gopalakrishnan, Kehang Han, Karol Hausman, Alexander Herzog, Jasmine Hsu, Brian Ichter, Alex Irpan, Nikhil Joshi, Ryan Julian, Dmitry Kalashnikov, Yuheng Kuang, Isabel Leal, Lisa Lee, Tsang-Wei Edward Lee, Sergey Levine, Yao Lu, Henryk Michalewski, Igor Mordatch, Karl Pertsch, Kanishka Rao, Krista Reymann, Michael Ryoo, Grecia Salazar, Pannag Sanketi, Pierre Sermanet, Jaspiar Singh, Anikait Singh, Radu Soricut, Huong Tran, Vincent Vanhoucke, Quan Vuong, Ayzaan Wahid, Stefan Welker, Paul Wohlhart, Jialin Wu, Fei Xia, Ted Xiao, Peng Xu, Sichun Xu, Tianhe Yu and Brianna Zitkovich, "RT-2: Vision-Language-Action Models Transfer Web Knowledge to Robotic Control," *arXiv preprint arXiv: 2307.15818*, July 28, 2023, https://arxiv.org/abs/2307.15818.

34 "Introducing Bits AI, Your New DevOps Copilot," https://www.datadoghq.com/blog/datadog-bits-generative-ai/.

35 "Salesforce Announces Einstein Studio: Build and Deploy Your Own AI Models," https://www.salesforceben.com/salesforce-announces-einstein-studio-build-and-deploy-your-own-ai-models/.

36《百川智能发布通用大语言模型Baichuan-53B，预计下月开放API》，https://www.163.com/tech/article/IBKJNRUN00097U7T.html。

37 "Announcing StableCode," https://stability.ai/blog/stablecode-llm-generative-ai-coding.

38《人工智能全新里程碑！科大讯飞发布讯飞星火认知大模型V2.0》，https://www.sohu.com/a/713360908_121328571。

39《阿里云AI视频进化：可一键让照片开口说话，媲美真人》，https://www.sohu.com/a/712291980_121119002。

40 "Meet Lilli, Our Generative AI Tool That's A Researcher, A Time Saver, and An Inspiration," https://www.mckinsey.com/about-us/new-at-mckinsey-blog/meet-lilli-our-generative-ai-tool.

41 "Introducing Arthur Bench: The Most Robust Way to Evaluate LLMs," https://www.arthur.ai/blog/introducing-arthur-bench.

42 "Bringing the World Closer Together with A Foundational Multimodal Model for Speech Translation," https://ai.meta.com/blog/seamless-m4t/.

43 "Introducing SafeCoder," https://huggingface.co/blog/safecoder.

44 Jinze Bai, Shuai Bai, Shusheng Yang, Shijie Wang, Sinan Tan, Peng Wang, Junyang Lin, Chang Zhou and Jingren Zhou, "Qwen-VL: A Frontier Large Vision-Language Model with Versatile Abilities," *arXiv preprint arXiv: 2308.12966v1*, August 24, 2023, https://arxiv.org/abs/2308.12966v1.

45 "Introducing Code Llama, an AI Tool for Coding," https://about.fb.com/news/2023/08/code-llama-ai-for-coding/.

46 "Turing Bletchley: A Universal Image Language Representation model by Microsoft," https://www.microsoft.com/en-us/research/blog/turing-bletchley-a-universal-image-language-representation-model-by-microsoft/.

47 "Announcing Japanese InstructBLIP Alpha," https://stability.ai/blog/announcing-japanese-instructblip-alpha.

48 Philipp Schmid, Omar Sanseviero, Pedro Cuenca, et al., "Spread Your Wings: Falcon 180B is Here," September 6, 2023, https://huggingface.co/blog/falcon-180b.

49 "US Senate AI 'Insight Forum' Tracker," https://techpolicy.press/us-senate-ai-insight-forum-tracker/.

50 "DALL · E 3," https://openai.com/dall-e-3.

51 "GPT-4 Turbo," https://help.openai.com/en/articles/8555510-gpt-4-turbo.

52 "OpenAI Announces Leadership Transition," https://openai.com/blog/openai-announces-leadership-transition.

53 https://twitter.com/gdb/status/1725667410387378559.

54 “Microsoft Hires Former OpenAI CEO Sam Altman,” https://www.theverge.com/2023/11/20/23968829/microsoft-hires-sam-altman-greg-brockman-employees-openai.

55 “Hundreds of OpenAI Employees Threaten to Resign and Join Microsoft,” https://www.theverge.com/2023/11/20/23968988/openai-employees-resignation-letter-microsoft-sam-altman.

56 https://twitter.com/OpenAI/status/1727206187077370115.

附表

表1 Transformer 不同路径的发展

模 型	家 族	预训练架构	实验室
ALBERT	BERT	仅编码器	Google
AlexaTM 20B	Transformer	编码器—解码器	Amazon
Alpaca	LLaMA	仅解码器	Stanford
AlphaFold	SE(3)-Transformer	仅编码器	Deepmind
Anthropic Assistant (see also)	GPT	仅解码器	Anthropic
BART	BERT for encoder, GPT for Decoder	编码器—解码器	Facebook
BERT	BERT	仅编码器	Google
Big Bird		仅编码器和编码器—解码器（BigBird 主要是一种实现稀疏关注的方法，既可以在仅编码器架构中实现，也可以在编码器—解码器架构中实现）	Google
BlenderBot 3	GPT	仅解码器	Facebook
BLOOM	GPT	仅解码器	Big Science/ Huggingface
ChatGPT	GPT	仅解码器	OpenAI
Chinchilla	GPT	仅解码器	Deepmind
CLIP	CLIP（同时使用 Resnet，ViT 和 vanilla 文本 transformer）	仅编码器	OpenAI

（续表）

模　型	家　族	预训练架构	实验室
CM3	HTML	仅解码器	Facebook
CTRL		仅解码器	Salesforce
DALL · E	GPT	仅解码器	OpenAI
DALL · E-2	CLIP，GLIDE	编码器—解码器	OpenAI
DeBERTa	BERT	仅解码器	Microsoft
Decision Transformers	GPT，“Control Transformers”（Control Transformer 本身不是一个系列，是将那些试图模拟更一般的控制、类似 RL 的任务的 transformer 归为一类）	仅解码器	Google/ 加利福尼亚大学伯克利分校 /FAIR
DialoGPT	GPT	仅解码器	Microsoft
DistilBERT	BERT	仅编码器	Huggingface
DQ-BART	BART	编码器—解码器	Amazon
Dolly	GPT	仅解码器	Databricks，Inc
E5	BERT	仅编码器	Microsoft
ELECTRA		仅编码器	Stanford/ Google
ERNIE	BERT	仅编码器	多个中国机构
Flamingo	Chinchilla	仅解码器	Deepmind
Flan-T5	T5	编码器—解码器	Google
Flan-PaLM	PaLM	仅解码器	Google
Galactica	Transformer	仅解码器	Meta
Gato	“Control Transformers”	仅解码器	Deepmind
GLaM	Transformer	仅解码器	Google
GLIDE	Diffusion models	仅编码器	OpenAI
GLM	GLM (General Language Model)	编码器和解码器（GLM 既可以像仅编码器的模型那样进行 NLU 任务，也可以像仅解码器模型那样进行 NLG 任务）	清华大学

（续表）

模 型	家 族	预训练架构	实验室
Global Context ViT	ViT	仅编码器	NVidia
Gopher	GPT	仅解码器	Deepmind
GopherCite	Gopher	仅解码器	Deepmind
GPT	GPT	仅解码器	OpenAI
GPT-2	GPT	仅解码器	OpenAI
GPT-3	GPT	仅解码器	OpenAI
GPT-3.5	GPT	仅解码器	OpenAI
GPT-J	GPT	仅解码器	EleutherAI
GPT-Neo	GPT	仅解码器	EleutherAI
GPT-NeoX-20B	GPT	仅解码器	EleutherAI
GPTInstruct	GPT	仅解码器	OpenAI
InstructOR	T5	编码器—解码器	香港大学、华盛顿大学，META AI
HTML	BART	编码器—解码器	Facebook
Imagen	T5，CLIP，Diffusion models	用于冻结文本编码器的 T5（或 CLIP 或 BERT）+ 用于将文本转换为图像的级联扩散模型的 U-net 架构	Google
Jurassic-1	GPT	仅解码器	AI21
LAMDA	Transformer	仅解码器	Google
LLaMA	Transformer	仅解码器	Meta
mBART	BART	编码器—解码器	Facebook
Megatron	GPT/BERT/T5	仅编码器或仅解码器（取决于基底模型［base model］）	NVidia
Minerva	PaLM	仅解码器	Google
MT-NLG (Megatron Touring NLG)	GPT	仅解码器	NVidia
OpenAssistant LLaMA	LLaMA	仅解码器	多个开源贡献者

（续表）

模　型	家　族	预训练架构	实验室
OPT	GPT-3	仅解码器	Facebook
Palm	Transformer	仅解码器	Google
Pegasus		编码器—解码器	伦敦大学学院 / Google
RoBERTa	BERT	仅编码器	华盛顿大学 / Google
SeeKer	GPT（但可以扩展到任何家族）	编码器—解码器或仅解码器（取决于其扩展的基底模型）	Facebook
Sparrow	GPT	仅解码器	Deepmind
StableDiffusion	Diffusion	编码器—解码器	慕尼黑大学 + Stability.ai + Eleuther.ai
Swin Transformer	ViT	仅编码器	Microsoft
Switch	T5	编码器—解码器	Google
T0	T5	编码器—解码器	BigScience
T5	Transformer	编码器—解码器	Google
Trajectory Transformers	GPT，“Control Transformers”	仅解码器	加利福尼亚大学伯克利分校
Transformer XL	Transformer	仅解码器	CMU/Google
Turing-NLG	GPT	仅解码器	Microsoft
UL2	Transformer	编码器—解码器	Google
Vicuna	LLaMA	仅解码器	加利福尼亚大学伯克利分校，卡内基·梅隆大学、斯坦福大学、加利福尼亚大学圣迭戈分校，和 MBZUAI
VIT	BERT	仅编码器	Google
Wu Dao 2.0	GLM (General Language Model)	仅解码器	北京智源人工智能研究院

（续表）

模 型	家 族	预训练架构	实验室
XLM-RoBERTa	RoBERTa	仅编码器	Facebook
XLNet	Transformer XL	仅解码器	卡内基·梅隆大学/Google

资料来源："Transformer Catalog," https://docs.google.com/spreadsheets/d/1ltyrAB6BL29cOv2fSpNQnnq2vbX8UrHl47d7FkIf6t4，访问时间：2023 年 9 月 4 日。

后记

这本书记录了一年多以来我对大模型发展的粗浅理解。从 2012 年，我就开始系统关注今天我们所称的“数字化转型”。2012 年时，我最初着力的是云计算和大数据。到 2015 年时，我开始关注人工智能。这十几年中，我一直思考的关键问题是，人工智能的发展究竟会对人类社会产生何种影响。尽管我长期关注人工智能的技术进展，但是这一年多以来大模型的发展还是远远超出了我的预期。

在这一年中，大模型的发展也出现了数个高潮：

第一，大模型的启蒙。在 2022 年 11 月 30 日 ChatGPT 发布之后，人们对大模型的关注主要集中在如下问题：大模型是什么？大模型究竟会对人类社会产生什么影响？为什么这样的关键性技术突破没有出现在中国？我们如何才能够赶上大模型的发展浪潮？换言之，大模型的出现似乎给了我们“迎头一棒”，即让我们重新思考什么是颠覆式的创新？

第二，千模大战。在 GPT-4 发布之后，大模型发展出现了一些特征。首先，GPT-4 的发布使得 OpenAI 的领先优势进一步扩大。OpenAI 采取的闭源策略，使得这种领先优势更具备一些神秘特征。GPT-4 的突然发布让全世界感到某种恐慌。例如，一些传言认为，OpenAI 会很快发布 GPT-5。正是在这样的氛围之中，世界范围内要求 OpenAI 暂停的呼声。实际上，OpenAI 在发布 GPT-4 时已经做了半年以上的暂停，这在某种程度上更加可以验证 OpenAI 在大模型技术上的领先性。这时，国内开始出现了一些本土的大模型，如百度的文心一言。接下来，大模型的发展并没有进入一个相对平缓期，而是在不断加速。例如，到 2023 年 4 月时出现了 AutoGPT。之前人们也往往认为，人类的工作会更多集中在提示工程，而 AutoGPT 的出现则让人们之前的判断立马失效。如果 AutoGPT 成功突破的话，提示词也不再需要人类来完成，因为 AutoGPT 本身就可以分解任务，形成更加高质量的提示词。同时，在这一时期，国内的追赶也在加速。开源大模型的快速推动，如 LLama 的发布实际上也给了国内大模型的追赶以某种特殊的支持和动力。国外在开源模型方面形成了巨大的声量，并开始逐步与闭源模型形成一定的竞争。国内的大模型在开源的基础上也得到了快速发展。

第三，GPTs 的发布。这一被称为“OpenAI 春晚”的开发者日活动又一次引发了世界范围内的巨大关注，同时在某种程度上也引发了人们的恐慌。这样的发布实际上给参与者某种“收网”的感觉。换言之，在 OpenAI 让全世界参与了与大模型一年的互动之后，似乎在宣布所有的创新都可以在 OpenAI 的平台上完成，这实际上就宣布了一个“屠龙少年成为恶龙”的图景。这种恐慌实际上对之后的 OpenAI 内部的权力斗争——“伊利亚驱逐阿特曼事件”有某种影响。直到今天，这样的余波似乎仍然在延续。

对我而言，这一年中的技术进展似乎一直处在高潮中。或者说，上一个高潮还未结束，新的高潮又会出现。整个工业界都处在持续亢奋的状态，但是让我感到忧虑的是，实际上整个人类社会并没有准备好，因为大模型带来的深刻变化会以内爆的方式出现。内爆是法国思想家让 · 鲍德里亚的一个重要概念，即从外部的形态来看，其并没有发生大的变化，但实际上内部已经产生了结构性变化。在大模型的影响之下，三类问题可能会在未来出现，这一点笔者已经在书中作了交代，分别是失业、失序和失控。失业和失序便更多以内爆的方式呈现。换言之，无论是就业替代还是虚假信息，其在刚开始似乎对人类社会的影响是有限的，但是在某个时间点这样的影响可能会突然出现。失控的风险则在很大程度上体现在，通用人工智能很可能会产生自我意识，也可能会超出人类的掌控。正如辛顿所指出的，人类会变成地球上第二聪明的物种，而大模型会成为第一聪明的物种，那么第二聪明的物种如何管理第一聪明的物种，这将会是人类社会接下来一个最为重要同时也极为困难的问题。关于通用人工智能的加速到来，我们似乎已经看到一些端倪。例如，OpenAI 内部的权力斗争实际上就反映了超级对齐主义者与有效加速主义者之间的斗争。如果通用人工智能在未来的 2～3 年之内到来，那么人类社会实际上还没有做好相应的准备。

正是在这样的基础之上，笔者提出了“大转型 2.0”的概念。换言之，我们似乎处在类似于波兰尼撰写《大转型》的那样一个时期。波兰尼在撰写这本名著时已经观察到由于转型产生的新的社会紧张最终不得不以法西斯上台这样的事件出现。而在今天我们似乎已经看到了民粹主义政权在西方发达国家和亚非拉国家的大量出现，这都是在大模型影响下政治秩序重构的一些表征。当然，更大的危险似乎我们还没有直接观察到，这恰恰是让我更加担心的。

应该说，这本书更多地记录了我在大模型出现以来一年中的一些学习心得。我在这本书中提出了许多问题，并尝试着对一些问题给出一些解决方案，但这只是自己的一种粗浅理解。我更多是将问题展开，而这些问题的解决似乎是极为困难的。我把这种学习的方式称之为一种“记录性学习”或“学习型写作”。这些文字的写作不完全是为了给别人看，似乎是为了让自己对问题的思考更加清楚一点。可能著作中会有大量关于未来的不成熟的想象。我想这些想象都记录了我在整个过程当中的思考。对这些问题的思考，常常让我怀有忧虑，甚至有时会影响到我的休息。我想读者在阅读这本书的过程中，应该也会感受到我的忧虑。我在这里期望的是，可以与大家共同认真地思考人类的未来。

本书的绝大多数内容发表在国内的一些学术期刊上，在此特别向支持发表的期刊和编辑老师致谢。导言的内容分两次发表在《中国社会科学报》上。第一章的内容发表在《中国社会科学评价》（2023年第2期）。第二章的内容发表在《现代出版》（2023年第3期）。第三章的内容发表在《电影艺术》（2023年第6期）。第四章的内容发表在《上海交通大学学报（哲学社会科学版）》（2023年第6期）。第五章的内容发表在《山东大学学报（哲学社会科学版）》（2023年第5期）。第六章的内容发表在《当代世界》（2023年第5期）。第七章的内容发表在《学术界》（2023年第8期）。第八章的内容发表在《理论与改革》（2023年第4期）。第九章的内容发表在《行政论坛》（2023年第5期）。第十章的内容发表在《南通大学学报（社会科学版）》（2022年第6期）上。第十一章的内容发表在《河北学刊》（2024年第1期）上。这些内容在收入本书时均进行了完善和补充。这里特别向《中国社会科学评价》的刘倩老师、《现代出版》的唐颖老师、《电影艺术》的刘起老师和黄兆杰老师、《上海交通大学学报（哲学社会科学版）》的彭青龙老师、蒋红珍老师和黄谷香老师、《山东大学学报（哲学社会科学版）》的魏建老师、李春明老师和王玲强老师、《当代世界》的苏童老师、《学术界》的马立钊老师和刘鎏老师、《理论与改革》的唐兵老师、《行政论坛》的温美荣老师、《南通大学学报（社会科学版）》的顾理辉老师、《河北学刊》的把增强老师等诸位主编和编辑老师致谢。

其中的部分文章被转载。这里特别对《中国社会科学》杂志社的方军老师、李红岩老师、李放老师、李潇潇老师、刘倩老师和张萍老师,《新华文摘》的胡元梓老师，中国人民大学书报资料中心的高自龙老师、李明霞老师、刘芳老师,《学术月刊》的金福林老师等各位期刊界老师的长期支持表示感谢!

我的专业训练来自政治学和公共管理这两个学科。这两个学科的前辈学者近年来越来越重视对人工智能等新兴科技的研究。这两个领域的师长前辈一直指导和激励我在这个新兴领域展开研究。要特别感谢这两个领域的师长和前辈!

政治学学科的前辈包括：北京大学王浦劬教授、华中师范大学徐勇教授、南开大学朱光磊教授、吉林大学周光辉教授、中国社科院陆南泉教授、中国社科院周弘教授、中国社科院张树华教授、中国社科院杨海蛟教授、中国人民大学杨光斌教授、中国政法大学张桂琳教授、中国人民大学陈岳教授、北京大学王正毅教授、山东大学秦亚青教授、南京大学王逸舟教授、中国社科院冯仲平教授、中国社科院张宇燕教授、浙江师范大学刘鸿武教授、吉林大学张贤明教授、复旦大学郭苏建教授、中央党校时和兴教授、复旦大学黄仁伟教授、华东师范大学范军教授、北京大学唐士其教授、华东师范大学冯绍雷教授、中央党校吴志成教授、清华大学任剑涛教授、南京大学张凤阳教授、北京大学燕继荣教授、中国社科院王炳权教授、中山大学肖滨教授、北京大学徐湘林教授、清华大学张小劲教授、清华大学景跃进教授、武汉大学谭君久教授、天津师范大学高建教授、天津师范大学马德普教授、天津师范大学佟德志教授、吉林大学刘雪莲教授、南开大学韩召颖教授、上海交通大学张明军教授、南京大学朱峰教授、清华大学李彬教授、南京审计大学金太军教授、中央党校赵虎吉教授、南开大学谭融教授、同济大学门洪华教授、中国人民大学陈家刚教授、清华大学史志钦教授、北京大学翟昆教授、中国社科院倪峰教授、中国人民大学翟东升教授、外交学院孙吉胜教授、国际关系学院陶坚教授、北京大学郇庆治教授、复旦大学贺东航教授、中国人民大学何艳玲教授、暨南大学鞠海龙教授、中国人民大学倪星教授、中国社科院袁正清教授、北京语言大学罗林教授、对外经贸大学戴长征教授、浙江大学郎友兴教授、同济大学郑春荣教授、中国传媒大学荆学明教授、上海外国语大学郭树勇教授、吉林大学肖晞教授、山东大学刘昌明教授、山东大学方雷教授、华东师范大学吴冠军教授、北京外国语大学谢韬教授、清华大学赵可金教授、中国人民大学方长平教授、郑州大学余丽教授、中国社科院冯维江教授、广东外语外贸大学陈伟光教授、华中师范大学胡宗山教授、复旦大学张建新教授、上海政法学院汪伟民教授、上海交通大学陈尧教授、复旦大学熊易寒教授、复旦大学孙国东教授、华东师范大学余南平教授、对外经贸大学熊光清教授等。

公共管理学科的前辈包括：清华大学薛澜教授、厦门大学陈振明教授、武汉大学丁煌教授、中国人民大学杨开峰教授、中央党校王满传教授、浙江工商大学郁建兴教授、哈尔滨工业大学米加宁教授、华中科技大学许晓东教授、北京大学周志忍教授、四川大学姜晓萍教授、东北大学张雷教授、集美大学黄新华教授、清华大学苏竣教授、中国人民大学严金明教授、西安交通大学朱正威教授、上海交通大学吴建南教授、清华大学朱旭峰教授、复旦大学敬乂嘉教授、浙江大学赵志荣教授、南京大学孔繁斌教授、北京师范大学章文光教授、广州大学陈谭教授、复旦大学朱春奎教授、同济大学孙荣教授、华中师范大学徐增阳教授、四川大学夏志强教授、山东大学马奔教授、对外经贸大学李明教授等。

这些年在研究人工智能的过程中得到许多人工智能与交叉学科的学界前辈和同仁的支持和帮助。他们包括：中国科学院褚君浩院士、中国科学院张钹院士、中国科学院张旭院士、中国工程院翁史烈院士、中国工程院杨胜利院士、中国工程院郑纬民院士、中国科学院倪光南院士、中国科学院陈霖院士、中国工程院李德毅院士、中国工程院方滨兴院士、中国工程院吴志强院士、中国工程院谭建荣院士、中国科学院陈义汉院士、中国工程院蒋昌俊院士、中国科学院何积丰院士、中国科学院钱德沛院士、中国工程院柴洪峰院士、中国工程院张平院士、中国工程院孙凝晖院士、中国与全球化研究中心王辉耀主任、北京大学孙代尧教授、中国社会学会会长李友梅教授、中国科学院王飞跃研究员、科技部新一代人工智能发展研究中心李修全研究员、北京大学黄铁军教授、清华大学陈劲教授、北京大学陈钟教授、中国社科院段伟文研究员、复旦大学王国豫教授、上海交通大学季卫东教授、上海交通大学彭诚信教授、上海交通大学叶必丰教授、上海交通大学李仁涵教授、上海社科院成素梅教授、清华大学陈昌凤教授、复旦大学肖仰华教授、复旦大学朱春阳教授、浙江大学张为志教授、上海大学王天恩教授、浙江大学熊明辉教授、上海大学黄晓春教授、上海人工智能实验室的杨燕青老师和王迎春老师、南京大学蓝江教授、中国人民大学刘海龙教授、上海交通大学杨力教授、复旦大学大数据学院吴力波教授、上海财经大学张学良教授、广州大学齐佳音教授、中国社会科学院民族学与人类学研究所马俊毅研究员、中国行政管理学会解亚红研究员、中国社会科学院世界经济与政治研究所主父笑飞老师和郭枭老师、中国社科院世界宗教研究所袁朝晖副研究员、百度副总裁王海峰先生、腾讯研究院司晓院长、商汤研究院田丰院长、美团副总裁夏华夏先生、蚂蚁集团数字社会发展研究中心张道生主任、汇真科技李利鹏董事长、哔哩哔哩公共政策研究院卢雅君女士、浙江大华股份彭晓芋先生等。

在此，笔者要特别感谢在不同阶段指导我的各位老师。俞可平老师是国内政治学领域最有声望的大学者之一。俞老师是我在中央编译局读博士后期间的合作导师。我在俞老师的指导下开始了全球治理的政治哲学研究。每次见到我时，俞老师都会鼓励我在政治哲学上多做思考，这促使我在思考数字技术的问题时尽量深入到政治哲学层面。在编译局读博士后时，陈家刚老师也是我的指导老师。陈老师在协商民主和党内法规等领域造诣极高，对我的指导也十分细心。另外，在编译局读博士后时，何增科老师、杨雪冬老师、林德山老师等都对我帮助很大。蔡拓老师是国内全球学的开创者。蔡老师一直把我当作他的亲弟子来指导和提携。我力图从全球治理角度对数字技术的一些思考直接受益于蔡老师的鼓励和启发。

特别感谢我在复旦读博士时的各位老师。王邦佐老师、曹沛霖老师、孙关宏老师和倪世雄老师作为前辈学者的关怀和支持，让我感受到了学术传统的宝贵和温暖。沈丁立老师为我指明了研究方向。沈老师的全球视野和强烈使命感一直鼓励我去思考大模型技术给国际格局和全球治理带来的战略性影响。林尚立老师、陈志敏老师、徐以骅老师、竺乾威老师、桑玉成老师、石源华老师、樊勇明老师、臧志军老师、陈明明老师、朱明权老师、任晓老师、苏长和老师、吴心伯老师、唐士平老师、刘建军老师、郭定平老师、陈玉刚老师等诸位老师的国际视野与本土意识，以及他们自主建构中国政治学的努力，对于我的启发和影响也是巨大的。

特别感谢我在山西大学就读时的各位老师。我在山西大学度过了本科和硕士阶段。我对政治学的基础性理解是在这里形成的。李路曲老师是我硕士期间的指导老师。李老师在比较政治领域的精深造诣鼓励我在不同政治制度和文化背景下理解大模型技术的新意义。山西大学的王臻荣老师、沈明生老师、李蓉蓉老师、曹永胜老师、董江爱老师、杜创国老师等各位老师帮助我打下了政治学知识的基础。这些基础性知识在今天还一直影响着我。

华东政法大学的丁建顺教授是我终生的艺术学老师。丁老师在中国人文艺术领域的卓越造诣和平易近人的指导风格，帮助我用人文艺术的某些精神来化解的数字技术的“戾气”。无论是从专业知识或是人文理想方面，四位老师都一直激励和鞭策我前进。这里还要特别感谢徐达华先生。徐先生是我生命中的贵人。徐先生特别强调中华文明和希腊罗马文明之间的比较，这使我更加深刻地认识到大模型技术的发展对人类社会文明变迁所产生的世界历史意义。

这些年在研制全球治理指数和国家治理指数的过程中，向相关国家部委以及国家智库的各位领导多有请教。这里特别向国新办原主任赵启正先生、总参第四部原副部长郝叶力将军、中国社科院原副院长张江教授、中共中央党校原副校长李君如教授、中央党校谢春涛副校长、中联部原副部长于洪君先生、外交部原副部长李金章先生、最高人民法院原副院长江必新先生、上海国际问题研究院咨询委员会杨洁勉主任、中共中央对外联络部研究室金鑫主任、财政部国际经济关系司杨英明司长、中国人口与发展研究中心贺丹主任、中国科学技术发展战略研究院张旭院长、中国社科院马克思主义研究院院长辛向阳教授、中国社科院新闻与传播研究所所长胡正荣教授、中国社科院哲学所所长张志强教授、中国外文局当代中国与世界研究院于运全院长、上海国际问题研究院陈东晓院长、中国国际问题研究院前院长苏格先生、中国原驻奥地利大使杨成绪先生、中国原驻古巴大使徐贻聪先生、中国原驻伊朗大使华黎明先生、中国原驻爱尔兰大使张小康女士、中国原驻卡塔尔大使高有祯先生、中国原裁军大使李长和先生、中国原驻黎巴嫩大使吴泽献先生、中国物流与采购联合会副会长蔡进先生、科技部成果转化与区域创新司吴家喜副司长、中国外文局当代中国与世界研究院孙敬鑫副院长、物资流通国际合作事务中心王校武主任、中共中央对外联络部当代世界研究中心李鼎鑫处长等各位领导的长期帮助表示感谢!

感谢上海市委宣传部的各位领导一直以来对我和我们团队的关心。我们团队最早启动的全球治理指数和国家治理指数，就是在燕爽副部长的指导和支持下启动的。燕部长一直鼓励我们在数字技术方面进行积极探索。上海市委宣传部的几位老领导李琪副部长、徐炯副部长也一直关心我的成长。李安方主任、陈殷华处长和徐逸伦老师对我的帮助很大。上海市社联的王为松书记、王战主席、任小文副主席，上海社科院的权衡书记、中国浦东干部学院的曹文泽副院长对我也十分关心。感谢各位领导的信任和指导，我才能在数字技术与政治哲学的交叉领域不断地进行探索。

笔者还要对华东政法大学各方面的领导表示感谢。华东政法大学的郭为禄书记、叶青校长、应培礼副书记、唐波副书记、陈晶莹副校长、周立志副校长、罗培新副校长、韩强副校长在工作上给予我非常多的指导和帮助。学校各职能部门和各学院的领导如李翔处长、屈文生院长、练育强主任、曲玉梁部长、戴莹部长、虞潇浩部长、杨忠孝部长、洪冬英处长、陆宇峰处长、孙文红处长、季奎明处长、邵军主席、任勇院长、高玉明书记等都对我帮助多多。这里一并表示由衷的感谢。华政的老校长何勤华老师一直都对我十分关照，这里也特别表示感谢。

感谢政治学研究院的团队，包括王金良副教授、游腾飞副教授、严行健副教授、吉磊副教授、朱剑副教授、杜欢老师、曾森老师。我们的研究院像一个年轻的大家庭。在理想和信念的支撑下，在团结和紧张的气氛下，大家在困难中快乐地前行。我们院的博士生和硕士生也是这个大家庭的成员，他们承担了院里大量的文献查找和数据整理工作。这些学生主要包括杨宇霄、李阳、张蓥文、黄馨平、梁子晗、隋晓周、梁兴洲、仲新宇、史可钦、台润泽、严文锋、潘羿昕、张皓淼等。感谢隋晓周、梁子晗、台润泽、张蓥文、黄馨平、梁兴洲、仲新宇、张皓淼等为本书各章整理和绘制了相关图表（包括大事记）。这里要特别感谢严文锋和张皓淼同学。文锋和皓淼帮我做了许多文字校对和资料查找工作。

我要特别感谢我的好朋友谷宇教授。谷教授是中国政治思想史领域的专家。谷教授对我学习中的启发主要在国学领域。

感谢我的妻子、女儿和父母。妻子的研究专长是政治哲学。我和妻子相识相知已经走过二十多年。我们经常会在晚上散步时讨论与数字技术相关的政治哲学问题，这是我灵感的主要来源之一。妻子主动且愉悦地承担了大量的家务劳动，这使得我可以心无旁骛地在知识的海洋中畅游。我想这是我可以专注于学术的最重要条件之一。正在上初三的女儿对大模型技术及其对未来社会的影响已经有了自己的理解。思维活跃的她经常会突发各种奇思妙想，与我讨论“未来如何如何”。感谢生我养我的父母。父母一直都在默默地鼓励和支持着我。

在这本著作的编辑和出版过程中，笔者得到了上海人民出版社的温泽远社长、曹培雷副总编辑、张晓玲总监和冯静老师的鼎力帮助。各位老师对学术问题的宏观视野、严谨的编辑态度以及对文字精准的要求，让我受益匪浅。

在此，我谨向所有曾经给予我支持和帮助的老师、领导、同仁、朋友和家人一并表示衷心的感谢!

高奇琦

2024 年 1 月 16 日

图书在版编目(CIP)数据

大转型2.0:大模型时代的知识秩序与国家治理/
高奇琦著.—上海:上海人民出版社,2024
ISBN 978-7-208-18765-8

Ⅰ.①大… Ⅱ.①高… Ⅲ.①人工智能-应用-知识
管理②人工智能-应用-国家-行政管理-研究 Ⅳ.
①G302-39②D035

中国国家版本馆CIP数据核字(2024)第042915号

责任编辑 冯 静
封面设计 一本好书

大转型2.0:大模型时代的知识秩序与国家治理
高奇琦 著

出　　版 上海人民出版社
(201101 上海市闵行区号景路159弄C座)
发　　行 上海人民出版社发行中心
印　　刷 江阴市机关印刷服务有限公司
开　　本 635×965 1/16
印　　张 20.5
插　　页 5
字　　数 243,000
版　　次 2024年5月第1版
印　　次 2025年10月第2次印刷
ISBN 978-7-208-18765-8/D·4269
定　　价 118.00元

上海人民出版社·独角兽

“人工智能与法治”书目

一、“独角兽·人工智能”系列

第一辑 《机器人是人吗?》
《谁为机器人的行为负责?》
《人工智能与法律的对话》

第二辑 《机器人的话语权》
《审判机器人》
《批判区块链》

第三辑 《数据的边界:隐私与个人数据保护》
《驯服算法:数字歧视与算法规制》
《人工智能与法律的对话 2》

第四辑 《理性机器人:人工智能未来法治图景》
《数据交易:法律·政策·工具》
《人工智能与法律的对话 3》

第五辑 《人脸识别:看得见的隐私》
《隐私为什么很重要》
《课税数字经济》

第六辑 《“付费墙”:被垄断的数据》
《数据正义》
《监管数字市场:欧盟路径》

二、“独角兽·未来法治”系列

《人工智能:刑法的时代挑战》
《人工智能时代的刑法观》
《区块链治理:原理与场景》
《权力之治:人工智能时代的算法规制》
《网络平台治理:规则的自创生及其运作边界》
《数字素养:从算法社会到网络 3.0》
《大数据的巴别塔:智能时代的法律与正义》
《AI 时代的法学入门:跨学科视角》
《元宇宙:技术、场景与治理》
《元宇宙的秩序:虚拟人、加密资产以及法治创新》
《辩证元宇宙:主权、生命与秩序再造》
《大转型 2.0:大模型时代的知识秩序与国家治理》

三、“独角兽·区块链”系列

《人工智能治理与区块链革命》
《区块链与大众之治》
《加密货币、区块链与全球治理》
《链之以法:区块链值得信任吗?》

“法学精品”书目

《辛普森何以逍遥法外?》
《费城抉择:美国制宪会议始末》
《改变美国——25 个最高法院案例》
《无罪之罚:美国司法的不公正》
《告密:美国司法黑洞》
《辩护的无力:美国司法陷阱》
《法律还是情理?——法官裁判的疑难案件》
《死刑——起源、历史及其牺牲品》
《制衡——罗伯茨法院里的法律与政治》
《弹劾》

《美国法律体系(第 4 版)》
《澳大利亚法律体系》

《推开美国法律之门》
《正义的直觉》
《失义的刑法》
《刑事对抗制的起源》
《货币的法律概念》
《哈特:法律的性质》
《美国合同法案例精解(第 6 版)》

《德国劳动法(第 11 版)》
《德国资合公司法(第 6 版)》
《监事会的权利与义务(第 6 版)》

《中华法系之精神》
《民法典与日常生活》
《民法典与日常生活 2》
《民法典与日常生活·婚姻篇》
《民法典与日常生活·家庭篇》
《刑法与日常生活》
《数字货币与日常生活》
《个人信息保护法与日常生活》
《家庭教育促进法与日常生活》

阅读,不止于法律,更多精彩书讯,敬请关注:

微信公众号 微博号 视频号